사범대생을 위한

현대대수학

박제남 지음

*본 저서는 인하대학교에서 지원하여 출판되었습니다.

KM 경문사

고등학교 수학을 연결한 교수학습 자료이다. 집필하는 과정에서 최근 논문을 다수 참고하였고 중·고등학교에서 사용하는 수학이론의 뿌리와 출처를 가능한 자세히 밝혔다. 이 과정에서 많은 전공서적과 최근 논문을 소개하였는데 이를 장기적으로 참고하여 교재연구에 활용하기 바란다. 몇몇 정리 및 이론은 증명 없이 사용하였고 이에 대한 증명은 책에서 추천한 전문서적, 사이트, 그리고 논문을 참고하기 바란다. 중·고등학교에서 수학①, ②, ③, 《고급수학 Ⅰ, Ⅱ》를 강의할 때, 본 교재를 필독하기를 기대한다.

끝으로 책을 만드는 과정에서 많은 고생을 한 경문사 편집부에 진심으로 감사를 드린다.

2013년 3월

박 제 남

Contents

차례

제1장 방정식(Algebraic Equation)

Contents

제3장 피타고라스짝(Pytagorean Triple)

Contents

제5장 복소수체(Complex Field)

제6장 내적(Inner Product)

Contents

부록

제 1 장

방정식
(Algebraic Equation)

본 장에서는 고대 바빌로니아 시대의 방정식 이론부터 갈루아(Galois)의 방정식 이론까지 그 예와 의미에 대하여 알아보겠다.

메소포타미아에서 기원전 1790년부터 1600년까지의 기간 초기에 유프라테스 강 중류에 있는 도시 국가 바빌론의 통치권을 손에 넣은 함무라비 왕은 메소포타미아 전역을 지배하게 되었고 바빌론은 당시의 가장 큰 도시가 되었다. 이 왕조를 바빌론 제1왕조라 부른다. 바빌론 제1왕조는 위대한 기록을 남긴 문명이었다.

바빌로니아 점토판이 발견되고 그의 쐐기문자 원문을 해독할 수 있게 됨에 따라 점토판으로부터 당시의 생활상과 관심거리를 알게 되었다. 현재까지 발견된 약 50만개 정도의 점토판 중에서 400개가 수학에 관한 점토판이다. 점토판을 보면 기원전 2100년경의 가장 가까운 수메르인 시대로 연대가 추정되는 것이 있고 그 다음 시대로는 바빌론 제1왕조인 함무라비 왕 시대의 것이 대단히 많다.

수학점토판의 내용에 대한 대부분의 내용은 1935년에 이르러서야 얻어진 것인데 그것은 주로 Otto E. Neugebauer(1899-1990)와 F. Thureau-Dangin(1872-1944)의 놀랄만한 발견의 덕택이다. 이러한 점토판을 해석하는 연구가 지금도 진행 중이므로 새롭고 놀랄만한 발견이 가까운 미래에 나타나리라 생각된다.[1)]

이차방정식에서 사용하고 있는 최근 기호는 $ax^2+bx+c=0\ (a\neq 0)$에서 양변을 a로 나누면

$$x^2+px+q=0$$

이다. 이를 완전제곱(completion of the square)

$$\left(x+\frac{p}{2}\right)^2+q=\left(\frac{p}{2}\right)^2$$

의 형태로 바꾸면 x의 값은

1) H. Eves, An introduction to the history of mathematics, 6th. ed., Saunder, 1990(p. 39-41).

$$x = -\frac{p}{2} \pm \sqrt{\left(\frac{p}{2}\right)^2 - q}$$

이다. 이와 같은 식으로 처음 표현한 수학자는 Simon Stevin 《L'Arithmetique》(1585) 이다.

한편, 고대 바빌로니아인들은 60진법을 사용하고 변수는 기호대신 "length"(현대기호로 x)와 "width"(현대기호 y)를 그리고 항상 $x \geq y$를 사용하였다. 필요시 세 번째 미지수로 "depth"(현대기호로 z)를 사용하여 곱 xyz를 체적으로 사용하였다. 즉, 고대 바빌로니아인들은 미지수를 기하적 언어로 사용했으며, 덧셈연산에서 넓이를 길이 또는 폭에 자유롭게 더하고 역원이나 약수 등의 연산을 시행하였다.[2)]

고대 바빌로니아인들은 일차, 이차, 삼차방정식을 사용하였다. 특히 이차방정식의 유형은 세 가지 형태

$$x^2 + ax = b\ ,\ x = \sqrt{\left(\frac{a}{2}\right)^2 + b} - \frac{a}{2}$$

$$x^2 - ax = b\ ,\ x = \sqrt{\left(\frac{a}{2}\right)^2 + b} + \frac{a}{2}$$

$$x^2 + b = ax,\ \ x = \sqrt{\left(\frac{a}{2}\right)^2 - b} + \frac{a}{2}$$

로 나눌 수 있다. 특히, 방정식이 어떤 연립방정식으로부터 오고 그 해를 구하는 방법을 자세히 설명하였다.

한편, 이차방정식의 해는 근삿값을 구하는 동기를 부여한다. 간단한 한 예로 $b > 0$일 때, $a < \sqrt{a^2 + b}$ 이고 $\sqrt{a^2 + b} = \sqrt{a(a + \frac{b}{a})} < a + \frac{a}{b}$이다. 바빌로니아 수학자들은 흔히 a와 $a + \frac{a}{b}$의 평균을 근삿값으로 택하였다. 즉,

$$\sqrt{a^2 + b} \doteqdot \frac{1}{2}\left[a + \left(a + \frac{a}{b}\right)\right] = a + \frac{b}{2a}, \qquad (0 < b < a^2)$$

근사식에 관한 것을 1.6에서 알아보자.

2) I. Bashmakova and G. Smirnova, The beginning and evolution of algebra, MAA, 2000(p. 3-4).

1.1 Babylonian Algebra(이차방정식, BM 13901, $x^2+px=q$, $x^2-px=q$)

BM 13901

24개의 문제로 구성되어 있으며 바빌로니아인들의 경우 우리가 현재 사용하고 있는 x를 "the side", 그리고 x^2을 "the square"로 사용하였다(1800 B.C.). 즉, 미지수를 기하적 언어로 사용하였다.3)

예를 들면 "The area of the square added to the side equals 0 ; 45"는

$$x^2+x=0\ ;\ 45$$

이다. 이제 60진법을 10진법으로 바꾸면 $0\ ;\ 45=\frac{45}{60}=\frac{3}{4}$이고 $x^2+x=\frac{3}{4}$에서 $x=\frac{1}{2}$를 얻는다. 풀이 과정은 다음과 같다. 참고로 독자들은 수학③(이차방정식의 풀이)에서 다루고 있는 완전제곱식을 이용한 방법과 고대 바빌로니아인의 방법을 비교해 보기 바란다.

풀이 과정	현대식 표현	일반적인 형식
정사각형의 넓이를 한 변에 더하면 45	$x^2+x=\frac{3}{4}$	$x^2+px=q$
1을 단위 길이로 한다	1	p
1을 2로 나눈다. ☞ 30	$\frac{1}{2}\cdot 1=\frac{1}{2}$	$\frac{p}{2}$
30을 곱한다. ☞ 15	$\frac{1}{2}\cdot\frac{1}{2}=\frac{1}{4}$	$\frac{p^2}{4}$
15를 45에 더한다. ☞ 1	$\frac{1}{4}+\frac{3}{4}=1$	$\frac{p^2}{4}+q=\delta$
이는 1의 거듭제곱근이다	$\sqrt{1}=1$	$\sqrt{\delta}$
1에서 30를 뺀 것이 우리가 더한 것 30이다	$1-\frac{1}{2}=\frac{1}{2}$	$\sqrt{\delta}-\frac{p}{2}$
이것이 정사각형의 한 변의 길이이다	$x=\frac{1}{2}$	$x=\sqrt{\delta}-\frac{p}{2}$

3) A. Dahan-Dalmedico and J. Peiffer, History of mathematics, MAA, 2010(p. 70)

1.2 EXAMPLE[4)]

"I have added the area and two thirds of the side of my square and it is, 0 ; 35"를 현대식으로 표현하면 $x^2+\frac{2}{3}x=\frac{7}{12}$ 이고 풀이법을 오늘의 식으로 제시하면

$$x=\sqrt{\left(\frac{0\ ;\ 40}{2}\right)^2+0\ ;\ 35}-\frac{0\ ;\ 40}{2}=0\ ;\ 30$$

으로 $x=\frac{1}{2}$을 얻는다.

따라서 바빌로니아인들은

$$x^2+ax=b,\ x=\sqrt{\left(\frac{a}{2}\right)^2+b}-\frac{a}{2}, \tag{1-1}$$

또는

$$x^2-ax=b,\ x=\sqrt{\left(\frac{a}{2}\right)^2+b}+\frac{a}{2} \tag{1-2}$$

를 알고 있었다고 판단된다. ■

1.3 REMARK[5)]

(1) 바빌루니아인들이 사용한 이차방정식(1-1)과 (1-2)는 직사각형의 높이(x)와 폭(y)을 사용하여 얻을 수 있다(이때 항상 $x \geq y$). 연립방정식

$$\begin{cases} x-y=a \\ xy\quad\ =b \end{cases} \tag{1-3}$$

에서 y를 소거하면 식(1-2)

4) A. Aaboe, Episodes from the early history of mathematics, MAA, 1998(p. 23).

5) Jean-Pierre Tignol, Galois' theory of algebraic equations, World Scientific, 2002(p. 2-5).

$$x^2 - ax = b$$

를 얻으며, 다시 연립방정식(1-3)에서 x를 소거하면 식(1-1)

$$y^2 + ay = b$$

를 얻는다. 식(1-3)으로 식(1-1)과 (1-2)를 어떻게 얻었는지 유추해 보자. 먼저 z를 x, y의 산술평균이라 하면 z는 주어진 직사각형과 둘레가 같은 정사각형 한 변의 길이이다.

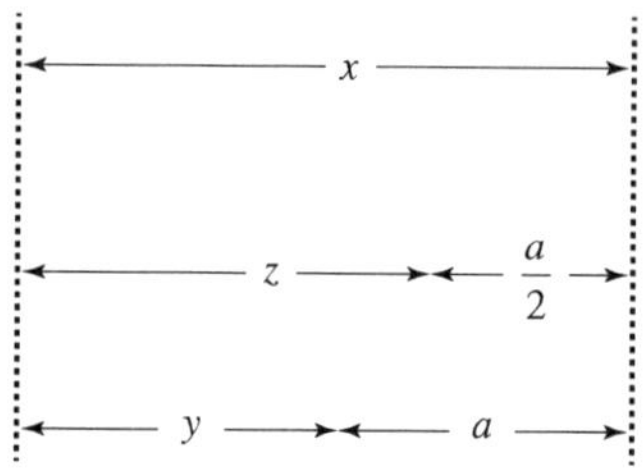

즉,

$$z = x - \frac{a}{2} = y + \frac{a}{2}.$$

정사각형의 넓이(z^2)와 직사각형의 넓이($xy = b$)를 비교하면

$$xy = \left(x + \frac{a}{2}\right)\left(z - \frac{a}{2}\right)$$

이므로 $b = z^2 - \left(\frac{a}{2}\right)^2$이고 따라서 $z = \sqrt{\left(\frac{a}{2}\right)^2 + b}$를 얻는다. 그러므로

$$x = \sqrt{\left(\frac{a}{2}\right)^2 + b} + \frac{a}{2} \quad \text{또는} \quad y = \sqrt{\left(\frac{a}{2}\right)^2 + b} - \frac{a}{2}$$

이는 두 방정식 $x^2 - ax = b$, $y^2 + ay = b$의 해를 동시에 구한 것이다.

(2) 방정식

$$x^2 + b = ax \tag{1-4}$$

를 직사각형의 길이와 폭으로 접근하면

$$\begin{cases} x+y=a \\ xy \quad = b \end{cases} \tag{1-5}$$

에서 y를 소거하면 식(1-4) $x^2+b=ax$를 얻는다. 두 변이 x, y인 직사각형과 둘레가 $a/2$인 정사각형을 비교해 보자.

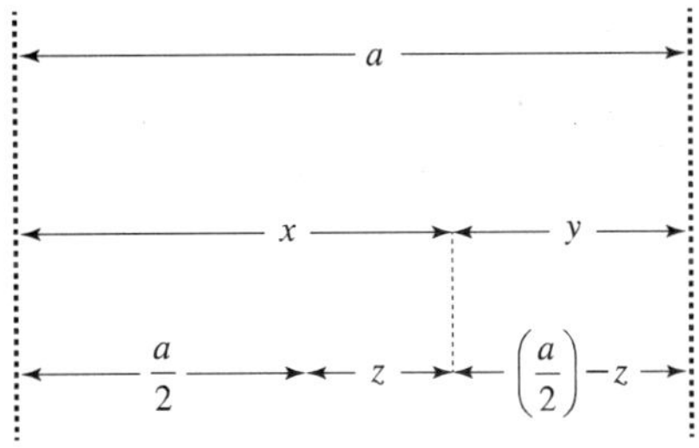

$x=\frac{a}{2}+z$라 하면 $y=\frac{a}{2}-z$이다. 이때 $b=xy=\left(\frac{a}{2}\right)^2-z^2$이다. 따라서 $z=\sqrt{\left(\frac{a}{2}\right)^2-b}$를 얻으므로

$$x=\frac{a}{2}+\sqrt{\left(\frac{a}{2}\right)^2-b} \text{ 또는 } y=\frac{a}{2}-\sqrt{\left(\frac{a}{2}\right)^2-b}$$

이다. ■

다음은 식(1-5)의 예로 함무라비왕조(B.C. 1700) 시대의 것으로 추정되는 문서 AO 8862의 문제이다. 이로부터 방정식 풀이에서 고대 바빌로니아인들은 치환하는 방법을 사용했다는 가정을 조심스럽게 제기할 수 있다.

1.4 EXAMPLE(AO 8862)[6]

(1) Length, width. I have multiplied length and width, thus obtaining the area. Then I added to the area, the excess of the length over the width : 3;3 (i.e. 183 was the result). Moreover, I have added length and width : 27. Required length, width and

6) I. Bashmakova and G. Smirnova, The beginning and evolution of algebra, MAA, 2000(p. 5-6).

area(길이(x)와 폭(y)을 곱하자. 따라서 넓이를 얻는다. 이때 넓이 xy에 길이와 폭의 차이를 더하면 3, 3이다. 그리고 길이와 폭의 합은 27이다. 길이, 폭, 그리고 넓이를 구하여라).

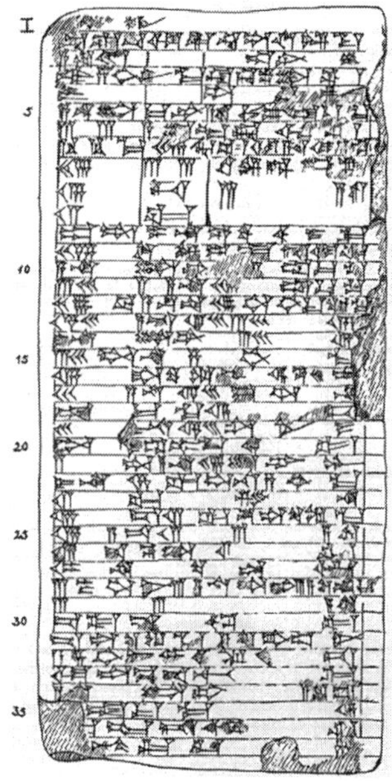

AO 8862

(2) 60진법을 10진법으로 먼저 바꾸면

$$3,\ 3 = 3 \times 60 + 183,\ \ 27 = 27$$

이므로 위 연립방정식은

$$\begin{cases} xy + (x - y) = 183 \\ x + y \qquad\quad\ \ = 27 \end{cases}$$

이다.

(3) 60진법 풀이를 보면 다음과 같이 시작한다.

$$27 + 3,\ 3 = 3,\ 30$$
$$2 + 27 = 29$$

즉, $y' = y + 2$로 치환하면 식(1-5)의 형태

$$\begin{cases} xy' \quad\ = 210 \\ x + y' = 29 \end{cases}$$

이고, 따라서

$$x = \frac{a}{2} + \sqrt{\left(\frac{a}{2}\right)^2 - b},\ y' = \frac{a}{2} - \sqrt{\left(\frac{a}{2}\right)^2 - b}$$

를 얻는다. ■

다음에서 원과 직선의 연립방정식을 어떻게 다루었는지 알아보자. 이와 같이 원과 직선의 교점을 구하는 문제는 피타고라스짝을 구하는 문제로 발전된다(3.6 THEOREM 참고).

1.5 EXAMPLE($px^2+2qx=r$)[7]

두 정사각형의 넓이의 합은 25, 25. 두 번째 정사각형 변의 길이는 첫 번째의 2/3와 5를 더한 것과 같다. 이를 기호로 표시하면

$$\begin{cases} x^2+y^2=a \\ y=kx+b \end{cases} \qquad (a=25,\ 25(=1525),\ k=2/3,\ b=5)$$

이다. 문서에서는 다음 세 상수를 계산하였다.

$$p=1+(2/3)^2=1+(0\ ;\ 40)^2=1\ ;\ 26,\ 40,$$
$$q=5\cdot 0\ ;\ 40=3\ ;\ 20,$$
$$r=25,\ 25-5^2=25,\ 0.$$

따라서 다음 식을 사용하여 해를 구하였다.

$$x=p^{-1}\left(\sqrt{pr+q^2}-q\right),\ y=\frac{2}{3}x+5.$$

이를 종합해보면 변의 길이 x를 구하기 위하여 이차방정식 $px^2+2qx=r$을 풀었으며 식 $y=0\ ;\ 40x+5$의 제곱을 시행하였다. 즉, 식 $(a+b)^2=a^2+2ab+b^2$을 사용하였다. ■

1.6 고대 바빌로니안의 근삿값

기원전 2000년경 한 바빌로니아 텍스트에는 제곱근(대각선의 길이)을 구하는 방법이 실려 있다.

> You square the base 0;10 to get 0;01,40. Take the reciprocal of the height 0;40[result 1;30] and multiply by 0;01, 40. You will see 0;02, 30. Take its half. Add this 0;01,15 to 0;40. You will see 0;41,15, the diagonal.

이를 현대적 식으로 나타내면

---

7) I. Bashmakova and G. Smirnova, The beginning and evolution of algebra, MAA, 2000(p. 6-7).

$$d = \sqrt{(0;40)^2 + (0;10)^2} = 0;40 + \frac{1}{2}\left(\frac{1}{0;40}\right)(0;10)^2 = 0;41,15$$

로 근사식

$$d = \sqrt{a^2 + b^2} \fallingdotseq a + \frac{b^2}{2a} \qquad (\text{여기서 } a > b)$$

을 기원전 2000년경에 사용하고 있었다고 보아진다((4.16) 참고). 한편 또 다른 근사식은

$$d = \sqrt{a^2 + b^2} \fallingdotseq a + \frac{2ab^2}{3600} \qquad (\text{여기서 } a > b)$$

이다. ■

특히, $b > 0$일 때, $a < \sqrt{a^2 + b}$ 이고 $\sqrt{a^2 + b} < a + \frac{a}{b}$이다. 바빌로니아 수학자들은 흔히 이들의 평균

$$\sqrt{a^2 + b} \fallingdotseq \frac{1}{2}\left[a + \left(a + \frac{a}{b}\right)\right] = a + \frac{b}{2a}, \qquad (0 < b < a^2)$$

를 근삿값으로 사용했으며 아르키메데스가 이를 일반화한 부등식

$$a \pm \frac{b}{2a \pm 1} < \sqrt{a^2 \pm b} < a \pm \frac{b}{2a}$$

을 사용하였다. 이를 다음에서 알아보자.

1.7 REMARK $\left(\text{아르키메데스의 근삿값}: \frac{265}{153} < \sqrt{3} < \frac{1351}{780}\right)$

기원전 225년경 아르키메데스는 《원의 측정에 관하여(Measurement of a circle)》에서 "Proposition 3. $3\frac{10}{11} < \pi < 3\frac{1}{7}$"을 증명하였다.[8] 이때 정다각형을 작도한 것이 아니라 정n각형의 절반 각을 θ_n으로 하여 $\theta = \theta_6 = 30^\circ$ (정6각형)에서 출발하여 등식

8) Archimedes, Measurement of a circle(Proposition 3).

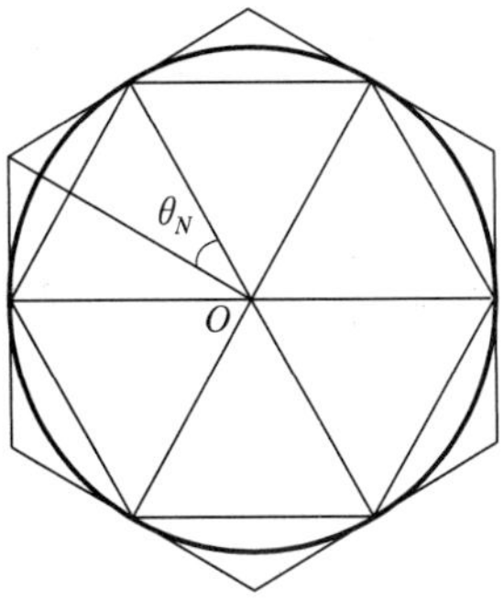

$$\frac{1}{\tan(\theta/2)}=\frac{1}{\sin\theta}+\frac{1}{\tan\theta},\quad \frac{1}{\sin(\theta/2)}=\sqrt{1+\frac{1}{\tan^2(\theta/2)}}$$

을 거듭 사용하여 최종적으로 부등식 $96\tan\theta_{96}<3\frac{1}{7}$, $96\sin\theta_{96}>3\frac{10}{71}$을 얻었다.[9)] 한편, θ가 $30°$(정6각형)에서 $15°$(정12각형)로 넘어갈 때, 아르키메데스는 $\tan 30°$를 만나 $\sqrt{3}$을 유리수로 근사해야 하는데 논문에는 아무 설명 없이 $\frac{265}{153}<\sqrt{3}<\frac{1351}{780}$로 사용하였다.[10)] 이에 대한 추정은 세 가지가 있는데 그 중에 부등식

$$a\pm\frac{b}{2a\pm1}<\sqrt{a^2\pm b}<a\pm\frac{b}{2a}$$

의 사용을 들 수 있다.

① $a=2,\ b=-1$에서 $2-\frac{1}{4}>\sqrt{3}$, $\sqrt{3}>2-\frac{1}{3}=\frac{5}{3}$이므로 $\frac{5}{3}<\sqrt{3}<\frac{7}{4}$.

② $\left(\frac{5}{3}\right)^2=\frac{25}{9}$, $3=\frac{27}{9}$이므로 $\sqrt{3}=\sqrt{\frac{25+2}{9}}$이고 $\frac{1}{3}\left(5+\frac{1}{5}\right)>\sqrt{3}$을 얻는다. 즉, $\sqrt{3}<\frac{26}{15}$,

③ $3<\left(\frac{26}{15}\right)^2=\frac{676}{225}$, $\sqrt{3}=\sqrt{\frac{26^2-1}{225}}$

④ $\frac{1}{15}\left(26-\frac{1}{52}\right)>\sqrt{3}$, $\frac{1351}{780}>\sqrt{3}$,

⑤ 부등식에서 $\sqrt{3}>\frac{1}{15}\left(26-\frac{1}{52-1}\right)=\frac{265}{153}$

---

9) G. Phillips, Archimedes the numerical analyst, Amer. Math. Monthly, 88(3) **(1981)** 165-169.
10) L. Berggren, J. Borwein and P. Borwein, Pi : A source book, 2nd. ed., Springer, 2000(p. 7-14).

$$\frac{265}{153} < \sqrt{3} < \frac{1351}{780}$$

이상을 요약하면 아르키메데스는 $\frac{7}{4}$에서 $\frac{5}{3}$, $\frac{5}{3}$에서 $\frac{26}{15}$, 그리고 $\frac{26}{15}$에서 $\frac{1351}{780}$을 구한 것으로 추정할 수 있다. ■

고대 이집트인들이 삼차방정식을 사용했다는 기록은 없는 반면 고대 바빌로니아인들은 삼차방정식 $ax^3+bx^2=c$에 양변에 a^2/b^3을 곱하여 $(ax/b)^3+(ax/b)^2=ca^2/b^3$으로 사용하였다. 가장 단순한 형태는 $x^3=0;7,\ 30$으로 세제곱표를 만들어 직접 해 $x=0;30$을 구하였다. $x^3+x^2=4,\ 12$의 경우 해 $x=6$을 이미 만들어 놓은 곱셈표를 이용하여 구하였고 치환을 요구하는 경우 $144x^3+12x^2=21$은 $y=12x$로 하여 $y^3+y^2=4,\ 12$에서 $y=6$이므로 $x=0;30$을 얻었다.[11] 삼차방정식에 관한 내용은 1.16에서 다시 알아보고 다음에서는 이차방정식 $x^2-x-1=0$, $x^2-px-1=0$을 구조물(쿠프 왕의 대피라미드, Apollo 11호의 사령선)과 작도(유클리드)를 통하여 알아보자.

1.8 Egyptian Algebra(쿠프 왕의 대피라미드, $x^2-x-1=0$)

나일강은 7, 8, 9, 10월이 되면 범람을 하였다. 고대 이집트 정부는 이 시기에 농사를 짓지 못하는 농부의 잉여 인력을 피라미드 건설에 투입하곤 하였다. 기원전 2650년경 쿠프왕의 대피라미드(The Great Pyramid, B.C. 2650)가 완성되었는데 그 크기는 다음과 같다.

[쿠푸 왕의 대피라미드 크기]

방향	길이 (m)	방향
North	230.24	남서 2′ 28″
East	230.39	북서 5′ 30″
South	230.45	남서 1′ 57″
West	230.36	북서 2′ 30″

높이	146.60m

11) U. Merzbach and C. Boyer, A history of mathematics, 3rd. ed. Wiley, 2011(p. 30-31)

(1) 1880년대 초 William Petrie는 대피라미드를 측정하였는데 그의 측정결과를 보면 밑면에서 한 변의 길이는 755.73ft, 그리고 높이는 481.33ft이다. 이와 같은 상황에서 그는 높이와 한 변 길이의 비를 $\frac{7}{11}$로 확신하였다. 즉,

$$\frac{7}{11}\times 755.73 = 408.92$$

$\left(여기서\ \frac{7}{11}=0.636364\ ;\ \frac{408.92}{755.73}=0.636365\right)$ 따라서 다음을 얻는다.

$$\frac{4}{2\pi}=\frac{7}{11}\ ;\ \pi = 3\frac{1}{7}$$

(2) 방정식 $x^2 - x - 1 = 0$과 황금비 $\frac{1+\sqrt{5}}{2}$의 인지여부를 추측해보자.[12] 밑면 모서리의 길이를 $2d$, 옆면인 삼각형의 높이를 l이라고 하면 $l^2 = d^2 + h^2$이므로 $l = \sqrt{115^2 + 146^2}$이고 따라서 계산기를 사용하여 구하면 $l = 185.8$이다. 옆면의 넓이를 계산해보면 $\frac{1}{2}\times 230 \times 185.85 = 21372.75$로 이 값은 높이의 제곱인 21316과 거의 같다.

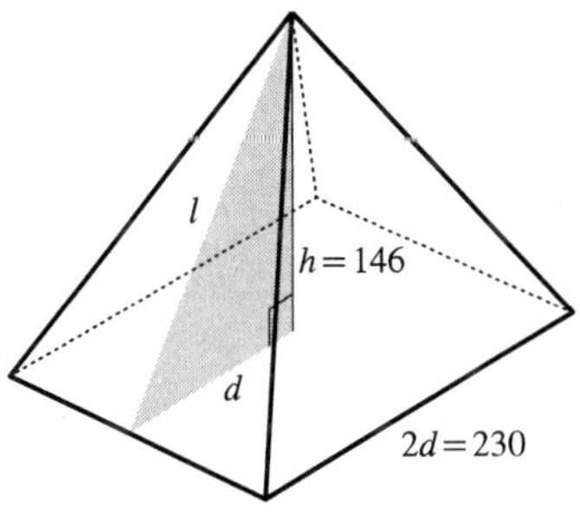

당시의 설계 도면이 전해지지 않아 구체적인 것은 알 수 없지만 앞에서의 계산에 의해 고대 이집트인들은 다음과 같은 원리로 피라미드를 건축하였다고 가정할 수 있다.

가정 1 피라미드의 밑면은 정사각형으로 건축한다.

가정 2 피라미드 옆면의 넓이는 높이의 제곱과 같도록 건축한다.

12) Col. S. Beard, The Fibonacci Drawing Board-Design of the Great Pyramid of Gizah, Fibonacci Quarterly, 6 **(1968)** 66-68.

[가정2]로부터 얻은 $dl = h^2$을 식 $l^2 = d^2 + h^2$에 대입하면 $(l/d)^2 = 1 + l/d$, $l/d = (1+\sqrt{5})/2$이다. 즉, 이차방정식

$$x^2 - x = 1$$

의 근 $x = (1+\sqrt{5})/2$는 황금비이다. 따라서 고대 이집트인들은 당시 황금비 ϕ를 $\phi = l/d = 185.85/115 ≒ 1.616$으로 알고 있었을 것으로 추측된다. ■

Book Ⅱ, Proposition 11와 Book Ⅵ, Proposition 30를 알아보자. 이를 소개하기에 앞서 뉴턴의 황금비, 피라미드의 황금비 등을 알아보자.

1.9 Greek Algebra(유클리드, $x^2 = a(a-x)$)

(1) Book Ⅱ, Proposition 11(Solve $x^2 = a(a-x)$) : To cut a given straight line so that the rectangle contained by the whole and one of the segments is equal to the square on the remaining segment(한 변의 길이가 a인 정사각형 $ABCD$에서 선분 AB를 H에서 등분하여 정사각형 $AHGF$의 넓이가 직사각형 $HBDK$의 넓이가 같은 점 H를 구하여라).

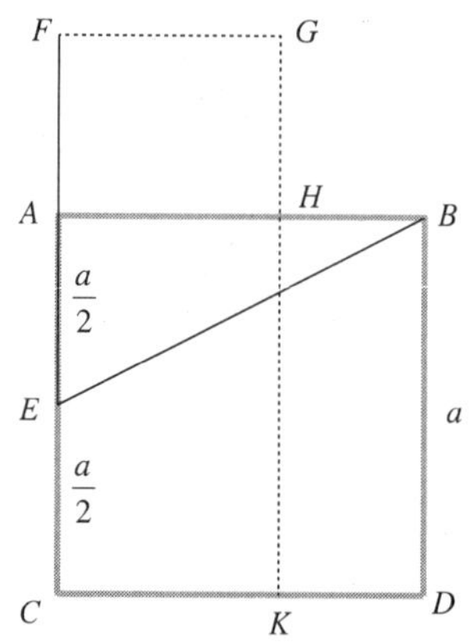

본 문제는 $AH = x$로 하여 주어진 a에 대하여 방정식 $x^2 = a(a-x)$를 구하는 문제이

다. E를 선분 AC의 중점이 라면 $BE=\frac{\sqrt{5}}{2}a$이다. BE와 같은 길이를 EF로 잡자. AF를 한 변으로 하는 정사각형을 만들어 만나는 점을 H라 하자. 이때 정사각형 $AHGF$의 넓이와 직사각형 $HBDK$의 넓이가 같다. 그리고 $CF=a+\frac{\sqrt{5}-1}{2}a=\frac{a(1+\sqrt{5})}{2}$이다. 특히 $a=1$일 때, $CF=\frac{(1+\sqrt{5})}{2}=\phi$이다.

(2) Book VI, Proposition 30 : To cut a given finite straight line in extreme and mean ratio. 황금비를 일반화하기 위하여 명제 30을 다음과 같이 바꾸어 접근하자.[13)]

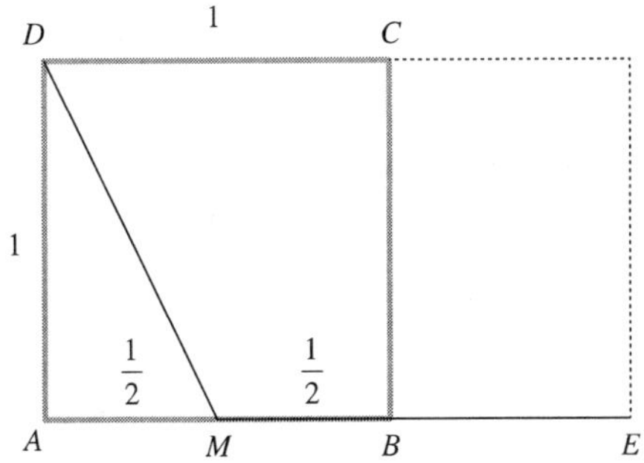

한 변의 길이가 1인 정사각형 $ABCD$가 있다. 먼저 AB의 중점 M에서 점 D까지 선분을 그리고 M을 중심으로 원을 그려 선분 AB의 연장선 상의 만나 점을 E라 하자. 이때

$$MD=ME=\frac{\sqrt{5}}{2},\ AE=\frac{\sqrt{5}+1}{2}=\phi,\ BE=\frac{\sqrt{5}-1}{2}=\frac{1}{\phi}.$$

따라서

$$AE/AB=AB/BE$$

이다. 이제 이를 일반화하여 보자. AB가 p이고 $AD=1$인 직사각형에서

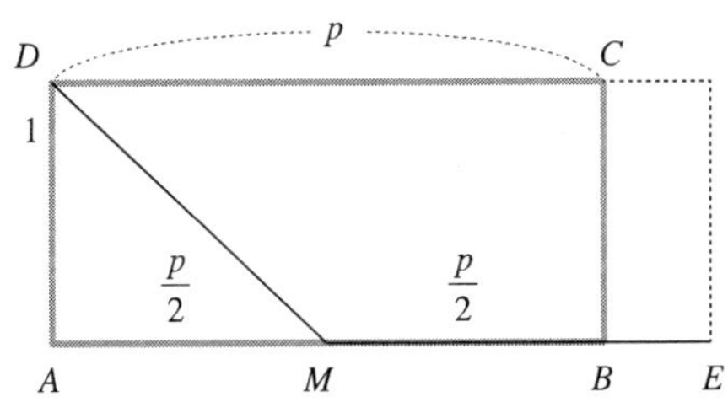

13) C. Falbo, The golden ratio- A contrary viewpoint, College Math. J. **36**(2) **(2005)** 123-134.

AB의 중점 M에서 선분 MD와 같은 거리만큼을 M에서 선분 AB의 연장선 상에 잡고 ME라 하자. 이때

$$MD = ME = \frac{\sqrt{p^2+4}}{2}$$

이고

$$AE = \frac{p+\sqrt{p^2+4}}{2} = \phi_p, \quad BE = \frac{-p+\sqrt{p^2+4}}{2} = \frac{1}{\phi_p}. \qquad ■$$

1.10 REMARK(Newton의 황금비와 일반화)

Apollo 11 사령선(Command Module Columbia)을 보면, 원뿔대(frustum) 모양을 한 이유가 무엇일지 궁금할 것이다. 1687년 뉴턴은 그의 저서[14)]에서 다음과 같이 원뿔대를 언급하고 있다.[15)]

http : //www.nasm.si.edu

「원뿔대의 큰 원의 지름(중심 : O)을 BC로 하고 작은 원(중심 D)의 지름을 FG, 그리고 원뿔대를 연장했을 때, 꼭짓점을 S라하자. 원뿔대가 $\overrightarrow{OS}$ 방향으로 진행할 때, OD의 중점 Q와 C를 연결한 길이가 QS와 같으면 저항이 최소가 된다.」

선분의 길이를 OC 등으로 사용하자. 밑면의 반지름과 높이를 같게 설계하자.

(1) $OC = OD = r$을 가정하자.

---

14) Philosophice Naturalis Mathematica

15) J. Cruz-Sampedro and M. Tetlalmazi-Montiel, POEM's and Newton's Aerodynamic frustum, College Math. J. 41(2) (**2010**) 145-153.

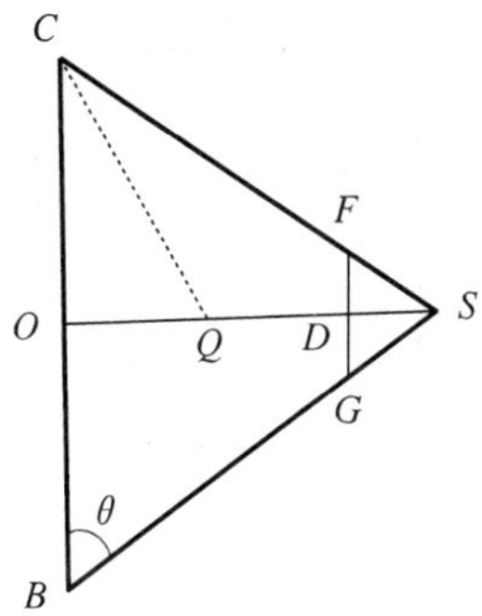

▌문제 1 $\tan\theta = \dfrac{1+\sqrt{5}}{2}$ 를 증명하여 보자. 여기서 $\theta = \angle SBO$이다. $\tan\theta = \phi$로 쓰기로 하자.

증명 $OQ = \dfrac{r}{2}$ 이고

$$QS = QC = \sqrt{r^2 + \frac{r^2}{4}} = \frac{\sqrt{5}}{2}r$$

이다. 따라서

$$OS = OQ + QS = \frac{r}{2} + \frac{\sqrt{5}}{2}r = \frac{1+\sqrt{5}}{2}r = \phi r$$

그러므로

$$\tan\theta = \frac{OS}{r} = \frac{1+\sqrt{5}}{2} = \phi.$$

■

▌문제 2 원뿔대의 작은 원의 반지름 길이를 r과 ϕ로 나타내어라.

증명 원뿔대의 작은 원의 반지름 길이를 r^*로 쓰면,

$$\phi = \tan\theta = \frac{\phi r - r}{r^*}$$

에서

$$r^*\phi = \phi r - r \text{ 또는 } \phi = \frac{r}{r - r^*}$$

이다. 정사각형으로 해석하면 다음과 같다.

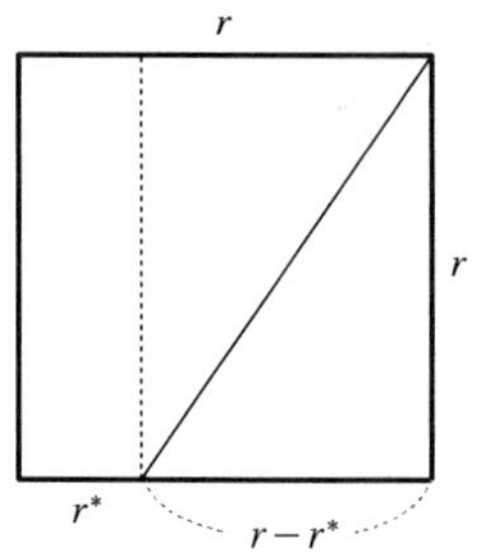

■

우리는 방정식 $x^2-x-1=0$의 양의 근을 ϕ로 사용하였다. 양의 실수 p에 대하여 이차방정식

$$x^2-px-1=0$$

의 양의 근을 ϕ_p 로 나타내자. 따라서 $\phi_1=\phi$이다. 뉴턴이 언급한 내용에서 $OC=r$, 그리고 $OD=pOC$라 하자.

(2) $OD=pOC$를 가정하자.

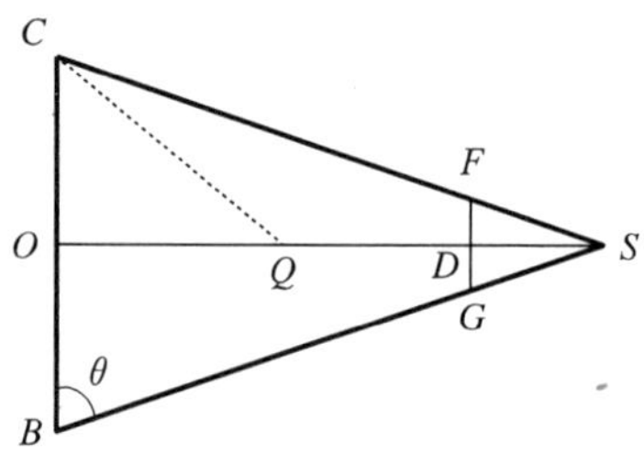

▎문제 3 $\tan\theta=\phi_p$임을 증명하여보자.

증명 먼저, 조건에 의하여

$$OQ=\frac{OD}{2}=\frac{pr}{2};\ QS=QC=\sqrt{r^2+\frac{p^2r^2}{4}}=\frac{\sqrt{p^2+4}}{2}r$$

이다. 즉,

$$OS=OQ+QS=\frac{pr}{2}+\frac{\sqrt{p^2+4}}{2}r=\frac{p+\sqrt{p^2+4}}{2}r$$

따라서

$$\tan\theta = \phi_p$$

를 얻는다. ■

문제 4 원뿔대의 작은 원의 반경을 r과 ϕ_p로 나타내어 보자.

증명 원뿔대의 작은 원의 반지름 길이를 r^*로 쓰면,

$$\phi_p = \tan\theta = \frac{\phi_p r - pr}{r^*}$$

에서

$$\phi_p r^* = \phi_p r - pr \text{ 또는 } \phi_p = \frac{r}{r - r^*}$$

을 얻는다. ■

1.11 REMARK

유클리드의 "extreme and mean ratio", 뉴턴의 "Aerodynamic frustum"과 쿠푸 왕의 "The Great Pyramid"를 함께 그려보자.

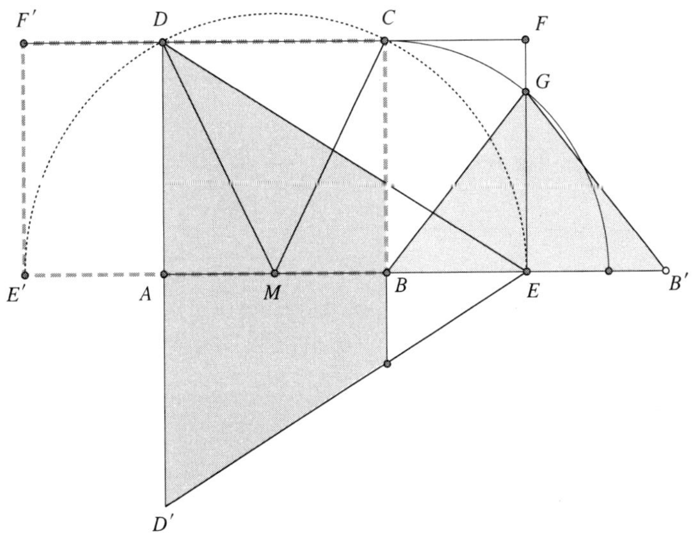

위 그림에서 한 변의 길이가 1인 정사각형 $ABCD$에서 선분 AB의 중점을 M이라 하고 다음 경로를 확인하자.

① 직사각형 $F'CE'B$와 $DFAE$는 Book Ⅵ, Proposition 30에서 말하는 황금사각형이다.

② 뉴턴의 사령선은 지름이 DD'이고 높이가 AB인 원뿔대이다.

③ 끝으로 쿠푸 왕의 대피라미드에서 $l=1$로 하면 $\frac{1}{d}=\phi=\frac{\sqrt{5}+1}{2}$(황금비)이므로 $d=\frac{1}{\phi}=\frac{\sqrt{5}-1}{2}$이다. 한편, $AE=\frac{\sqrt{5}+1}{2}$이므로 $BE=AE-1=\frac{\sqrt{5}-1}{2}$이다. $BG=1$이므로 쿠푸 왕의 대피라미드가 작도된다. ■

논문(J. Cruz-Sampedro and M. Tetlalmazi-Montiel, POEM's and Newton's Aerodynamic frustum, College Math. J. 41(2) (2010) 145-153)에서 시도한 방정식 $x^2-x-1=0$의 일반화 $x^2-px-1=0$을 쿠푸 왕의 대피라미드에 적용하면 다음과 같다.[16)]

1.12 REMARK(쿠프 왕의 대피라미드의 일반화)

우리가 (1.2)에서 알아본 바와 같이

$$h^2=\frac{1}{2}(2d)l,\ l^2=h^2+d^2$$

이고 따라서

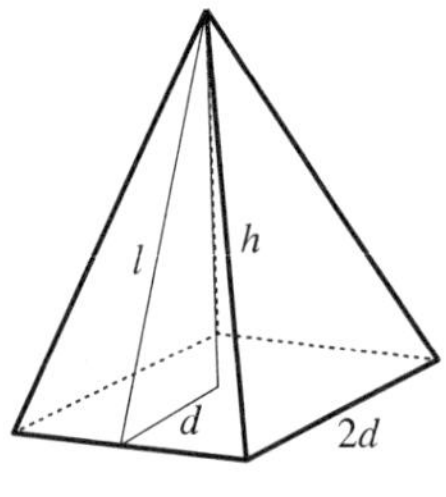

$$\left(\frac{l}{d}\right)^2-\frac{l}{d}-1=0 \text{ 또는 } \frac{l}{d}=\frac{1+\sqrt{5}}{2}=\phi$$

을 얻는다. 이제 피라미드가

$$(\text{높이})^2=p\cdot(\text{피라미드 옆면의 넓이})$$

에 따라 건축되었을 때, $\frac{l}{d}$의 값을 구하여 보자.

16) 박제남, 사범대생을 위한 수리논술, 경문사, 2011(p. 113-116).

$$(\text{높이})^2 = p \cdot (\text{피라미드 옆면의 넓이});\ h^2 = pdl.$$

한편, $l^2 = h^2 + d^2$이므로

$$\left(\frac{l}{d}\right)^2 - p\left(\frac{l}{d}\right) - 1 = 0$$

을 얻는다. 따라서 $\frac{l}{d} = \phi_p$이다. ■

1.13 EXERCISE(일반화)

우리는 방정식 $x^2 - x - 1 = 0$을 유클리드, 뉴턴, 쿠푸 왕의 상황을 한 번에 (1.8) REMARK에서 작도하였다. 방정식 $x^2 - px - 1 = 0$을 이와 같이 작도해 보자. ■

1.14 Greek Algebra(디오판토스)

기호	현재 기호
ζ	x
Δ^{Υ}	x^2
K^{Υ}	x^3
$\Delta^{\Upsilon}\Delta$	x^4
ΔK^{Υ}	x^5
$K^{\Upsilon}K$	x^6

(1) 디오판토스는 그 출생시기와 장소가 분명하지 않고 사생활에 대해서 알려진 것도 거의 없다. 일반적으로 A.D. 250년경에 활동한 것으로 보고 있다. 250년경 알레산드리아에 살고 있던 디오판토스는 ζ, Δ^{Υ}, K^{Υ}, $\Delta^{\Upsilon}\Delta$ 등으로 단어에서 일부를 생략하는 방법으로 기호를 사용하였다(《수론서》(Arithmetica), 오늘날 13권 가운데 10권이 전해 내려온다). 여기서 ζ는 x, Δ^{Υ}는 x^2, K^{Υ}는 x^3, $\Delta^{\Upsilon}\Delta$는 x^4이다. 디오판토스는 x부터 x^6까지 그리고 역인 $\frac{1}{x}$부터 $\frac{1}{x^6}$을 사용하였다.[17] 예를 들어,

17) A. Dahan-Dalmedico and J. Peiffer, History of mathematics, MAA, 2010(p. 521-523).

현대 기호로 보면 x^3-8x^2+2x-3 등을 표시하였다. 0에 대한 기호는 없으며, 위 기호 시스템의 약점은 둘 이상의 미지수를 쓸 수 없다는 것이다. 다시 말하면 x만 사용하고 y나 z는 사용하지 못했다.

(2) 우리가 사용하는 용어 '이항과 소거'는 디오판토스부터 사용된 것으로 본다. 예를 들어 그의 저서 《Arithmetica》(Book I, Problem 17)를 현대적 기호로 사용하면

$$x=(x-20)+(x-22)+(x-24)+(x-27),\ 3x=93,\ x=31$$

을 이항과 소거(나눗셈)를 사용하고 있다.

(3) 디오판토스의 나이에 관한 문제(퍼즐)는 디오판토스 묘비에 새겨져 있는 문제가 아니다. 본 퍼즐의 출처는 《그리스 명시선집(Greek Anthology)》(5세기에서 6세기에 만들어졌으며, game이나 puzzle을 다루고 있다)으로 그냥 문제일 뿐이다.[18] 즉, 본 퍼즐 문제가 디오판토스의 묘비문에 쓰여 있다고 표현하면 안된다. 본 퍼즐은 디오판토스의 생애에 관한 것이 거의 없기에 주목을 받고 있다. 물론 본 퍼즐 문제가 사실인지도 모르고 있다. 따라서 본 퍼즐문제의 사용은 "이 수수께끼 문제가 역사적으로 정확한 것이라면 그는 84세까지 살았다" 정도로 하는 것이 바람직하다.

(4) 페르마는 틈이 나는 데로 디오판토스가 쓴 《수론서》의 라틴어 번역판을 읽곤 하였는데 1637년 무렵 갑자기 그의 뇌리에, 우리가 부르고 있는 페르마의 마지막 정리의 증명이 떠올랐다. 그리고 자신이 보던 번역판의 여백에 다음을 기록하였다. "나는 이 정리의 경이로운 증명을 찾아냈다 하지만 여백이 너무 좁아 쓸 수 없다." ■

1.15 Arabic Algebra(이차방정식, $x^2+10x=39$)

알콰리즈미(al-Khowarizmi, 780-850)의 생애에 대하여 알려진 것은 거의 없다. 대수와 산술에 대한 교과서로 《이항과 소거에 의한 계산편람》은 디오판토스가 《수론서》를 펴낸 이후 이 분야에서 상당히 의미 있는 책이다. 그 책은

① 이차방정식 풀이
② 넓이와 부피측정

18) I. Thomas, Greek mathematics, II, Harvard Univ. Press, 1951.

③ 아주 복잡한 계산처리

를 다루고 있다. 알콰리즈미는 아무런 문자기호를 쓰지 않았다. 책의 일부를 소개하자면,

어떤 것을 제곱한 것과 그것의 10배가 39디르헴이다. 다시 말해서 제곱을 하고 그것의 10배를 더하면 39가 되는 것은 무엇인가?

방정식 풀이에서 이항과 소거는 이미 디오판토스의 저술에서 발견되므로 이항과 소거를 알콰리즈미의 최초업적으로 말하면 안된다. 알콰리즈미의 대수적 업적은 등식의 개념을 관심의 대상으로 내세우고, 이것들을 한 미지수에 대한 일차와 이차의 형태로 분류한 다음, 그 각각에 대한 해법을 제시했다는 것이다. 그는 모두 여섯 가지로 분류했는데 이를 오늘날의 기호로 쓰면 다음과 같다.

① $ax^2 = bx$ ② $ax^2 = b$

③ $ax = b$ ④ $ax^2 + bx = c$

⑤ $ax^2 + c = bx$ ⑥ $ax^2 = bx + c$

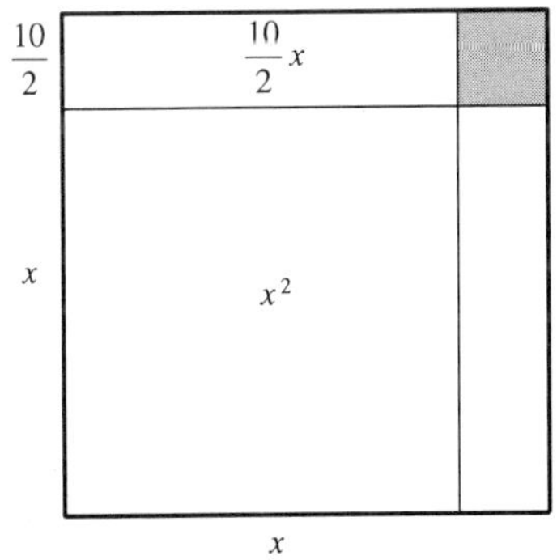

예로 $x^2 + 10x = 39$를 들어 보자. 흰색 바탕의 넓이는 $x^2 + 2\left(\frac{10}{2}\right)x$이고 음영처리 된 정사각형의 넓이 $\left(\frac{10}{2}\right)^2$을 더하자. 즉,

$$\left(x + \frac{10}{2}\right)^2 = x^2 + 2\left(\frac{10}{2}\right)x + \left(\frac{10}{2}\right)^2 = 64.$$

따라서 $x + \frac{10}{2} = 8$, $x = 3$이다. 이를 현대적 기호를 사용하여 일반적으로 표현하면

$$x^2 + px = q,$$
$$\left(x + \frac{p}{2}\right)^2 = x^2 + 2\left(\frac{p}{2}\right)x + \left(\frac{p}{2}\right)^2 = q + \left(\frac{p}{2}\right)^2,$$

따라서 $x = \sqrt{q + (p/2)^2} - p/2$이다. 참고로 알콰리즈미는 0(zero)을 사용하였다(When nothing remains [in subtraction], put down a small circle so that the place be not empty, but the circle must occupty it). ■

우리는 바빌로니아인들이 곱셈표를 사용한 삼차방정식을 간단히 알아보았다. 삼차방정식은 천문학과 관련이 있다. $\sin 3°$를 구하고 나서 이로부터 $\sin 1°$를 구하는 문제가 바로 삼차방정식 문제이다. $\sin 3°$는 $\sin(18° - 15°)$ 등의 계산을 사용할 수가 있어 상대적으로 쉽다. 즉, $\sin 3\theta = 3\sin\theta - 4\sin^3\theta$에서 $\sin 3° \fallingdotseq a$일 때, $4x^3 - 3x + a = 0$의 근이 $\sin 1°$이다.

수학자 아리스타르코스(Aristarchus, B.C. 310-230, Samoa)는 반달일 때, 달-태양-지구의 각을 3°로 추정하고 당시에 잘 알려진 삼각부등식

$$\frac{\sin\alpha}{\sin\beta} < \frac{\alpha}{\beta} < \frac{\tan\alpha}{\tan\beta} \quad (0° < \beta < \alpha < 90°)$$

을 이용하여 근삿값

$$\frac{1}{20} < \sin 3° < \frac{1}{18}$$

을 구하였다. 이를 바탕으로 지구에서 태양까지의 거리는 지구에서 달까지 거리의 18배에서 20배가 된다고 주장하였다. 실제는 약 400배이다.

한편 수학자 프톨레미(Ptolemy, A.D. 100-170, Alexandria)는 《Almagest》에서 다룬 현표에서 중심각이 $1\frac{1}{2}°$인 현의 길이를 구하고 이로부터 중심각이 1°인 현의 길이를 구하는 문제를 만난다. 이때, 삼차방정식 $4x^3 - 3x + a = 0$을 접근할 수가 없었으므로 프톨레미는 아리스타르코스가 사용한 부등식 $\frac{\sin\alpha}{\sin\beta} < \frac{\alpha}{\beta}$ $(0° < \beta < \alpha < 90°)$을 적절히 이용하여 삼차방정식의 문제를 피해간다(3.3(5) 참고). 물론 이 경우 오차는 상대적으로 커지기 마련이다.

삼차방정식의 해를 구하는 천재적인 최초의 방법은 이란의 수학자이자 천문학자인 알카시에 의하여 완성된다. $\sin 3°$를 충분히 알고 있을 때, 방정식

$$4x^3 - 3x + \sin 3° = 0$$

을 통하여 $\sin 1°$를 소수점 이하 8째 자리까지 어떻게 구하는 다음에서 알아보자. 먼저 그림으로 증명한 삼각함수의 3배각 공식을 참고하여 보자.

참고 (C. Alsina and R. Nelsen, 2012)

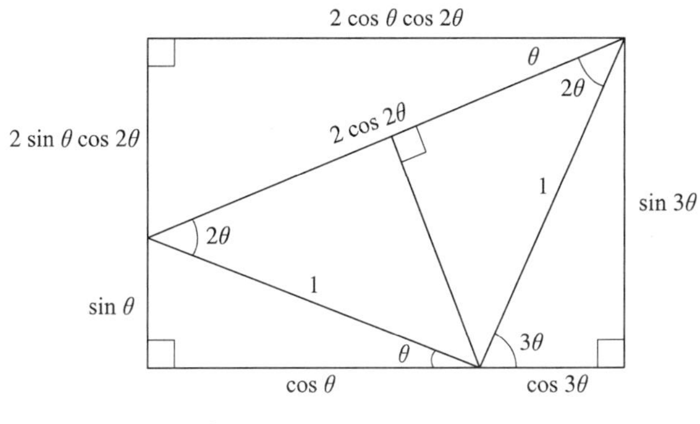

$$\begin{aligned}\sin 3\theta &= 2\sin\theta\cos 2\theta + \sin\theta \\ &= 2\sin\theta(1-2\sin^2\theta)+\sin\theta \\ &= 3\sin\theta - 4\sin^3\theta.\end{aligned}$$

$$\begin{aligned}\cos 3\theta &= 2\cos\theta\cos 2\theta - \cos\theta \\ &= 2\cos\theta(2\cos^2\theta-1)-\cos\theta \\ &= 4\cos^3\theta - 3\cos\theta.\end{aligned}$$

1.16 삼차방정식($al - K\bar{a}sh\bar{i}$ 의 $x^3 + q = px$, 1429년)

Persian 수학자이자 천문학자인 *al-$K\bar{a}sh\bar{i}$*는《*Treatise on the Chord and the Sine*》에서 3등분에서 만들어 방정식의 풀이를 고안하여 $\sin 3°$를 충분히 원하는 만큼 알고 있는 상태에서 $\sin 1°$를 소수점 이하 8째 자리까지 정확한 근삿값을 구하였다.[19)]

먼저 60진법에 의한 표현을 다시 예를 들어 확인하면

$$1,\ 58;\ 0,\ 32 - 1 \cdot 0 + 58 \mid \frac{0}{60} \mid \frac{32}{60^2}$$

로 사용하자. 사인함수의 3배각 공식

$$\sin 3\theta = 3\sin\theta - 4\sin^3\theta$$

를 자주 이용하자.

19) A Aaboe, al-Kashi's iteration method for the determination of sin1°, Scripta Math. 20 (**1954**) 24-29.

(기호)

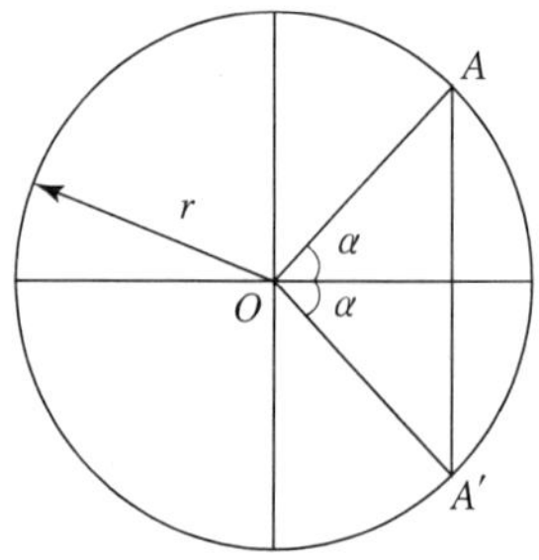

(1) $r = 60,\ AA' = crd\ 2\alpha$

(2) $\sin\alpha = \dfrac{1}{120} crd\ 2\alpha$

(3) $\mathrm{Sin}\,\alpha = 60\ \sin\alpha$

(1) 당시 이슬람 천문학자들 사이에서 사용한 삼각함수 $\mathrm{Sin}\,\alpha$는 1, 0 $\sin\alpha$이다. 즉, 반지름이 60인 원에서 중심각이 2α인 현의 절반을 $\mathrm{Sin}\,\alpha$로 사용하였다. 따라서

$$\mathrm{Sin}\,\alpha = 60\sin\alpha$$

이제 현대적 기호 $\sin 3\alpha = 3\sin\alpha - 4\sin^3\alpha$는

$$\frac{1}{60}\mathrm{Sin}\,3\alpha = \frac{3}{60}\mathrm{Sin}\,\alpha - \frac{4}{60^3}\mathrm{Sin}^3\,\alpha,$$

$$\mathrm{Sin}\,3\alpha = 3\cdot\mathrm{Sin}\,\alpha - 0;\ 0,\ 4\cdot\mathrm{Sin}^3\,\alpha$$

이고 특히,

$$\mathrm{Sin}\,3° = 3\cdot\mathrm{Sin}\,1° - 0;\ 0,\ 4\cdot\mathrm{Sin}^3\,1°$$

이다. 따라서 $\sin 1°$를 구하기 위해서는 3차방정식

$$\mathrm{Sin}\,3° = 3\cdot \mathrm{x} - 0;\ 0,\ 4\cdot \mathrm{x}^3 \text{ 또는 } x = \frac{x^3 + 15,\ 0\cdot\sin 3°}{45,\ 0}$$

을 해결해야 한다. 즉, 방정식 $x^3 + q = px$을 풀거나 훌륭한(?) 근삿값을 구해야 한다. 물론 당시 $\mathrm{Sin}\,3° = \mathrm{Sin}(18° - 15°)$와 제곱근의 풀이로부터

$$\mathrm{Sin}\,3° \fallingdotseq 3;\ 8,\ 24,\ 33,\ 59,\ 34,\ 28,\ 15$$

를 알고 있었다. 따라서

$$x = \frac{x^3 + 15,\ 0 \cdot 3;\ 8,\ 24,\ 33,\ 59,\ 34,\ 28,\ 15}{45,\ 0} = \frac{x^3 + 47,\ 6;\ 8,\ 29,\ 53,\ 37,\ 3,\ 45}{45,\ 0}$$

를 해결해야 한다. 이제 $x = a_1;\ a_2,\ a_3,\ \cdots$로 하면

$$a_1;\ \cdots = \frac{a_1;\ \cdots{}^3 + 47,\ 6;\ \cdots}{45,\ 0}$$

이다. 한편, $al\text{-}K\bar{a}sh\bar{i}$는 Ptolemy의 현표에서

$$\text{Sin } 1° \fallingdotseq 1;\ 2,\ 50$$

정도를 알고 있다. 위 나눗셈에서 정수파트만 생각하면 45, 0으로 나누어야하므로

$$a_1;\ \cdots = \frac{47,\ 6;\ \cdots}{45,\ 0}$$

를 생각하면 몫은 1이고 나머지는 $r_1 = 2,\ 6;\ 8,\ 29,\ \cdots$로 다음 식을 얻는다.

$$1;\ a_2,\ \cdots = \frac{1;\ a_2,\ \cdots{}^3 + 47,\ 6;\ 8,\ \cdots}{45,\ 0},$$

$$0;\ a_2,\ \cdots = \frac{1;\ a_2,\ \cdots{}^3 + 2,\ 6;\ 8,\ \cdots}{45,\ 0} = \frac{1;\ a_2,\ \cdots{}^3 + r_1}{45,\ 0}$$

이제 a_2를 결정해보자. $1;\ a_2,\ \cdots{}^3 = 1^3$로 바꾸어 보자.

$$0;\ a_2,\ \cdots \sim \frac{1^3 + r_1}{45,\ 0} = \frac{2,\ 7;\ 8,\ \cdots}{45,\ 0}$$

이때 몫은 0; 2이고 나머지는 $r_2 = 37;\ 8,\ 29,\ \cdots$이다. 따라서 $a_2 = 2$를 얻는다. 다음 단계로 넘어가면

$$1;\ 2, a_3\ \cdots = \frac{1;\ 2,\ a_3,\ \cdots{}^3 + 47,\ 6;\ 8,\ \cdots}{45,\ 0},$$

$$0;\ 0,\ a_3,\ \cdots \sim \frac{1;\ 2^3 + 47,\ 6;\ 8,\ \cdots - 45,\ 0 \cdot 1;\ 2}{45,\ 0} = \frac{r_2 + (1;\ 2^3 - 1^3)}{45,\ 0}$$

에서 몫은 0; 0, 49 그리고 나머지는 $r_3 = 0;\ 29,\ 42,\ 1,\ 37,\ 3,\ 45$를 얻는다. 따라서

$a_3 = 49$이다. $al\text{-}K\bar{a}sh\bar{i}$는 두 과정을 밟아 근삿값

$$\text{Sin}\ 1° = 1;\ 2,\ 49,\ 43,\ 11$$

을 얻는다(Ptolemy는 Sin 1° = 1; 2, 50로 계산하였다). 이를 10진법으로 고치면

$$\text{Sin}\ 1° = \frac{13570991}{12960000} = 1.04714436728$$

이다. $\sin 1° = \frac{1}{60}\text{Sin}\ 1° = 0.17452406121$로 소수점 이하 8째 자리까지 정확하다.

(2) $al\text{-}K\bar{a}sh\bar{i}$의 알고리즘을 10진법을 사용하여 현대적으로 해석해보자.[20]

먼저 삼차방정식의 출발 $\sin 3\alpha = 3\sin\alpha - 4\sin^3\alpha$에서 $\alpha = 1°$, $x = \sin 1°$라면

$$x = \frac{4}{3}x^3 + \frac{1}{3}sin\ 3°$$

이다. 이때의 한 근이 $\sin 1°$이다. 참고로 당시 방정식에서 음의 근은 무시하였다. 앞에서 언급한 것처럼 $al\text{-}K\bar{a}sh\bar{i}$는 $\frac{1}{3}\sin 3° \fallingdotseq 0.0174453...$으로 알고 있었다(Sin 3° ≒ 3; 8, 24, 33, 59, 34, 28, 15). 이제 $x = 0.01a_1a_2a_3\cdots$로 출발하자. 즉,

$$0.01a_1a_2a_3\cdots = \frac{4}{3}(0.01a_1a_2a_3\cdots)^3 + 0.0174453...$$

이므로 양변에 0.01을 빼면

$$0.00a_1a_2a_3\cdots = \frac{4}{3}(0.01a_1a_2a_3\ \cdots)^3 + 0.0074453...$$

인데 여기서 세제곱 계산 이후 자리만 고려하면 $a_1 = 7$이다. 즉, $al\text{-}K\bar{a}sh\bar{i}$는 첫 번째 근삿값 $x_1 = 0.017$ (여기서 $x_0 = 0.01$)을 얻는다. 다시

$$0.017a_2a_3\cdots = \frac{4}{3}(0.017a_2a_3\cdots)^3 + 0.0174453...$$

20) F. Riahi, An early iterative method for the determination of sin 1°, College Math. J. 26 (**1995**) 16-21.

에서 양변에 0.017을 빼자.

$$0.000a_2a_3\cdots = \frac{4}{3}(0.017a_2a_3\cdots)^3 + 0.0004453\ldots$$

여기서 소숫점 이하 4째 자리만을 비교하자. 이때 $a_2 = 4$이다. 따라서 두 번째 근삿값 $x_2 = 0.0174$를 얻는다. 이를 기호로 변환하면 다음과 같다.

$$\text{(fixed point iteration) } p = \frac{1}{3}\sin 3°,\ f(x) = \frac{4}{3}x^3 + p,\ x_n = 0.01a_1a_2\cdots\ a_n$$

에 대하여 $x_0 = 0.01$에서 출발하면

$$\begin{aligned} x_1 &= f(x_0) \\ x_2 &= f(x_1) = f(f(x_0)), \\ &\cdots \\ x_n &= f(f(f(\cdots f(x_0)\cdots))). \end{aligned}$$

계산기를 사용하면 $x_4 = 0.017452406437273\ldots$을 얻는데 이는 $\sin 1°$의 근삿값으로 소수점이하 13째 자리까지 정확하다.

(3) 또한,[21] *al-Kāshī*《On the Circumference》는 $\sin 1°$의 정밀도를 바탕으로 아르키메데스의 방법으로 정6각형에서 시작하여 아르키메데스의 방법처럼 정$3 \cdot 2^{28}(= 805306368)$ 각형에서 반지름이 1인 원의 둘레를

$$6;\ 16,\ 59,\ 28,\ 1,\ 34,\ 51,\ 46,\ 14,\ 50$$

로 계산하였다. *al-Kāshī* 는 60진법과 10진법을 같이 사용했는데 이를 10진법

$$6.2831853071795865$$

로 바꾸었다. 이는 소수점 이하 16째 자리까지 정확한 원주율이다. 당시 세계 신기록으로서 그리스(소수점 이하 3째 자리)와 중국(조충지, 소수점 이하 6째 자리)의 업적을 훨씬 능가하는 것이다. 유럽은 1599년이 되어야 한다. ■

---

21) J. Suzuki, A history of mathematics, Prentice Hall, 2002(p. 269-271).

1.17 삼차방정식(카르다노, 봄벨리)

(1) 16세기에 많은 수학자들이 방정식의 해를 구하는 데 매진하였다. 대표적인 예가 Cardano의 삼차방정식

$$x^3 + ax^2 + bx + c = 0$$

이다(《위대한 술법》, 1545). $x = y - (a/3)$로 치환하면 $y^3 + py + q = 0$으로 변형되고, 또 $y = u - (p/3u)$로 다시 치환하면 $u^6 + qu^3 - (p^3/27) = 0$ 이 되어, 이차방정식 해법에 의하여

$$u^3 = \frac{1}{2}\left(-q \pm \sqrt{q^2 + (4p^3/27)}\right).$$

한편, $p^3/27u^3 = u^3 + q$ 이므로 삼차방정식의 해

$$y = \sqrt[3]{\frac{-q \pm \sqrt{q^2 + (4p^3/27)}}{2}} - \sqrt[3]{\frac{q \pm \sqrt{q^2 + (4p^3/27)}}{2}} \tag{1-6}$$

를 얻는다. Rafael Bombelli(1526-1572)는 $y^3 - 15y - 4 = 0$을 구하는데 까르다노의 식 (1-6)을 사용하였다(《대수학 개론(l'Algebra)》, 1572). 이를 이용하면

$$y = \sqrt[3]{2 + \sqrt{-121}} - \sqrt[3]{-2 + \sqrt{-121}}$$

이다. 한편, $y = 4$가 방정식 $y^3 - 15y - 4 = 0$을 만족한다는 것을 몇 개의 수를 대입하다 보면 얻을 수 있다. 그렇다면

$$\sqrt[3]{2 + \sqrt{-121}} - \sqrt[3]{-2 + \sqrt{-121}} = 4$$

가 성립해야 하는데 Bombelli는 이를 어떻게 보였을까? 여러 형태를 시도하다 $2 + \sqrt{-1}$을 세 번 거듭 곱하고 $\sqrt{-1}$의 제곱은 -1로 계산하여 $-2 + \sqrt{-121}$의 세 제곱근이 $-2 + \sqrt{-1}$ 임을 알았다. 이로부터

$$(2 + \sqrt{-1}) - (-2 + \sqrt{-1}) = 4$$

이다. Bombelli는 Cardano의 식에서 "4"를 구하는데 $\sqrt{-1}$ 등이 대수적 전개가 필요했

으며 이는 복소수를 자연스럽게 받아들이는 동기가 되었다.[22] 보다 자세한 전 후 관계는 《미지수, 상상의 역사》을 참고해 보자.

(2) 모든 삼차방정식은 $x^3+3ax=b$ 꼴로 변형할 수 있다. 이제 $x=\frac{a}{y}-y$로 치환하면 $y^6+by^3=a^3$이 된다. 이것은 y^3에 대한 이차방정식이므로 y, x를 차례로 구할 수 있다.

예를 들어, $x^3+6x=20$을 풀어보자. 식을 변형하면 $y^6+20y^3+8=0$이므로 두 근

$$-10+\sqrt{108},\ -10-\sqrt{108}$$

을 얻는다. 즉,

$$y^3=-10+\sqrt{108}=(-10+\sqrt{108})e^{i(0+2k\pi)}$$

에서 이제 y를 구하면 $-10+\sqrt{108}>0$이므로

$$\begin{aligned} y&=(-10+\sqrt{108})^{\frac{1}{3}} \\ &=\sqrt[3]{-10+\sqrt{108}}\,e^{i\frac{(0+2k\pi)}{3}} \quad (k\in\mathbb{Z}) \\ &=\sqrt[3]{-10+\sqrt{108}}\left(\cos\frac{2k\pi}{3}+i\sin\frac{2k\pi}{3}\right) \quad (k\in\mathbb{Z}) \end{aligned}$$

$k=0,\ 1,\ 2$를 대입하면

$$\begin{aligned} y_1&=\sqrt[3]{-10+\sqrt{108}}, \\ y_2&=\sqrt[3]{-10+\sqrt{108}}\left(\frac{-1+\sqrt{3}i}{2}\right), \\ y_3&=\sqrt[3]{-10+\sqrt{108}}\left(\frac{-1-\sqrt{3}i}{2}\right). \end{aligned}$$

이제 각각의 y_i에 대응하는 x_i의 값을 구해보면

$$x_1=\frac{2}{\sqrt[3]{-10+\sqrt{108}}}-\sqrt[3]{-10+\sqrt{108}}$$

22) - Viet Ngo and Saleem Watson, Who cares if $x^2+1=0$ has a solution?, College Math. J. 29(2) (**1998**) 141-144.
- P. Nahin, The story of $\sqrt{-1}$, Princeton, 1998(p. 18-22).
- 존 더비셔(고중숙 옮김), 미지수, 상상의 역사, 승산, 2009.

$$= \frac{2\sqrt[3]{-10+\sqrt{108}\,)}}{(\sqrt[3]{-10+\sqrt{108}}\,)(^3\sqrt{10+\sqrt{108}}\,)} - \sqrt[3]{-10+\sqrt{108}}$$

$$= \sqrt[3]{10+\sqrt{108}} - \sqrt[3]{-10+\sqrt{108}}$$ [23)]

$$x_2 = \frac{2}{\sqrt[3]{-10+\sqrt{108}}\left(\frac{-1+\sqrt{3}\,i}{2}\right)} - \sqrt[3]{-10+\sqrt{108}}\left(\frac{-1+\sqrt{3}\,i}{2}\right)$$

$$x_3 = \frac{2}{\sqrt[3]{-10+\sqrt{108}}\left(\frac{-1-\sqrt{3}\,i}{2}\right)} - \sqrt[3]{-10+\sqrt{108}}\left(\frac{-1-\sqrt{3}\,i}{2}\right) \quad ■$$

이번에는 사차방정식의 해를 구하는 방법을 알아보자.

1.18 사차방정식(페라리)

Ferrari[24)]는 삼차방정식의 일반해를 구하는 방법과 비슷하게 사차방정식에서 삼차항을 소거하는 방법을 통해서 사차방정식의 일반해를 구하는 길을 열었다. 이제 사차방정식 $x^4+ax^3+bx^2+cx+d=0$에서 x^3항을 소거하자. 먼저 $x=y+t$로 치환하면

$$(y+t)^4+a(y+t)^3+b(y+t)^2+c(y+t)+d=0$$

이고 y^3의 계수는 $4t+a$이므로 $t=-\frac{a}{4}$로 택하면 삼차항은 소거된다. 예를 들면, $x^4-2x^3-x^2+2x=0$에서 $x=y+\frac{1}{2}$로 하면

$$x^4-2x^3-x^2+2x=y^4-\frac{5}{2}y^2+\frac{9}{16}=0$$

이다. 이제 삼차항이 없는 방정식

---

23) $y_2=(-10-\sqrt{108}\,)^{\frac{1}{3}}=e^{\frac{1}{3}\log(10-\sqrt{108}\,)}=e^{\frac{1}{3}\ln(10+\sqrt{108}\,)}e^{i\frac{2k\pi+\pi}{3}}$

$=\sqrt[3]{10+\sqrt{108}}\cos\left(\frac{2k+1}{3}\right)\pi+i\sin\left(\frac{2k+1}{3}\right)\pi$

에서 $k=1$이면 $x=-\sqrt[3]{-10+\sqrt{108}}+\sqrt[3]{10+\sqrt{108}}$로 y_1에서 구한 해와 같은 해가 나온다.

24) Ferrari(1522-1565)에 의해서 사차방정식의 일반해가 처음으로 구해졌다.

$$x^4 + ax^2 + bx + c = 0$$

에서 변수 u를 다음과 같이 사용하자.

$$x^4 + ax^2 = \left(x^2 + \frac{1}{2}a + u\right)^2 - 2ux^2 - \left(\frac{a}{2} + u\right)^2$$

식을 정리하면

$$\left(x^2 + \frac{a}{2} + u\right)^2 = 2ux^2 - bx + \left(u^2 + au - c + \frac{a^2}{4}\right) \tag{1-7}$$

을 얻는다. 식(1-7)의 오른쪽이 완전제곱 꼴이 되려면 판별식이 0이어야 한다. 즉,

$$(-b)^2 - 4(2u)\left(u^2 + au - c + \frac{a^2}{4}\right) = 0$$

이를 u에 관하여 정리하면

$$8u^3 + 8au^2 + (2a^2 - 8c)u - b^2 = 0$$

위의 식을 보조삼차방정식(auxiliary cubic equation)이라 한다. 따라서 보조삼차방정식의 근을 u_0라 하면 식(1-7)로부터

$$\left(x^2 + \frac{a}{2} + u_0\right)^2 = 2u_0\left(x - \frac{b}{4u_0}\right)^2$$

또는

$$x^2 + \frac{a}{2} + u_0 = \pm\sqrt{2u_0}\left(x - \frac{b}{4u_0}\right)$$

를 얻으며 이로써 사차방정식의 일반해가 완성된다. ■

1.19 오차방정식(Hermite, Galois)

일차방정식 $x = 1$의 근은 1이고 이차방정식 $x^2 = 1$의 근은 ± 1이다. 범위를 실수로 국한시켰을 때, 삼차방정식 $x^3 = 1$의 근은 1이고 사차방정식 $x^4 = 1$의 근은 ± 1이다. 수

의 범위를 복소수로 확장하면 위 방정식은 더 많은 해를 가지게 된다. 예를 들어, 삼차방정식 $x^3 = 1$의 해는

$$1,\ \frac{-1+\sqrt{3}\,i}{2},\ \frac{-1-\sqrt{3}\,i}{2}$$

로 3개이며, 사차방정식 $x^4 = 1$의 해는

$$1,\ i,\ -1,\ -i$$

로 4개이다. 일반적으로 제n차방정식 $a_0 + a_1 x + a_2 x + \cdots + a_n x^n = 0$의 해에 대하여 다음이 알려져 있다.

▌대수학의 기본정리▐ 제n차방정식은 복소수 체 $\mathbb{C}$에서 n개의 해를 가진다.

앞에서 살펴 본대로 4차 이하의 방정식은 제곱근을 사용하여 일반해를 구하였다. 예를 들어 $ax^2 + bx + c = 0\,(a \neq 0,\ a,\ b,\ c$는 실수)는 복소수체 $\mathbb{C}$에서 제곱근을 사용한 근 $\dfrac{-b \pm \sqrt{b^2 - 4ac}}{2a}$를 갖고 유리계수다항식 $x^2 + 2x + 3$은 체 $\mathbb{Q}(\sqrt{-2})$에서 근을 갖는다. 한편, 앞에서 유리계수 삼·사차다항식의 근이 항상 제곱근을 사용하여 표현될 수 있음을 보았다.

그러나 5차 이상의 경우에는 해를 위와 같은 형태로 구할 수 없다. 먼저 해에 대한 정확한 용어를 알아보자.

일반적으로 $\mathbb{Q} \subseteq K \subsetneq \mathbb{R}$에 대하여 방정식 $f(x) = 0$ $(f(x) \in K[x])$이 식(formula)을 갖는다는 것은 다음을 만족할 때이다.

확대체 열 $K = E_0 \subset E_1 \subset \cdots \subset E_n$가 존재하여

(1) $f(x) = 0$의 모든 근이 E_n에 존재한다.

(2) $i \geq 1$에 대하여 $E_i = E_{i-1}(u_i)$이고 u_i의 적당한 거듭제곱은 E_{i-1}에 속한다.

위의 정의를 다시 말하면

(1) $E_n = K(u_1, \cdots, u_n)$.

(2) 방정식 $f(x)=0$ $(f(x)\in K[x])$의 식은

$$\frac{h(u_1, \cdots, u_n)}{g(u_1, \cdots, u_n)} \text{ (여기서 } h, g\in K[x_1, \cdots, x_n])$$

꼴이다. 즉, 방정식이 식을 갖는다는 것은 사칙연산과 유한 번의 거듭제곱을 통해서 근을 표현할 수 있다는 것이다. 먼저 $K=\mathbb{Q}$로 하여 방정식의 근에 대하여 알아보자. 예를 들어 방정식 $x^2+x+2=0$이 식을 갖는지 알아보자.

$\mathbb{Q}$의 확대체 $\mathbb{Q}(\sqrt{-7})$에 $x^2+x+2=0$의 모든 근이 존재하고 $(\sqrt{-7})^2\in\mathbb{Q}$이다.

따라서 $u=\sqrt{-7}$ 라 할 때, 방정식 $x^2+x+2=0$의 근은

$$\frac{f(u)}{g(u)},\ f(x),\ g(x)\in\mathbb{Q}[x]$$

로 표현된다. 즉, $f(x)=-1\pm x$, $g(x)=2$로 $f(x)$, $g(x)\in\mathbb{Q}[x]$이기 때문에 $\dfrac{-1\pm\sqrt{-7}}{2}$은 방정식 $x^2+x+2=0$의 식이다.

삼차방정식 $x^3+ax^2+bx+c=0$의 한 근은

$$\frac{1}{3}\left(\sqrt[3]{-\frac{27}{2}q+\frac{3}{2}\sqrt{-3}\,\Delta}+\sqrt[3]{-\frac{27}{2}q-\frac{3}{2}\sqrt{-3}\,\Delta}\right)$$

$\left(\Delta=\sqrt{-(27^2+4p^3)},\ p=b-\dfrac{a^3}{3},\ q=c+\dfrac{2a^3-9ab}{27}\right)$이다. 한편 u가

$$x^3-\left(-\frac{27}{2}q+\frac{3}{2}\sqrt{-3}\,\Delta\right)$$

의 한 근이고, v가

$$x^3-\left(-\frac{27}{2}q-\frac{3}{2}\sqrt{-3}\,\Delta\right)$$

의 한 근이라고 하면 우리는 확대체열

$$\mathbb{Q}\subset\mathbb{Q}(\Delta)\subset\mathbb{Q}(\Delta,\ \sqrt{-3})\subset\mathbb{Q}(\Delta,\ \sqrt{-3},\ u)\subset\mathbb{Q}(\Delta,\ \sqrt{-3},\ u,\ v)$$

를 얻는다. 따라서 방정식 $x^3+ax^2+bx+c=0$은 식을 갖는다.

흔히 오차방정식의 근이 존재하지 않는다고 말하는 것은 위의 정의에서 말하는 식이 존재하지 않는다는 것이지 근 또는 근의 공식이 존재하지 않는다는 것은 아니다.

오차방정식 $a_5x^5+a_4x^4+a_3x^3+a_2x^2+a_1x+a_0=0$은 $x^5-x+\rho=0$의 꼴로 정리할 수 있다. 근은 $k=\tan\left[\frac{1}{4}\sin^{-1}\left(\frac{16}{25\sqrt{5}\,\rho^2}\right)\right]$ 등을 사용하여 표현된다. 1858년에 Hermite가 자코비세타함수(Jacobi theta function) 등을 동원하여 일반적으로 구하였다.[25] 또한, 일반적인 육차방정식의 공식은 Kampé de Féiet 함수에 의하여 표현된다.[26] 이상에서 알 수 있듯이 " 오차 이상의 방정식의 대수적 해법이 존재하지 않는다"라는 표현을 사용해서는 안된다.

오차 이상의 방정식에 대한 근은 위에서 알 수 있듯이 사칙 연산과 거듭제곱근 $\sqrt{\ }$, $\sqrt[3]{\ }$, $\sqrt[4]{\ }$, $\sqrt[5]{\ }$, …만을 유한 번 사용한 형태로는 표현할 수 없고 다른 형태를 이용해야 표현할 수 있다. 즉, 오차방정식은 위의 정의에서 말한 식은 갖지 않지만 근을 구할 수 있는 근의 공식은 존재한다. 이를 증명(Abel, Galois, Ruffine)하는 것은 대수학에서 체이론(galois group, spillting filed, radical extension 등), 군이론(solvable group 등)이 필요한 매우 어려운 일이다. 다음은 이에 대한 예 $x^5-6x+3=0$ $(K=\mathbb{Q})$을 간략하게 소개한 것이다.

1.20 EXAMPLE(거듭제곱 만으로 표현할 수 없는 식)

유리계수다항식

$$f(x)=x^5-6x+3\in\mathbb{Q}[x]$$

에 대하여

25) http : //mathworld.wolfram.com/QuinticEquation.html

26) http : //mathworld.wolfram.com/SexticEquation.html

① $f(x)=0$의 모든 근들을 유리수체 $\mathbb{Q}$에 첨가한 가장 작은 체(splitting field)를 E라 하자.

② E에서 E로의 동형사상(isomorphism) ρ들 중에서 $\rho(q)=q$로 모든 유리수를 고정하는 함수들만 모아 놓자. 연산은 함수의 합성이다. 이 군을 갈로아군이라 하고 $Gal_{\mathbb{Q}}E$로 표시한다.

③ 군 $Gal_{\mathbb{Q}}E$는 집합 $\{1, 2, 3, 4, 5\}$에서 $\{1, 2, 3, 4, 5\}$에로 정의된 일대일 함수 모임(연산은 함수의 합성)이다. 이를 S_5로 표시한다.

④ $x^5-6x+3=0$의 근이 거듭제곱근 $\sqrt{\ }$, $\sqrt[3]{\ }$, $\sqrt[4]{\ }$, $\sqrt[5]{\ }$, $\cdots$만을 유한 번 사용한 형태려면 군 S_5가 solvable군이 되어야 한다. 그러나 S_5는 solvable 군이 아니다. 여기서 유한군 G가 각 $G_i/G_{i+1}(i=0, 1, 2, \cdots, n-1)$가 순환(cycle)이 되는 부분군의 열

$$1=G_n \leqq G_{n-1} \leqq \cdots \leqq G_0=G$$

을 가질 때, solvable군이라 부른다.

⑤ 따라서 방정식 $x^5-6x+3=0$의 근은 거듭제곱근 $\sqrt{\ }$, $\sqrt[3]{\ }$, $\sqrt[4]{\ }$, $\sqrt[5]{\ }$, $\cdots$등만을 유한 번 사용한 형태로 표현되지 않는다. ■

다시 정리하면, 오차방정식의 근은 항상 존재하며 그것을 구할 수 있는 근의 공식도 존재하지만 사칙 연산과 거듭제곱근 $\sqrt{\ }$, $\sqrt[3]{\ }$, $\sqrt[4]{\ }$, $\sqrt[5]{\ }$, $\cdots$을 유한번 사용한 형태로 표현할 수 없다. 그러나 n차 방정식은 복소수 안에서 n개의 근을 가지므로 $K=\mathbb{R}$로 하면 $\mathbb{R}\subset\mathbb{R}(i)=\mathbb{C}$이므로 방정식 $x^5-6x+3=0$은 앞의 정의에서 말한 식을 갖는다.

우리는 방정식에 대하여 고대 바빌로니아 시대 방법부터 갈루아의 방법에 이르기까지 알아보았다. 다음에서 이차방정식은 이디에서 오고 판별식은 무엇을 판별하는지 알아보자.

질문 1 이차방정식은 어디에서 오는가?

질문 2 이차방정식의 판별식은 무엇을 판별하는가?

1.21 REMARK(이차방정식의 판별식)

이차방정식 $ax^2+bx+c=0$과 근의 공식

$$x=\frac{-b\pm\sqrt{b^2-4ac}}{2a}$$

를 다시 생각해보자. 먼저 변수 x를 λ로 사용하여 이차방정식을

$$a\lambda^2+b\lambda+c=0$$

으로 사용하자. 저항을 생각한 미분방정식(위 사진에서 저항은 shock을 말한다)

$$my''+cy'+ky=0 \quad y(0)=1,\ y'(0)=0 \tag{1-8}$$

을 알아보자(《고급수학 II》). 식(1-8)를 만족하는 일반해는 이를 만족하는 서로 독립인 두 (실변수) 함수 y_1, y_2를 찾으면 된다. 식(1-8)의 일반해는

$$c_1y_1+c_2y_2 \text{ (여기서 } c_1,\ c_2\text{는 실수)}$$

이므로 서로 독립인 두 함수 y_1, y_2를 복소지수함수 $y=e^{\lambda t}$로 접근하자 (지수함수의 정의역을 복소수에서 생각하면 삼각함수는 지수함수의 특별한 형태이다. 이를 5.2에서 깊이 있게 다룬다). $y=e^{\lambda t}$를

$$my''+cy'+ky=0$$

에 대입하면 $m\lambda^2+c\lambda+k=0$을 얻고, 두 근은 다음과 같다.

$$\lambda_1=\frac{-c}{2m}+\frac{1}{2m}\sqrt{c^2-4mk},\ \lambda_2=\frac{-c}{2m}-\frac{1}{2m}\sqrt{c^2-4mk}.$$

이제 근이 무슨 의미를 가지고 있는지 알아보자.

편의상 $m=k=1$로 하여 이차방정식 $\lambda^2+c\lambda+1=0$이 서로 다른 두 실근, 서로 다른 두 허근, 그리고 중근을 가질 때 나타나는 현상을 관찰하여보자. 주어진 초기조건을 다시 언급하면 추를 원점 아래 1(cm)($y(0)=1$)에서 살며시($y'(0)=0$) 놓은 경우이다.

다음 세 가지 경우를 생각해보자.

❙ 경우 1 (서로 다른 두 실근) : 즉, $c^2 > 4mk$이므로 저항을 나타내는 c값이 상대적으로 큰 수임을 알 수 있다. $\lambda_1 \neq \lambda_2$이므로 두 함수 $\{e^{\lambda_1 t},\ e^{\lambda_2 t}\}$는 선형적으로 독립이고 따라서, 식(1-8)의 일반해는 $c_1 e^{\lambda_1 t} + c_2 e^{\lambda_2 t}$이고, $\lambda_1 < 0$, $\lambda_2 < 0$이므로 외부의 힘(external force)이 없을 때, 추는 빨리 정지한다. $c = 3$일 때,

$$\lambda_1 = \frac{-3+\sqrt{5}}{2},\ \lambda_2 = \frac{-3-\sqrt{5}}{2}$$

이다. 따라서 일반해(general solution) $y(t) = c_1 e^{\frac{-3+\sqrt{5}}{2}t} + c_2 e^{\frac{-3-\sqrt{5}}{2}t}$를 얻는다. 미분방정식(1-8)에서 초기 조건을 이용하면, $y(0) = 1$에서 $y(0) = c_1 + c_2 = 1$, 그리고 $y'(0) = 0$에서

$$y'(0) = \frac{-3+\sqrt{5}}{2}c_1 + \frac{-3-\sqrt{5}}{2}c_2 = 0$$

이다. 따라서 $c_1 = \frac{3+\sqrt{5}}{2\sqrt{5}}$, $c_2 = \frac{\sqrt{5}-3}{2\sqrt{5}}$이다. 그러므로 식(1-8)의 특수해(particular solution)는

$$y(t) = \frac{3+\sqrt{5}}{2\sqrt{5}} e^{\frac{-3+\sqrt{5}}{2}t} + \frac{\sqrt{5}-3}{2\sqrt{5}} e^{\frac{-3-\sqrt{5}}{2}t}.$$

그래프는 다음과 같다.

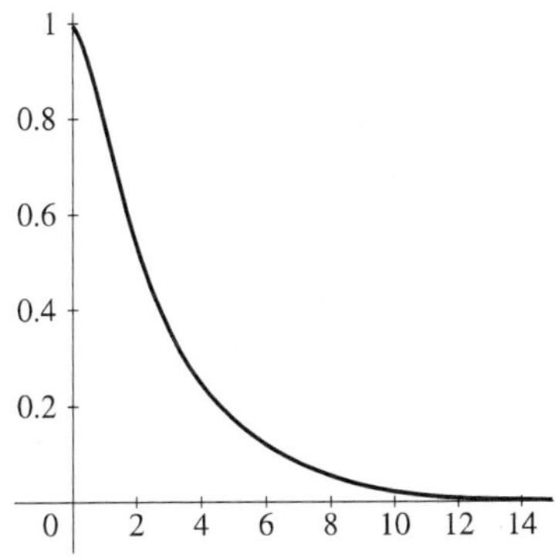

▍경우 2 (서로 다른 두 허근) : 경우 1에서 $c=3$으로 저항이 매우 크므로 위 그래프에서 보듯이 추가 상하운동 없이 빠르게 정지하였다. 이제 $c=1$로 줄여보자. 두 허근 $\lambda_1 = \frac{-1+i\sqrt{3}}{2}$, $\lambda_2 = \frac{-1-i\sqrt{3}}{2}$은 공액복소수로 일반해는

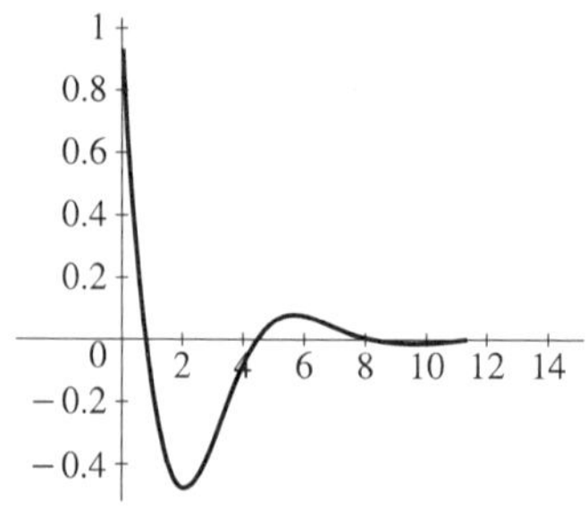

$$y(t) = e^{-\frac{1}{2}t}\left(c_1 \cos\left(\frac{\sqrt{3}}{2}t\right) + c_2 \sin\left(\frac{\sqrt{3}}{2}t\right)\right)$$

이다. 초기조건을 이용하면 $y(0) = c_1 = 1$, 그리고 $y'(0) = -\frac{1}{2}\left(1 + \frac{\sqrt{3}}{2}c_2\right) = 0$에서 $c_2 = -\frac{2}{\sqrt{3}}$를 얻는다. 따라서 해

$$y(t) = e^{-\frac{1}{2}t}\left(\cos\left(\frac{\sqrt{3}}{2}t\right) - \frac{2}{\sqrt{3}} \sin\left(\frac{\sqrt{3}}{2}t\right)\right)$$

를 구하게 된다. 이 경우 저항이 상대적으로 작기 때문에 약간의 진동이 발생한다. 그러나 어깨에 음수가 있는 지수함수 $e^{-(1/2)t}$가 곱하여졌기 때문에 약간의 시간이 지나면 추의 상하운동은 이 지수함수에 눌려 소멸한다. 한편 얼마나 빨리 소멸하는가는 이차방정식의 근 식에서 $e^{-\frac{c}{2m}}$ $(c=m=1)$가 좌우한다. 추가 가볍고 저항이 세면 빨리 상하운동이 소멸하고 반대로 추가 무겁고 저항이 약하면 상하운동이 상대적으로 오래 지속된다.

▍경우 3 (중근) : 우리는 서로 독립인 두 함수를 구해야 이들이 일반해를 만들어낸다는 것을 알고 있다. 그러나 중근인 경우는 실제로 근이 하나밖에 없기 때문에 꼭꼭 숨어있는 함수(y_2)를 찾아내야 한다. 이 경우 먼저 구한 해 y_1에 대하여 $y_2 = ty_1$가 식(1-8)을 만족한다. 이를 확인하자.[27] 따라서 일반해는

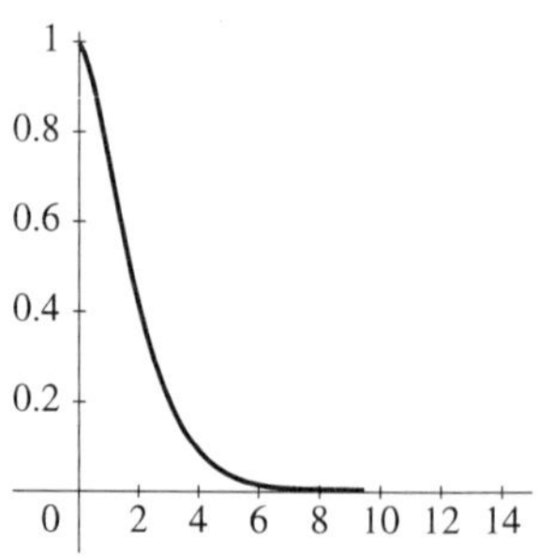

27) W. Boyce and R. DiPrima, Elementary differential equations and boundary value problems, 3rd.,

$$y(t) = c_1 y_1 + c_2 t y_1 = (c_1 + c_2 t)e^{-t}$$

이다. 중근을 갖게 하기 위해 $c = 2$로 설정하고 초기조건을 이용하자. 먼저, $y(0) = c_1 = 1$이고 미분 후 0을 대입하면 $y'(0) = c_2 - 1 = 0$이다. 따라서 특수해는

$$y(t) = (1 + t)e^{-t}$$

이다. 이 그래프는 진동이 없는 상황과 [경우 2]가 말하는 진동이 있는 상황 사이에 경계(중간, 중용)에 위치한다.

세 개의 그래프를 다음에 그리면 중근을 갖는 경우는 그래프가 나머지 사이에 위치한다.

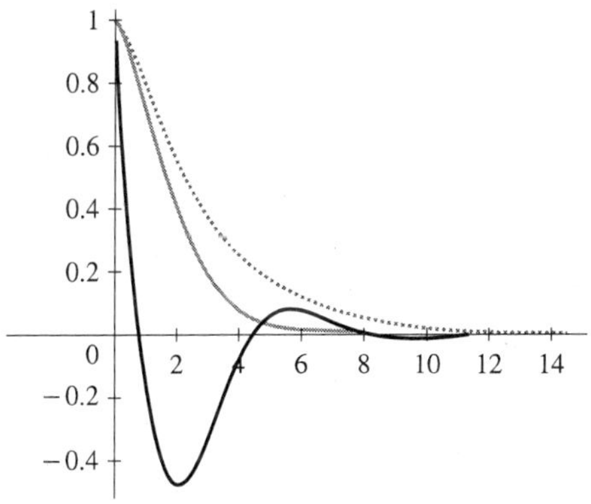

■

다음 연이은 예에서 근과 계수와의 관계를 알아보자.

1.22 *Viete*의 방법(근과 계수와의 관계, 1593년 경)[28]

Adrianus Romanu은 1593년 저서 《Ideae Mathematicae》의 서문에서 다음 방정식 문

John Wiley & Sons, New York, 1977.

28) J. Suzuki, A history of mathematics, Prentice Hall, 2002(p. 331-334)

제를 전 세계 수학자들에게 제시하였다. $A=\sqrt{2+\sqrt{2+\sqrt{2+\sqrt{2}}}}$ 에 대한 예만 들면 다음과 같다.

다음 방정식의 근을 구하여라.

$$\begin{aligned}
&45x-3795x^3+95634x^5-1138500x^7+7811375x^9-34512075x^{11}+105306075x^{13}\\
&-232676280x^{15}+384942375x^{17}-488494125x^{19}+483481800x^{21}-378658800x^{23}\\
&+236030652x^{25}-117679100x^{27}+46955700x^{29}-15945040x^{31}+3764565x^{33}\\
&-740259x^{35}+111150x^{37}-12300x^{39}+945x^{41}-45x^{43}+x^{45}\\
&=\sqrt{2+\sqrt{2+\sqrt{2+\sqrt{2}}}}\,. \qquad (1\text{-}9)
\end{aligned}$$

당시 Adrianus Romanus는 식(1-9)를 Stevine이 사용한 기호

$$45①-3795③+95634⑤-\cdots$$

로 사용하였다.

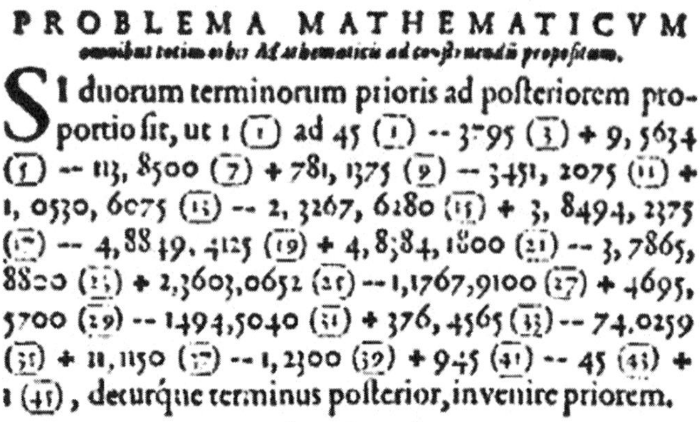

PROBLEMA MATHEMATICVM
omnibus totius orbis Mathematicis ad construendum propositum.

SI duorum terminorum prioris ad posteriorem proportio sit, ut 1 (0) ad 45 (1) -- 3795 (3) + 9,5634 (5) -- 113,8500 (7) + 781,1375 (9) -- 3451,2075 (11) + 1,0530,6075 (13) -- 2,3267,6280 (15) + 3,8494,2375 (17) -- 4,8849,4125 (19) + 4,8348,1800 (21) -- 3,7865,8800 (23) + 2,3603,0652 (25) -- 1,1767,9100 (27) + 4695,5700 (29) -- 1494,5040 (31) + 376,4565 (33) -- 74,0259 (35) + 11,1150 (37) -- 1,2300 (39) + 945 (41) -- 45 (43) + 1 (45), datúrque terminus posterior, invenire priorem.

*Viete*에게 본 문제가 전달되었을 때, 그는 $2\sin 45\theta$를 $2\sin\theta$에 관한 함수로 바꾸면 식(1-9)의 왼쪽 다항식이 된다는 것을 알았다. 즉, 위 45차 다항식에 $x=2\sin\theta$를 대입하면 $2\sin 45\theta$가 됨을 인지하였다.

*Viete*의 생각을 알아보자. 먼저 빗변이 모두 2로 같고 밑변의 각도가 θ, 2θ, 3θ, 4θ, $\cdots$인 직각삼각형의 배열을 생각하자. 특히, 첫 번째 삼각형의 높이를 x로 나타내자. 즉,

$$x = 2\sin\theta$$

이다.

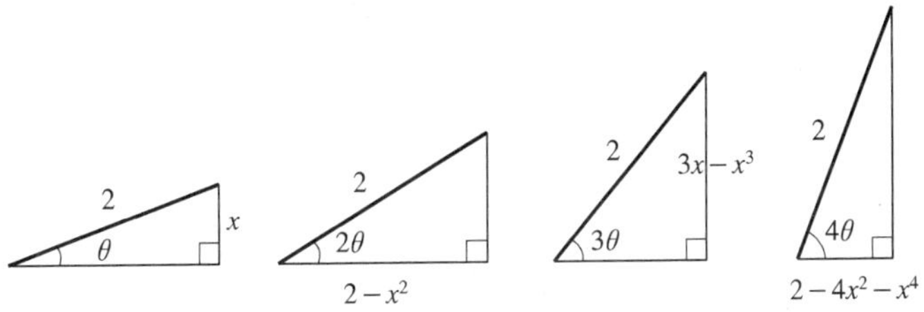

처음에 주어진 빗변의 길이 2의 절반을 $f_0(x) = 1$라 하고 첫 번째 삼각형의 높이를 x로 하여

$$f_1(x) = x$$

로 표시하자. 이제 두 번째 삼각형에서 밑변의 길이를 $f_2(x)$라 하면

$$f_2(x) = 2\cos(2\theta) = 4\cos^2\theta - 2 = 2 - x^2$$

또, 세 번째 삼각형의 높이를 $f_3(x)$라 하면

$$f_3(x) = 3x - x^3$$

를 얻는다. 그리고 네 번째 삼각형의 밑변의 길이를 $f_4(x)$라 하면

$$f_4(x) = 2 - 4x^2 + x^4.$$

이와 같이 높이와 밑변의 길이를 삼각함수의 덧셈정리를 이용하여 교대로 구하여보자. 일반적으로 n(=홀수)번째 삼각형의 높이는

$$2\sin n\theta = f_n(2\sin\theta)(n = 1,\ 3,\ 5,\ 7,\ \cdots)$$

특히, 45번째 삼각형의 높이는 식(1-9)인 $f_{45}(x)$이다. 이제 $\theta = \dfrac{\pi}{3\cdot 2^5}$이면 45번째 삼각형의 밑변의 각은 $45\theta = 45\dfrac{\pi}{3\cdot 2^5}$이다.

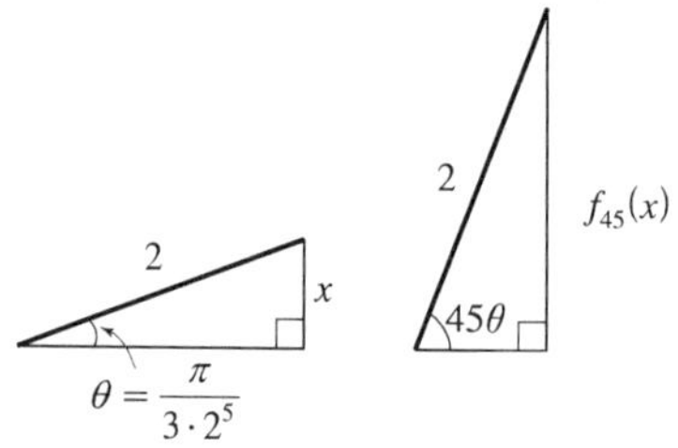

이제 $2\sin(45\theta) = f_{45}(x) = \sqrt{2-\sqrt{2+\sqrt{2+\sqrt{2}}}}$ 인 θ를 찾으면 된다. 이를 위하여 학교수학에 지도하는 반각공식

$$2\sin\frac{\alpha}{2} = \pm\sqrt{2-2\cos\alpha},\ 2\cos\frac{\alpha}{2} = \pm\sqrt{2+2\cos\alpha} \tag{1-10}$$

을 사용하자.

$A = 2\sin\frac{15\pi}{2^5} = 2\sin\left(45\left(\frac{\pi}{3 \cdot 2^5}\right)\right)$에 대하여 $x = 2\sin\frac{\pi}{3 \cdot 2^5}$이다. 식(1-10)을 거듭하여 사용하면

$$\begin{aligned} A &= 2\sin\frac{15\pi}{2^5} = \sqrt{2+2\cos\left(\frac{15\pi}{2^4}\right)} = \sqrt{2+\sqrt{2+2\cos\left(\frac{15\pi}{2^3}\right)}} \\ &= \sqrt{2+\sqrt{2+\sqrt{2+2\cos\left(\frac{15\pi}{2^2}\right)}}} = \sqrt{2+\sqrt{2+\sqrt{2+\sqrt{2+2\cos\left(\frac{15\pi}{2}\right)}}}} \\ &= \sqrt{2+\sqrt{2+\sqrt{2+\sqrt{2}}}} \end{aligned}$$

따라서

$$x = 2\sin\frac{\pi}{3 \cdot 2^5} = \sqrt{2-2\cos\left(\frac{\pi}{3 \cdot 2^4}\right)}$$

으로 연속하여 식(1-10)을 적용하면
45차방정식(1-9)의 해

$$x = \sqrt{2-\sqrt{2+\sqrt{2+\sqrt{2+\sqrt{3}}}}}$$

을 얻는다. ■

1.23 EXAMPLE[29)]

방정식 $3x-x^3=\sqrt{2}$를 *Viète*의 방법으로 풀어보자.

풀이 $3x-x^3$은 세 번째 삼각형의 높이이다. $x=2\sin\theta$이면 $3x-x^3=2\sin 3\theta$이다. 따라서 $2\sin 3\theta=\sqrt{2}$인 θ를 구하자. 한편, $\sqrt{2}=2\sin\frac{\pi}{4}=2\sin 3\left(\frac{\pi}{3\cdot 2^4}\right)$이다. 즉,

$$x=2\sin\left(\frac{\pi}{3\cdot 2^2}\right)=\sqrt{2-2\cos\frac{\pi}{6}}=\sqrt{2-\sqrt{3}}\,.$$ ■

*Viète*는 1.22의 문제를 하루만에 풀었으며 다음날 Adrianus Romanus식은 23개의 양의 해와 22개의 음의 해를 갖는다는 것을 보였다. 실제 $2\sin 45\alpha=A$인 α에 대하여

$$\alpha_k=\alpha+k\frac{2\pi}{45}$$

라 놓으면 $2\sin 45\alpha_k=A$ $(k=0,\ 1,\ 2,\ \cdots,\ 44)$ 이고 $2\sin\alpha_k$는 Adrianus Romanus식의 해가 된다. 특히, $0\le A\le 2$에 대하여 우리는 $0\le\alpha\le\frac{\pi}{90}$를 택할 수가 있어 다음이 성립한다.

$$2\sin\alpha_k\begin{cases}\ge 0\ (k=0,\ \cdots,\ 22)\\ <0\ (k=23,\ \cdots,\ 44)\end{cases}.$$

다음에서 드 무와브르의 식의 원래 형태(the origin of de Moivre's formular)에 대하여 알아보자.[30)]

먼저, *Viète*의 또 다른 생각을 알아보자. 이제 앞에서와 다르게

$$x=2\cos\theta$$

로 출발하자.

29) J. Suzuki, A history of mathematics, Prentice Hall, 2002(p. 333-334).

30) Jean-Pierre Tignol, Galois' theory of algebraic equation, World Scientific, 2002(p. 74-81).

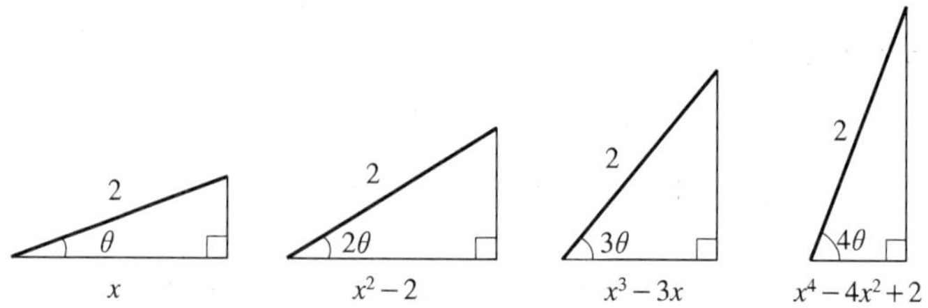

삼각함수의 덧셈 공식에서 각 직각삼각형의 밑변의 길이

$$x^2-2,\ x^3-3x,\ x^4-4x+2,\ \cdots$$

를 얻는다. 이제 각 삼각형의 밑변의 길이를

$$g_1(x)=x,\ g_2(x)=x^3-3x,\ g_3(x)=x^3-3x,\ g_4(x)=x^4-4x^2+2$$

등으로 차례로 표시하자. n번째, 직각삼각형의 밑변의 길이는

$$2\cos n\theta=g_n(2\cos\theta)\ (n=1,\ 2,\ 3,\ \cdots)$$

이다. 이를 다시 표현하면 $0\le\theta\le\pi$에서 $\cos\theta=\dfrac{x}{2}\Leftrightarrow\theta=\cos^{-1}\left(\dfrac{x}{2}\right)$로부터

$$g_n(x)=2\cos\left[n\cos^{-1}\left(\frac{x}{2}\right)\right]\ (n=1,\ 2,\ 3,\ \cdots)$$

다음에서 $g_1(x)=x,\ g_2(x)=x^3-3x,\ g_3(x)=x^3-3x,\ g_4(x)=x^4-4x^2+2$등을 다른 방법으로 표현해 보자.

1.24 REMARK(de Moivre의 식의 원래 형태, 1730)

우리가 앞에서 알아본 *Viète*의 방법 즉, 각을 줄여나가는 방법(division of arcs)을 현대적 기호를 사용하면 함수

$$g_n(x)=\sum_{i=0}^{[n/2]}(-1)^i\frac{n}{n-i}\binom{n-i}{i}x^{n-2i}\ (n=1,\ 2,\ 3,\ \cdots)$$

(여기서 $[n/2]$는 $n/2$를 넘지 않는 최대 정수)

이다. 이에 대한 증명은 1.25에서 다루겠다. 직접 계산하면

$$g_1(x)=x,\ g_2(x)=x^3-3x,\ g_3(x)=x^3-3x,\ g_4(x)=x^4-4x^2+2$$

등이고 일반적으로

$$g_{n+1}(x)=xg_n(x)-g_{n-1}(x)$$

를 보일 수 있고, 앞에서 그림으로 알아보았지만 등식

$$2\cos(n+1)\alpha=(2\cos\alpha)(2\cos n\alpha)-2\cos(n-1)\alpha$$

와 수학적 귀납법을 사용하면

$$2\cos n\theta=g_n(2\cos\theta)(n=1,\ 2,\ 3,\ \cdots)$$

를 다시 보일 수 있다. 그리고 치환 $\beta=\frac{\pi}{2}-\theta$ (따라서 $\cos\beta=\sin\theta$)에 의하여

$$f_n(2\sin\theta)=2\sin n\theta=(-1)^{\frac{n-1}{2}}g_n(2\sin\theta)\ (n=1,\ 3,\ 5,\ 7,\ \cdots)$$

가 성립한다.

1707년에 Abraham de Moivre(1667-1754)는 일반적으로 방정식 $g_n(x)=2a$(여기서 n은 홀수)는 근

$$x=\sqrt[n]{a+\sqrt{a^2-1}}+\sqrt[n]{a-\sqrt{a^2-1}}$$

을 갖는다는 것을 알았다. 특히, $a=\cos n\theta$이면,

$$2\cos\theta=\sqrt[n]{\cos n\theta+\sqrt{-1}\sin n\theta}+\sqrt[n]{\cos n\theta-\sqrt{-1}\sin n\theta} \qquad (1\text{-}10)$$

이다. De Moivre는 방정식 $g_n(x)=2a$의 근 $x=\sqrt[n]{a+\sqrt{a^2-1}}+\sqrt[n]{a-\sqrt{a^2-1}}$을 어떻게 구했을까? 그 방법을 살펴보자.

De Moivre는 $g_n(x)=2a$을 다음과 같은 두 식에서 z를 소거하는 방법으로 접근하였다.

$$1-2az^n+z^{2n}=0 \quad (1\text{-}11)$$

$$1-xz+z^2=0 \quad (1\text{-}12)$$

에서 $1+z^2=xz$이고 이를 제곱하면 $1+z^4=(x^2-2)z^2$이다. $n=1,\ 2$일 때,

$$1+z^{2n}=g_n(x)z^n \quad (1\text{-}13)$$

이를 기초로하고 $g_{n+1}(x)=xg_n(x)-g_{n-1}(x)$를 사용하면 모든 지연수에 대하여

$$1+z^{2n}=g_n(x)z^n\,(n=1,\ 2,\ 3,\ \cdots)$$

이다. 두 식 (1-13)과 (1-11)을 비교하면

$$g_n(x)=2a$$

를 얻는다. 식(1-12)에서 $x=z+z^{-1}$이고 식(1-11)에서 $z^n=a\pm\sqrt{a^2-1}$이다. 그러므로 우리는 다음을 포함한 네 가지 경우를 얻는다.

$$x=\sqrt[n]{a+\sqrt{a^2-1}}+\sqrt[n]{a-\sqrt{a^2-1}}$$

그의 저서 《Miscellanea Analytica(1730)》에서 식(1-10)의 내용을 1쪽에서 자세히 다루는데 이를 재조직하여 소개해 보자.

$x=2\cos\theta,\ a=\cos n\theta$에 대하여 방정식(1-11), (1-12)를 풀면 z는 다음과 같다.

$$z=\sqrt[n]{a\pm\sqrt{a^2-1}}=\sqrt[n]{\cos n\theta\pm\sqrt{-1}\sin n\theta},$$

$$z=\frac{x}{2}\pm\sqrt{\left(\frac{x}{2}\right)^2-1}=\cos\theta\pm\sqrt{-1}\sin\theta.$$

따라서

$$\sqrt[n]{\cos n\theta\pm\sqrt{-1}\sin n\theta}=\cos\theta\pm\sqrt{-1}\sin\theta \quad (1\text{-}14)$$

그는 정확히 이와 같은 식으로 표현하지는 않았지만 우리가 흔히 부르는 드 무와브르의 식의 원래의 형태가 식(1-14)이다. ■

우리는 앞에서 함수 $g_n(x) = 2\cos\left[n\cos^{-1}\left(\frac{x}{2}\right)\right]$ $(n = 1, 2, 3, \ldots)$에 대하여 알아 보았다. 다음에서 구간 $[-1,\ 1]$에 정의된 함수를 가장 잘 근사하는 체비세프 다항식에 대하여 알아보자. 또한 이를 페르마의 소정리(Fermat Little Theorem)를 증명하는 데 사용해 보자.

1.25 체비세프 다항식(Chebyshev polynomial, 1854)

정수 $n(=0,\ 1,\ 2,\ \cdots)$에 대하여

$$T_n(\cos\theta) = \cos(n\theta),\ \ 0 \le \theta \le \pi \tag{1-15}$$

를 제1체비세프 다항식(Chebyshev polynomials of the first kind)이라 한다. 식(1-15)는 $\cos\theta = x$에 대하여 n차 다항식

$$T_n : [-1,\ 1] \to [-1,\ 1],\ \ T_n(x) = \cos\left(n\cos^{-1}(x)\right)$$

를 얻는다(1854). 체비세브 다항식은 구간 $[-1,\ 1]$에서 정의된 함수를 근사하는 최고의 다항식이다. 다음 연속되는 정리를 쉽게 확인할 수 있다.

| 정리 1 $T_n \circ T_m = T_{nm}$ (1-16)

증명 $\cos\left(n\cos^{-1}\left(\cos\left(m\cos^{-1}(x)\right)\right)\right) = \cos\left(nm\cos^{-1}(x)\right).$ ■

| 정리 2 ① $T_0(x) = \cos(0 \cdot \theta) = 1$

② $T_1(x) = \cos\theta = x$

③ $T_{n+1}(x) = 2x\,T_n(x) - T_{n-1}(x)\ \ (n \ge 1)$ (1-17)

증명

$$\begin{aligned} T_{n+1}(x) &= \cos((n+1)(\theta)) = \cos(n\theta + \theta) \\ &= \cos n\theta \cos\theta - \sin n\theta \sin\theta \end{aligned}$$

마찬가지로

$$T_{n-1}(x) = \cos((n-1)(\theta)) = \cos(n\theta - \theta)$$

$$= \cos n\theta \cos\theta + \sin n\theta \sin\theta$$

이므로

$$T_{n+1}(x) + T_{n-1}(x) = 2\cos n\theta \cos\theta = 2x\,T_n(x)$$

식(1-17)을 사용하면

$$T_2(x) = 2x^2 - 1$$

$$T_3(x) = 2x\,T_2(x) - T_1(x) = 2x(2x^2-1) - x = 4x^3 - 3x$$

$$T_4(x) = 2x\,T_3(x) - T_2(x) = 2x(4x^3-3x) - (2x^2-1) = 8x^4 - 8x^2 + 1$$

$$T_5(x) = 16x^5 - 20x^3 + 5x$$

등을 얻는다. 특히 $T_n(x) = 2^{n-1}x^n + \cdots$를 알 수 있다. 그래프는 다음과 같다.

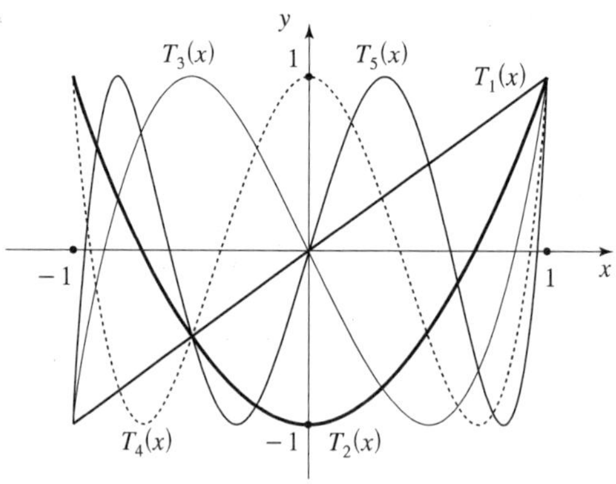

■

▎정리 3 $T_n(x)$는 미분방정식

$$(1-x^2)y'' - xy' + n^2 y = 0 \ \text{(Chebyshev equation)} \tag{1-18}$$

의 해이다.[31] 즉,

$$(1-x^2)T_n(x) - x\,T_n{}'(x) + n^2 T_n(x) = 0$$

증명 $$T_n{}'(x) = -n\sin\left(n\cos^{-1}(x)\right)\frac{d}{dx}\cos^{-1}(x)$$

31) W. Boyce and R. DiPrima, Elementary differential equations and boundary value problems, 9th ed., Wiley, 2010(pp. 265),

$$= -n\sin(n\cos^{-1}(x))\frac{-1}{\sqrt{1-x^2}}$$

이므로 미분방정식

$$\begin{aligned}(1-x^2)\,T_n''(x) - x\,T_n'(x) + n^2\,T_n(x) \\ &= -n^2\cos(n\cos^{-1}(x)) + n\,x\sin(n\cos^{-1}(x))\frac{1}{\sqrt{1-x^2}} \\ &\quad - n\,x\sin(n\cos^{-1}(x))\frac{1}{\sqrt{1-x^2}} + n^2\cos(n\cos^{-1}(x)) \\ &= 0\end{aligned}$$

을 얻는다.

미분방정식 (1-18)을 멱급수 방법(series solutions)을 사용하자. 해가 $y = \sum_{i=0}^{n} a_i x^i$ 라 하면 계수 a_i는

$$(n^2 - i^2)a_i + (i+1)(i+2)a_{i+2} = 0$$

을 만족한다. 한편, $T_n(x) = 2^{n-1}x^n +$ (나머지 항)이므로 $a_n = 2^{n-1}$이다. 이로부터 내려가면 식

$$a_{n-2m} = (-1)^m 2^{n-2m-1}\frac{n}{n-m}\binom{n-m}{m},\ \text{여기서}\ m = 0,\ 1,\ 2,\ \cdots,\ [n/2]$$

을 얻는다. 즉,

$$T_n(x) = \sum_{i=0}^{[n/2]}(-1)^i 2^{n-2i-1}\frac{n}{n-i}\binom{n-i}{i}x^{n-2i}$$

이제 우리가 1.24 REMARK에서 제시한 식

$$g_n(x) = \sum_{i=0}^{[n/2]}(-1)^i\frac{n}{n-i}\binom{n-i}{i}x^{n-2i}$$

를 구하여 보자. 직각삼각형의 크기 비교에서 $g_n(y) = 2\,T_n(y/2)$이다. 따라서 다음을 얻는다.

$$g_n(x) = 2\sum_{i=0}^{[n/2]}(-1)^i\,2^{n-2i-1}\frac{n}{n-i}\binom{n-i}{i}\left(\frac{x}{2}\right)^{n-2i}$$

$$= \sum_{i=0}^{[n/2]} (-1)^i \frac{n}{n-i} \binom{n-i}{i} x^{n-2i}$$ ■

❙ 정리 4 $T_n(1) = 1, \ T_n(-1) = (-1)^n$

증명 $T_n(-1) = \cos\left(n \cos^{-1}(-1)\right) = \cos n\pi = (-1)^n$.

1.26 체비세프 다항식과 n차방정식 $T_n(x) - x = 0$의 근의 개수

흔히 함수 $f(x_0) = x_0$일 때, x_0를 고정점(fixed point)이라 부른다. 즉, 두 함수 $y = f(x)$와 $y = x$의 교점의 x축 값이다.

$n \geq 2$인 자연수에 대하여 $T_n(\cos\theta) = \cos n\theta$의 고정점의 개수는 n이다. 이를 위하여 다음 동치관계를 보이면 된다.

❙ 정리 1 $\theta(0 \leq \theta \leq \pi)$에 대하여 다음은 동치(equivalent)이다.

(1) $T_n(\cos\theta) = \cos(n\theta) = \cos\theta$

(2) $\sin\left(\frac{n-1}{2}\theta\right)\sin\left(\frac{n+1}{2}\theta\right) = 0$

(3) $\frac{n-1}{2}\theta = l\pi$ 또는 $\frac{n+1}{2}\theta = k\pi$ 여기서 $l, k \in \{0, 1, 2, 3, \cdots\}$

(4) $0 \leq \frac{2l}{n-1} \leq 1$ 또는 $0 \leq \frac{2k}{n+1} \leq 1$ 여기서 $l, k \in \{0, 1, 2, 3, \cdots\}$

증명 $\sin\alpha\sin\beta = \frac{1}{2}(\cos(\alpha-\beta) - \cos(\alpha+\beta))$이므로

$$\sin\left(\frac{n-1}{2}\theta\right)\sin\left(\frac{n+1}{2}\theta\right)$$
$$= \frac{1}{2}(\cos(-\theta) - \cos(n\theta))$$
$$= \frac{1}{2}(\cos\theta - \cos n\theta)$$

이다. (4)에서 l과 k에 의하여 θ는 n이 짝수이면 $\left[\frac{n-1}{2}\right]+\left[\frac{n+1}{2}\right]+1=n$개의 값을 갖으며 n이 홀수이면 $T_n(-1)=(-1)^n$에 의하여 $\theta=\pi$가 l과 k에서 겹쳐서 일어나므로 $\left[\frac{n-1}{2}\right]+\left[\frac{n+1}{2}\right]=n$개의 값을 갖는다. 따라서 $n\geq 2$인 자연수에 대하여 $T_n(\cos\theta)=\cos n\theta$의 고정점의 개수는 정확히 n이다.

■

1.27 EXAMPLE

(1) $n=3$일 때, 3차다항식 $T_3(x)$의 고정점의 개수를 구하여 보자.

방정식 $T_3(\cos\theta)=\cos 3\theta$에서 $\cos\theta=x$, $\cos 3\theta=4x^3-3x$이다. 이때,

$$\theta=l\pi \text{ 또는 } \theta=\frac{k\pi}{2} \quad (\text{여기서 } l,\ k=0,\ 1,\ 2,\ 3,\ \cdots)$$

이므로 $l=0,\ 1$ 또는 $k=0,\ 1,\ 2$를 얻는다. 그러므로 $\theta=0,\ \pi/2,\ \pi$로 3개의 고정점을 갖는다. x값은 $1,\ 0,\ -1$이다.

(2) $n=4$일 때, 4차다항식 $T_4(x)$의 고정점의 개수를 구하여 보자.

방정식 $T_4(\cos\theta)=\cos 4\theta$에서 $\cos\theta=x$, $\cos 4\theta=8x^4-8x^2+1$이다. 이때,

$$\frac{3}{2}\theta=l\pi \text{ 또는 } \frac{5}{2}\theta=k\pi \quad (\text{여기서 } l,\ k=0,\ 1,\ 2,\ 3,\ \cdots)$$

이다. 한편, $l=0,\ 1$ 또는 $k=0,\ 1,\ 2$이다. 따라서 $\theta=0,\ \frac{2\pi}{5},\ \frac{2\pi}{3},\ \frac{4\pi}{5}$이다. 따라서 $T_4(x)=8x^4-8x^2+1$와 $y=x$의 교섬의 x값은

$$\cos 0=0,\ \cos\frac{2\pi}{5}=\frac{\sqrt{5}-1}{2},$$
$$\cos\frac{2\pi}{3}=-\frac{1}{2},\ \cos\frac{4\pi}{5}=-\frac{\sqrt{5}+1}{2}$$

이고 고정점의 개수는 4이다.

1.28 페르마의 소정리(Fermat Little Theorem)

(1) p가 소수이고 $a \not\equiv 0 \pmod p$이면 $a^{p-1} \equiv 1 \pmod p$.

(2) 정수 $a \in \mathbb{Z}$와 소수 p에 대하여 $a^p \equiv a \pmod p$.

증명 (1) 덧셈군 $\mathbb{Z}_p$에서 만들어 지는 곱셈군 $\mathbb{Z}_p^\times$은 $\mathbb{Z}_{p-1}$이다. 군 $\mathbb{Z}_{p-1}$의 위수는 $p-1$이므로 $\mathbb{Z}_{p-1}$에서 $a^{p-1}=1$이다. 즉,

$$a^{p-1} \equiv a \pmod p$$

(2) 한편, $a^p \equiv a \pmod p$도 성립한다. 특히 $a \equiv 0 \pmod p$인 경우도 $a^p \equiv a \pmod p$가 성립하므로 정수 $a \in \mathbb{Z}$와 소수 p에 대하여

$$a^p \equiv a \pmod p$$

■

1.29 페르마의 소정리와 체비세프 다항식[32)]

소수 p에 대하여 $p \mid (m^p - p)$를 보이자. m차 다항식 $T_m(x)$를 p번 합성하여 고정되는 점의 개수를 생각해 보자. 합성함수는 $T_m \circ T_n = T_{mn}$을 만족함으로 T_m을 p번 합성하면 T_{m^p}가 된다. 집합 X를 T_{m^p}에 의하여 고정되는 점의 모임이라 하자. 즉,

$$X = \{x \in [-1,\ 1] \mid T_{m^p}(x) = x\}$$

한편, $x \in X$에 대하여 집합 $\Theta_x = \{x,\ T_m(x),\ T_{m^2}(x),\ \cdots,\ T_{m^{p-1}}(x)\}$를 x의 궤도(orbit)라 부르고 궤도를 구성하는 원소의 개수 $|\Theta_x|$를 x의 주기라 한다. 따라서 $1 \le |\Theta_x| \le p$. 내용을 정돈하면 다음과 같다.

(1) 궤도들은 집합 X를 분할(partition)한다. 즉, '$x,\ y \in X,\ x \sim y \Leftrightarrow y = T_{m^i}(x)$, 여기서 i는 자연수'는 동치관계이다(2.34 참고). 먼저 $x = T_{m^p}(x)$이므로 $x \sim x$ (reflexive).

32) V. Dragovic, Polynomial dynamics and a proof of the Fermat little theorem, Amer. Math. Monthly, 120 (2013) 171-173.

$x \sim y$이면 적당한 자연수 $k(1 \le k \le p)$가 존재해서 $y = T_{m^k}(x)$이다. 이때 $T_{m^{p-k}}(y) = T_{m^{p-k}}(T_{m^k}(x)) = T_{m^p}(x) = x$이므로 $y \sim x$이다(symmetric). 끝으로 $x \sim y$, $y \sim z$이면 자연수 i, j에 대하여 $y = T_{m^i}(x)$, $z = T_{m^j}(y)$이다. 따라서 $z = T_{m^j}(T_{m^i}(x)) = T_{m^{i+j}}(x)$ 또는 $x \sim z$이다(transtive).

(2) $|X| = m^p$

(3) $X_1 = \{x \mid T_m(x) = x\}$, $|X_1| = m$

(4) $|\Theta_x| = 1 \Leftrightarrow T_m(x) = x \Leftrightarrow x \in X_1$

(5) $|\Theta_x| > 1$이면 $|\Theta_x| = p$

마지막 (5)를 증명해 보자. $T_{m^k}(x) = T_{m^l}(x)$ (여기서 $k < l < p$)를 가정해 보자. 이때 $x = T_{m^{p-l}}(x) = T_{m^{p-l}}(T_{m^k}(x)) = T_{m^{p-l+k}}(x)$ 또는 $T_{m^{l-k}}(x) = T_{m^p}(x) = x$를 얻는다. p가 소수이므로 $\gcd(l-k,\ p) = 1$이고 p를 $l-k$로 나눈 몫과 나머지를 거듭 사용하면 $T_m(x) = x$, $|\Theta_x| = 1$로 모순이 발생한다. 따라서 $|\Theta_x| = p$이다. 즉, 집합 X는 한 개짜리 궤도가 정확히 m개, 그리고 나머지 모두는 p개짜리 궤도로 분할되어 있다. 그러므로 $|X| = m + pt = m^p$(여기서 t는 p개짜리 궤도의 개수)이다. 따라서

$$p \mid m^p - m \text{ 또는 } m^p \equiv m \pmod{p}$$

이다. ■

위 내용을 일반적으로 표현하면 다음과 같다.

1.30 Theorem[33)]

소수 p에 대하여 $f: X \to X$, $f^p = id$(항등함수)라 하자. 집합

$$X_1 = \{x \in X \mid f(x) = x\}$$

33) M. Hausner, Applications of a simple counting technique, Amer. math. Monthly, 90 (1983) 127-129.

라 할때,

$$|X| \equiv |X_0| \pmod{p}.$$

이로부터 페르마의 소정리를 얻는다. ■

1.31 EXAMPLE(근과 계수와의 관계, 라미누잔과 하디)

1729는 다음과 같이 두 세제곱 수의 합으로 표현된다.

$$1729 = 1^3 + 12^3,\ 1729 = 9^3 + 10^3.$$

(1) 1729는 이와 같이 서로 다른 방법으로 두 세제곱 수의 합으로 나타낼 수 있는 수 중에서 가장 작은 수이다. 일반적으로 서로 다른 n개의 방법으로 두 양의 세제곱 수의 합으로 나타낼 수 있는 숫자 중에서 가장 작은 정수를 n차택시번호(nth Taxicab number)라 부르며 기호 $Taxicab(n)$으로 나타낸다.34) 따라서 1729는 2차택시번호이고 참고로 6차까지의 택시번호는 다음과 같다.

· $Taxicab(1) = 2$

$= 1^3 + 1^3$

· $Taxicab(2) = 1729$

$= 1^3 + 12^3 = 9^3 + 10^3$

(Bernard Frenicle de Bessy, 1657년)

· $Taxicab(3) = 87539319$

$= 167^3 + 436^3 = 228^3 + 423^3 = 255^3 + 414^3$

(Leech, 1957년)

· $Taxicab(4) = 6963472309248$

$= 2421^3 + 19083^3 = 5436^3 + 18948^3$

$= 10200^3 + 18072^3 = 13322^3 + 16630^3$

(E. Rosenstiel, J.A. Dardis, C.R. Rosenstiel, 1991년)

34) http : //www.lacim.uqam.ca/pi/problem.html

· $Taxicab(5) = 48988659276962496$

$$= 38787^3 + 365757^3 = 107839^3 + 362753^3 = 205292^3 + 342952^3$$

$$= 221424^3 + 336588^3 = 231518^3 + 331954^3.$$

(David Wilson, 1997년)

· $Taxicab(6) = 24153319581254312065344$

$$= 28906206^3 + 582162^3 = 28894803^3 + 3064173^3$$

$$= 28657487^3 + 8519281^3 = 27093208^3 + 16218068^3$$

$$= 26590452^3 + 17492496^3 = 26224306^3 + 18289922^3.$$

(Calude 등 2003, Hollerbach, 2008)

(2) 1729가 서로 다른 두 세제곱 수의 합이라는 것은 방정식으로 나타내면

$$x^3 + y^3 = 1729$$

이다. 위 방정식의 해를 Bernard Frenicle de Bessy는 이미 1657년에 알고 있었다. 방정식 $x^3 + y^3 = 1729$의 정수해를 구하는 방법을 알아보고 이를 유리수로 확장하여보자. 먼저 방정식 $x^3 + y^3 = 1729$의 정수해를 구해보자.

$$|x^3 + y^3| = |(x+y)(x^2 - xy + y^2)| = 1729,$$

$$x^2 - xy + y^2 = \left(x - \frac{1}{2}y\right)^2 + \frac{3}{4}y^2$$

이므로

$$|x^2 - xy + y^2| = \left|\left(x - \frac{1}{2}y\right)^2 + \frac{3}{4}y^2\right| \leqq 1729, \ \frac{3}{4}y^2 \leqq 1729,$$

따라서

$$|y| \leq 48.$$

그러므로 -48부터 48까지 유한개의 숫자를 $x^3 + y^3 = 1729$에 대입하여 확인하면 서로 다른 두 해 $(1,\ 12)$, $(10,\ 9)$를 얻는다.

이제 위에서 구한 방정식 $x^3 + y^3 = 1729$의 두 정수해를 이용하여 유리근을 구해보자.

① (유리근 1) 방정식$x^3+y^3=1729$의 그래프와 위에서 구한 두 점 (1, 12), (10, 9)를 지나는 직선

$$y-12=\frac{9-12}{10-1}(x-1),\ y=-\frac{1}{3}x+\frac{37}{3}$$

을 같이 그리면 다음과 같다.

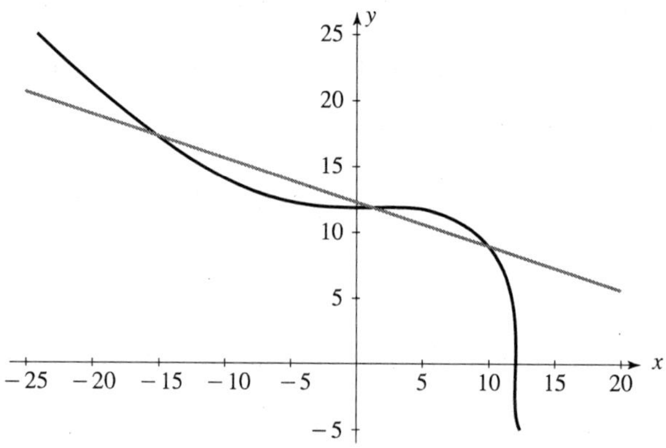

위의 그림의 제2사분면에 있는 해는 위에서 유한개의 숫자를 대입해본 결과 분명히 $x^3+y^3=1729$의 정수해는 아니다.

그러면 제2사분면에 있는 해는 유리수일까? 무리수일까?

식 $x^3+y^3=1729$에 $y=-\frac{1}{3}x+\frac{37}{3}$를 대입하면 $x^3+\left(-\frac{1}{3}x+\frac{37}{3}\right)^3=1729$로부터

$$\frac{26}{27}x^3+\frac{37}{9}x^2-\frac{1369}{9}x+\frac{50653}{27}-1729=0$$

을 얻는다. 물론 $x=1$, $x=10$은 위의 식의 두 근이다. 이제 식의 세 근을

$$\alpha,\ \beta(=1),\ \gamma(=10)$$

라고 하면 $(x-\alpha)(x-\beta)(x-\gamma)=0$이므로

$$\alpha\beta\gamma=\frac{27}{26}\left(1729-\frac{50653}{27}\right)$$

는 유리수이다. 이때 $\beta\gamma = 10$이므로 제2사분면의 위치한 근

$$\alpha = \frac{27}{260}\left(1729 - \frac{50653}{27}\right) = -\frac{397}{26}$$

은 유리수이다. 따라서 방정식 $x^3 + y^3 = 1729$의 유리해

$$\left(-\frac{397}{26},\ \frac{453}{26}\right)$$

를 구할 수 있다.

② (유리근 2) 한편, 방정식 $x^3 + y^3 = 1729$의 근 $(1,\ 12)$, $(10,\ 9)$에서 x와 y를 바꾼 $(12,\ 1)$, $(9,\ 10)$도 방정식의 정수근이다. [1단계]에서와 같은 방법으로 두 점(근)$(1,\ 12)$, $(9,\ 10)$을 지나는 직선$y = -\frac{1}{4}x + \frac{49}{4}$를 이용하면

$$\begin{cases} x^3 + \left(\frac{1}{4}x + \frac{49}{4}\right)^3 - 1729 = 0 \\ (x-\alpha)(x-1)(x-9) = 0 \end{cases}$$

을 얻는다. 위 식에서 상수항을 비교하면 α는 유리수이고, 각 상수항을 비교하면

$$\begin{aligned} -9\alpha &= \frac{64}{63}\left(\frac{117469}{64} - 1729\right) = \frac{117469 - 1729 \times 64}{63} \\ &= \frac{6993}{63} = 111 \end{aligned}$$

따라서 $\alpha = -\frac{111}{9} = -\frac{37}{3}$이다. 한편, $-\frac{1}{4}\left(-\frac{37}{3}\right) + \frac{49}{4} = \frac{46}{3}$이므로 또 다른 유리근 $\left(-\frac{37}{3},\ \frac{46}{3}\right)$을 얻는다

③ (유리근 3) 지금까지 감각적으로 구한 4개의 근 $(1,\ 12)$, $(10,\ 9)$, $(12,\ 1)$, $(9,\ 10)$을 가지고 새로운 유리근을 구하였다. 이제 앞에서 구한 유리근 $\left(-\frac{397}{26},\ \frac{453}{26}\right)$과 정수근 $(12,\ 1)$을 이용하자.

다소 지루할 수도 있지만 곱셈 정도의 계산으로 매우 멋진 유리근을 구한다는 데 가치를 두고 다음을 확인하기 바란다.

먼저 두 점 $\left(-\frac{397}{26},\ \frac{453}{26}\right)$, $(12,\ 1)$을 지나는 직선은

$$y-\frac{453}{26}=-\frac{427}{709}\left(x+\frac{397}{26}\right),\ y=-\frac{427}{709}x+\frac{5833}{709}$$

이고 따라서 다음 관계를 얻는다.

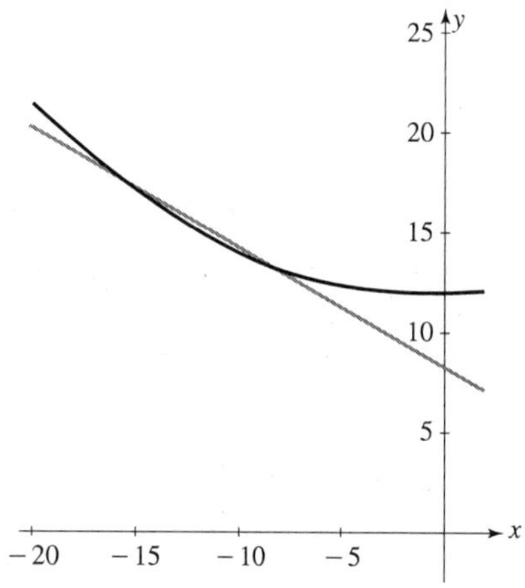

$$\begin{cases} x^3+\left(-\frac{427}{709}x+\frac{5833}{709}\right)^3-1729=0 \\ (x-\alpha)\left(x+\frac{397}{26}\right)(x-12)=0 \end{cases}$$

위 식의 근과 계수를 비교하면

$$\alpha\cdot\frac{397}{26}\cdot 12=\frac{\left[\left(\frac{5833}{709}\right)^3-1729\right]}{\left[1-\left(\frac{427}{709}\right)^3\right]},\ \alpha=-\frac{1538423}{187953}$$

이고 이를 직선의 식에 대입하면 $y=\frac{2472830}{187953}$을 얻는다. 따라서 방정식 $x^3+y^3=1729$의 또 다른 유리근

$$\left(-\frac{1538423}{187953,}\ \frac{2472830}{187953}\right)$$

을 얻으며 이를 오른쪽 그림에서 확인할 수 있다.

이와 같이 단계적으로 풀어나가면 방정식 $x^3+y^3=1729$에는 무수히 많은 유리근이 존재함을 직관적으로 알 수 있다. ■

방정식 $y^2=x^3-2x$은

$$(0,\ 0),\ (-1,\ 1),\ (2,\ 2),\ \left(\frac{9}{4},\ -\frac{21}{8}\right),\ \left(-\frac{1}{169},\ \frac{239}{2197}\right)$$

등의 유리근을 무수히 가지고 있다. 간단히 구한 점을 직선으로 하고 곡선 $y^2=x^3-2x$와의 교점을 구하면 앞에서 보았듯이 또 다른 유리근을 구할 수 있다. 방정식 $y^2=x^3-2x$은 디오판타인 방정식(Diophantine equations)의 예이다. 이 문제는 1644년에 Fermat가 풀었으며 Euler, Lagrange 등의 수학자들이 디오판타인 방정식에 업적을 남겼다.

한편 우리는 곡선(Elliptic curve) $y^2=x^3-3x^2-4x$의 유리근의 존재와 그 활용에 대하여 3.24에서 다루겠다. 다음에서 오일러가 $\sin 2=0$을 방정식 다루듯이 근과 계수와의 관계를 이용하여 무한급수 $1+\frac{1}{2^2}+\frac{1}{3^2}+\frac{1}{4^2}+\cdots=\frac{\pi^2}{6}$을 어떻게 구했는지 알아보자.

1.32 오일러의 방법(근과 계수와의 관계 $\sin x=0$, 1735년 경)

이차방정식 $(x-a)(x-b)=0$의 근은 $a,\ b$이다. 이 식을 전개하여 양변을 두 근의 곱 ab로 나누면

$$\frac{1}{ab}x^2-\left(\frac{1}{a}+\frac{1}{b}\right)x+1=0$$

으로 상수항이 1인 방정식의 일차항의 계수는 모든 근의 역수의 합(부호 무시)임을 알 수 있다. 이것은 높은 차수로 확장될 수 있다. 오일러(Euler)는 이 사실을 이용하여 무한급수

$$\frac{1}{1^2}+\frac{1}{2^2}+\frac{1}{3^2}+\cdots+\frac{1}{k^2}+\cdots$$

의 합을 구하였다.

(1) 먼저, 위의 급수의 합은 아래 급수의 합보다 작고 아래 급수의 합은 부분분수를 이용하면 2임을 쉽게 알 수 있다.

$$\frac{1}{1}+\frac{1}{1\cdot 2}+\frac{1}{2\cdot 3}+\cdots+\frac{1}{(k-1)\cdot k}+\cdots$$

따라서 문제의 급수의 합은 유한값을 가진다.

(2) 이제, 식 $\sin x=0$을 생각해보자. 테일러급수35)를 이용하면

$$x-\frac{x^3}{3!}+\frac{x^5}{5!}-\cdots=0$$

이 되고 상수항이 1이어야 하므로 위 등식을 x로 나누면

$$1-\frac{x^2}{3!}+\frac{x^4}{5!}-\cdots=0$$

이 된다. 다시, 일차항이 필요하므로 $x^2=u$로 치환하면 상수항이 1이고 일차항이 있는 등식

$$1-\frac{u}{3!}+\frac{u^2}{5!}-\cdots=0$$

을 얻는다. 오일러는 위의 식을 다항식(polynomial)처럼 취급하였다. 따라서 위의 다항식의 근은 원래 치환하기 전에 0이 아닌 방정식 $\sin x=0$의 근 $x=\pm\pi,\ \pm 2\pi,\ \pm 3\pi,\ \cdots$에서 $u=x^2$으로 치환하였으므로 $\pi^2,\ 4\pi^2,\ 9\pi^2,\ \cdots$ 이다. 따라서 이들의 역수의 합은 일차항의 계수 $\frac{1}{3!}=\frac{1}{6}$ 이다. 즉,

$$\frac{1}{6}=\frac{1}{\pi^2}+\frac{1}{4\pi^2}+\frac{1}{9\pi^2}+\cdots$$

을 알 수 있다. 따라서 양변에 π^2을 곱하면

---

35) $f(x)=f(x_0)+f'(x_0)(x-x_0)+\frac{f^{(2)}(x_0)}{2!}(x-x_0)^2+\frac{f^{(3)}(x_0)}{3!}(x-x_0)+\cdots$

$$\frac{\pi^2}{6} = \frac{1}{1} + \frac{1}{2^2} + \frac{1}{3^2} + \cdots + \frac{1}{k^2} + \cdots$$

을 얻는다. ■

1.33 REMARK(오일러의 부정형 0/0)[36]

앞에서 알아본 무한급수 $1 + \frac{1}{2^2} + \frac{1}{3^2} + \frac{1}{4^2} + \cdots = \frac{\pi^2}{6}$을 오일러는 l'Hospital rule[37]을 어떻게 사용하여 보였는지 알아보자.

오일러가 사용한 4개의 부정형(indeterminate form, 0/0)의 예 중 하나인 다음 증명을 알아보자.

$$1 + \frac{1}{2^2} + \frac{1}{3^2} + \cdots + \frac{1}{n^2} + \cdots = \frac{\pi^2}{6}.$$

식 $\sin t = 0$은 $t = 0,\ \pm\pi,\ \pm 2\pi,\ \pm 3\pi,\ \cdots$에서 해를 갖는다. 이를 토대로 오일러는 인수분해

$$\sin t = t\left(1 - \frac{t}{\pi}\right)\left(1 + \frac{t}{\pi}\right)\left(1 + \frac{t}{2\pi}\right)\left(1 - \frac{t}{2\pi}\right)\cdots$$

를 도입하였다. 이제 $t = \pi y$로 하면

$$\sin(\pi y) = \pi y(1-y)(1+y)\left(\frac{2-y}{2}\right)\left(\frac{2+y}{2}\right)\cdots$$

---

36) Institutions calculi differentials (1755) "Chapter 15. On the values of functions which in certain cases seem indeterminate"
W. Dunham, When Euler met l'Hôpital, Math. Mag.. 82(1) **(2009)** 16-25.

37) l'Hospital's Rule을 처음으로 소개한 책은 《Analyse des Infinimant Petits》(Marqius de l'Hospital(1661-1704))이다(1696). 출판된 책으로는 첫 번째 미분적분학 교재로서 $x \to a\ (a > 0)$일 때, $y = \dfrac{\sqrt{2a^3x - x^4} - a\sqrt[3]{aax}}{a - \sqrt[4]{ax^3}}$의 극한값을 구하는데 사용하였다. 당시에는 a^2 대신에 aa를 사용하였다. 실제 본 정리는 1694년에 Johann Bernoulli(1667-1748)가 처음 발견하였다. 문제의 극한값을 구하여보자.

$$= \pi y(1-y^2)\left(\frac{4-y^2}{4}\right)\left(\frac{9-y^2}{9}\right)\cdots. \tag{1-19}$$

이제 식(1-19) 양변에 자연로그를 택하면

$$\ln(\sin(\pi y)) = \ln\pi + \ln y + \ln(1-y^2) + \ln(4-y^2) - \ln 4 + \ln(9-y^2) - \ln 9 + \cdots$$

이고 양변을 y에 관하여 미분하면

$$\frac{\pi\cos(\pi y)}{\sin(\pi y)} = \frac{1}{y} - \frac{2y}{1-y^2} - \frac{2y}{4-y^2} - \frac{2y}{9-y^2} - \cdots$$

따라서

$$\frac{1}{1-y^2} + \frac{1}{4-y^2} + \frac{1}{9-y^2} + \cdots = \frac{1}{2y^2} - \frac{\pi\cos(\pi y)}{2y\sin(\pi y)} \tag{1-20}$$

를 얻는다.

《Introduction in analysin infinitorum》(1748)에서 도입한 복소삼각함수는 다음과 같다.

$$\cos z = \frac{e^{iz}+e^{-iz}}{2},\quad \sin z = \frac{e^{iz}-e^{-iz}}{2i}.$$

따라서

$$\frac{\cos z}{\sin z} = \frac{i(e^{iz}+e^{-iz})}{(e^{iz}-e^{-iz})} = \frac{i(e^{2iz}+1)}{(e^{2iz}-1)}$$

이다. 특히,

$$\frac{\pi\cos(-i\pi b)}{\sin(-i\pi b)} = \frac{\pi}{2ib}\frac{i(e^{2\pi b}+1)}{(e^{2\pi b}-1)} = \frac{\pi}{2b} + \frac{\pi}{b(e^{2\pi b}-1)} \tag{1-21}$$

오일러는 식(1-20)에서 y를 $-ix$로 바꾸면

$$\frac{1}{1+x^2} + \frac{1}{4+x^2} + \frac{1}{9+x^2} + \cdots = -\frac{1}{2x^2} + \frac{\pi\cos(-i\pi x)}{2ix\sin(-i\pi x)}$$

를 얻는다. 한편, 식(1-21)에 의하여 오른쪽 식은

$$-\frac{1}{2x^2} + \frac{\pi\cos(-i\pi x)}{2ix\sin(-i\pi x)} = -\frac{1}{2x^2} + \left[\frac{\pi}{2x} + \frac{\pi}{x(e^{2\pi x}-1)}\right]$$

이다. 이들을 결합하면 오일러는 다음을 얻는다.

$$\frac{1}{1+x^2}+\frac{1}{4+x^2}+\frac{1}{9+x^2}+\cdots=-\frac{1}{2x^2}+\left[\frac{\pi}{2x}+\frac{\pi}{x\left(e^{2\pi x}-1\right)}\right]$$
$$=\frac{\pi x e^{2\pi x}-e^{2\pi x}+\pi x+1}{2x^2e^{2\pi x}-2x^2}. \tag{1-22}$$

$x=0$일 때, 식(1-22)의 왼쪽은

$$1+\frac{1}{2^2}+\frac{1}{3^2}+\frac{1}{4^2}+\cdots+\frac{1}{n^2}+\cdots$$

이고 반면에 오른쪽은 부정형 $0/0$이다. 이제 독자들은 오일러가 했듯이 l'Hospital Rule을 쓸 때가 되었다. l'Hospital Rule에서

$$\frac{\pi-\pi e^{2\pi x}+2\pi^2xe^{2\pi x}}{4xe^{2\pi x}+4\pi x^2e^{2\pi x}-4x}$$

를 얻는데, 아직 $0/0$ 형태이므로 다시 l'Hospital Rule을 쓰면

$$\frac{\pi^3xe^{2\pi x}}{e^{2\pi x}+4\pi xe^{2\pi x}+2\pi^2x^2e^{2\pi x}-1}=\frac{\pi^3x}{1+4\pi x+2\pi^2x^2-e^{-2\pi x}}$$

이다. 역시 그래도 $0/0$ 형태이므로 세 번째 l'Hospital Rule을 쓰면

$$\frac{\pi^3}{4\pi+4\pi^2x+2\pi e^{-2\pi x}}$$

인데, 행복하게도 $x=0$일 때, $\frac{\pi^3}{4\pi+2\pi}=\frac{\pi^2}{6}$이다. 즉, 세 번의 l'Hospital Rule 끝에 오일러는

$$1+\frac{1}{2^2}+\frac{1}{3^2}+\frac{1}{4^2}+\cdots+\frac{1}{n^2}+\cdots=\frac{\pi^2}{6}$$

을 증명하였다. ■

가장 최근의 증명을 간략히 소개해 보자.[38] 자세한 내용은 논문을 참고하자.

38) D. Daners, A short elementary proof $\sum 1/k^2=\pi^2/6$, Math. Mag. 85 (**2012**) 361-364.

1.34 REMARK

$$1+\frac{1}{2^2}+\frac{1}{3^2}+\frac{1}{4^2}+\cdots+\frac{1}{n^2}+\cdots=\frac{\pi^2}{6}.$$

증명 $A_n=\int_0^{\pi/2}\cos^{2n}x\,dx,\ C_n=\int_0^{\pi/2}x^2\cos^{2n}x\,dx$ 이라면 다음 부등식이 성립한다.

$$0\le\frac{\pi^2}{6}-\sum_{k=1}^{n}\frac{1}{k^2}=2\frac{C_n}{A_n}\le\frac{\pi^2}{4(n+1)}$$

따라서 $n\to\infty$ 이면 정리가 성립한다. ■

제 2 장

소수
(Prime Number)

1보다 큰 자연수 중에서 1과 그 수 자신만을 약수로 가지는 수를 소수로 정의한다. 교과서는 자연수를 소인수분해하고 이를 위하여 거듭제곱의 정의를 먼저 제공한다. 소인수분해는 약수를 모두 구하거나 두 수의 최대공약수를 구하는 데 활용된다. 본 절에서는 소수를 걸러보았고 소수가 얼마나 많은지 알아보았다. 소수를 걸러 내는 방법으로 에라토스테네스의 체를 수업 중에 사용하는데 리만제타함수

$$\zeta(x) = 1 + \frac{1}{2^x} + \frac{1}{3^x} + \frac{1}{4^x} + \cdots$$

를 이용한 소수거르기를 소개하였다. 함수 값 일부가 소수인 이차다항식을 소개하였다. 특히, 1967년에야 증명된 오일러의 이차다항식 $x^2 + x + 41$의 의미와 이를 바둑판에서 회전돌기로 연결 짓는 것을 마음껏 즐기기 바란다. 소수가 무한히 많다는 증명은 유클리드 때로 거슬러 올라간다. 여러 가지 증명방법을 알아보았다. 소수가 무한개라는 표현은 매우 무책임(?)한데 x를 넘지 않는 수 중에서 소수의 개수를 $\pi(x)$라 하면 대략 $\pi(10^n) \approx 4.3429 \times \frac{10^{n-1}}{n}$ 이다. 이를 사용하여 우주를 소수로 채워보았다. 끝으로, 소수의 응용으로 매우 큰 수(예를 들어, 200자리 수)의 소인수분해에 기반을 둔 간단한 암호론과 p-진체를 소개하였다.

다음 질문을 기반으로 소수의 아름다움을 즐겨보자.

질문 1 소수를 어떻게 걸러낼까?

질문 2 100, 000, 000 보다 작은 소수는 대략 몇 개일까?

질문 3 소수는 어디에 쓰이나?

두 개 이상 연속되는 자연수의 합으로 나타낼 수 있는 수에 대하여 생각해 보자[39]. 몇 개의 예를 들어보면, 5는 $5 = 2 + 3$, 6은 $6 = 1 + 2 + 3$, 10은 $10 = 1 + 2 + 3 + 4$ 등으로 연속되는 정수의 합으로 표현된다. 연속되는 2개, 3개 등의 양의 정수의 합으로 주어진 자연수를 나타내 보자. 먼저 20 이하인 자연수를 연속된 자연수의 합으로 표현해보자. 그리고 완성된 할동지로부터 여러 가지 결론을 이끌어 내고 이를 증명하여보자.

39) John B. cosgrave, A Halmos Problem and a Related Problem, Amer. Math. Monthly, 101(10) (**1994**) 993-996.
Wai Y. Pong, Sums of consecutive integers, College Math. J. 38(2) (**2007**) 119-123.

2.1 PROJECT

다음 5단계를 따라서 활동지를 사용하여 지도해보자.

과정	내용
① 활동하기	활동지가 요구하는 내용을 완성한다
② 관찰하기	완성된 활동지가 무엇을 말하는지 관찰한다
③ 추측하기	관찰로부터 결론을 추측한다
④ 증명하기	증명을 설계하고 시도한다
⑤ 종합하기	서술형식으로 완성한다.

다음 표를 완성해보자. 두 개 이상으로 연속되는 정수의 합으로 표현이 되는 수는 'Y'로, 표현이 되지 않는 수는 'N'으로 표시하자.

수	연속된 자연수의 합(등차가 1인 수열의 합)	판정
2	–	N
3	1+2	Y
4	–	N
5	2+3	Y
6	1+2+3	Y
7	3+4	
8	–	
9	4+5, 2+3+4	
10	1+2+3+4	Y
11	5+6	
12	3+4+5	
13	6+7	
14	2+3+4+5	
15	7+8, 1+2+3+4+5, 4+5+6	Y
16	–	
17	8+9	
18	3+4+5+6, 5+6+7	
19	9+10	
20	2+3+4+5+6	

(1) 활동지가 말하는 것을 나열해 보자.

(2) 앞에서 예측한 결론을 증명·지도하여 보자.

(3) 교사들은 학생들의 반응을 중심으로 위 활동지를 지도해 보자. 필자가 초/중/고생을 상대로 경험한 학생들의 반응과 필자가 학생들에게 한 문제제기를 열거하면 다음과 같다.

① (학생반응1) 판정 "N"으로부터 2의 거듭제곱수 1, 2, 4, 8, ⋯ 등을 인식한다. 즉, 2의 거듭제곱수는 연속된 자연수의 합으로 표현되지 못한다.

② (학생반응2) 두 수의 합(예 : $7=3+4$)이 들어가 있는 홀수를 지적한다. 즉, 홀수는 두 자연수의 합으로 표현된다.

③ (학생반응3) 3개짜리가 있는 수(예 : 9 = 2+3+4)는 3의 배수임을 인식한다.

④ (학생반응4) 특히, 1로 시작하는(예 : 6 = 1+2+3) 연속된 자연수의 합을 지적한다. 즉, 3, 6, 10 등은 1로 시작하는 연속된 자연수의 합으로 표현된다.

⑤ (학생반응5) 소수를 인식한다. 즉, 소수는 두 개짜리의 합으로 유일하게 표현된다.

⑥ (문제제기1) 15는 3가지 형태의 합, 18은 2가지 형태로 나타난다. 매우 큰 수의 경우, 예를 들어 1728의 경우 이를 어떻게 알 수 있을까?

⑦ (문제제기2) 15는 $7+8=4+5+6=1+2+3+4+5$로 2개, 3개, 5개 수의 합으로 표현된다. 이때 5개가 가장 길다. 3^9은 연속된 자연수로 표시되며 이때 가장 긴 것을 구할 수 있을까?[40)]

⑧ (문제제기3) 위 활동지는 연속된 자연수의 합으로 주어진 수를 나타낸 것이다. 활동지를 일반화할 수 있을까? 즉, 차이가 2인 수의 합, 차이가 3인 수의 합 등은 무엇을 구별해낼 수 있을 까?

(4) 학생들의 반응을 기초로 수업을 어떻게 연결할지 그 예를 들어 보자.

(5) (학생반응에 대한 수업지도안, 《고급수학 II》(미적분의 활용)) 오일러가 l'Hospital's rule을 어떻게 활용했는지 예

$$1+2+3+\cdots+n=n(n+1)/2$$

를 통하여 알아보자.[41)] 기하급수

$$x+x^2+x^3+\cdots+x^n=(x-x^{n+1})(1-x)$$

의 양변을 x에 관하여 미분하면

40) Ross Honsberger, From Erdos to Kiev; Problems of Olympiad Caliber, MAA, 1996 (p. 19-20).
41) W. Dunham, When Euler met l'Hôpital, Math. Mag. 82(1) (2009) 16-25.

$$1+2x+3x^2+\cdots+nx^{n-1}=\left(1-(n+1)x^n+nx^{n+1}\right)/(1-x)^2$$

이고 양변에 x를 곱하면 다음 등식을 얻는다.

$$x+2x^2+3x^3+\cdots+nx^n=\frac{x-(n+1)x^{n+1}+nx^{n+2}}{(1-x)^2}.$$

위 식에서 $x=1$이면 왼쪽은 $1+2+3+\cdots+n$이고 오른쪽은 부정형 0/0으로 변한다. 이제, 오일러가 오른쪽에 l'Hospital's rule을 쓰면

$$\frac{1-(n+1)^2x^n+n(n+2)x^{n+1}}{-2(1-x)}$$

으로, $x=1$에서 부정형이 된다. 따라서 오일러는 다시 l'Hospital's rule을 쓰면

$$\frac{-(n+1)^2nx^{n-1}+n(n+1)(n+2)x^n}{2}$$

이다. 이제 $x=1$에 대하여

$$\frac{-(n+1)^2n+n(n+1)(n+2)}{2}=\frac{n(n+1)}{2}$$

이다. 따라서 오일러는 합의 식 $1+2+3+\cdots+n=n(n+1)/2$을 얻는다(1.33 참고).

2.2 REMARK

(1) 2의 거듭제곱을 이집트인의 곱셈법으로 옮겨 지도해 보자. 다시 이집트인의 곱셈법을 이진법 시노에 활용해 보자. 또한, 이집트인의 곱셈법의 변형된 형태로 피보나치수열을 도입, 지도해보자. 이집트인의 곱셈법이나 이진법은 Greedy algorithm(최적화 알고리즘)을 기반으로 한다. 이를 이집트인의 단위분수의 분해(1202, 피보나치)와 우리 주변에서 볼 수 있는 자동판매기에서 잔돈을 거슬러 주는 알고리즘 등의 최적화 지도로 옮겨가 보자.

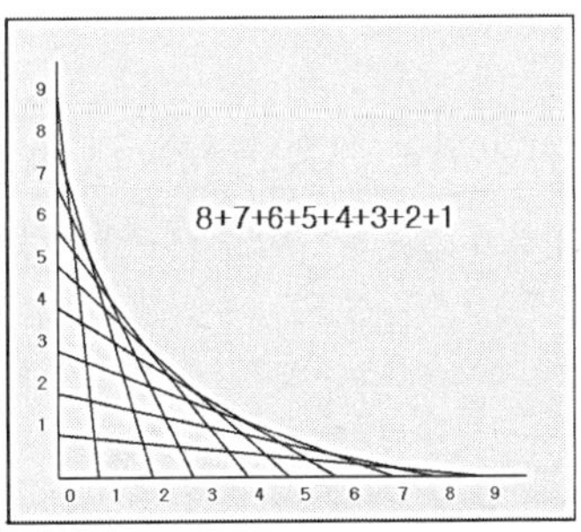

(2) 1을 시작으로 연속된 자연수의 합으로 나타나는 수는

$$1+2=3,\ 1+2+3=6,\ 1+2+3+4=10$$

으로 3, 6, 10, 21 등이다. 이를 Angle Design42) 입장에서 지도해 보자(이차곡선 참고). 한편, angle design을 별다각형(star polygon) 지도로 연결하여 지도해보자.

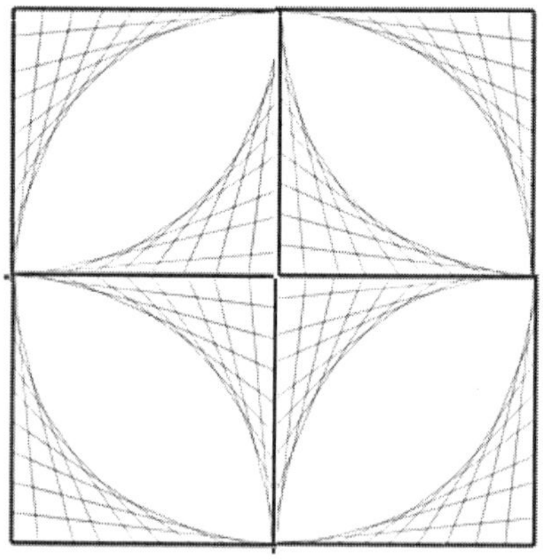

(3) 1로 시작하는 연속된 자연수의 합을 삼각수 입장에서 지도해보자. 또한, 삼각수를 어떻게 일반화하여 후속 수업을 진행할 것인가? 파스칼 삼각형을 어떻게 연결하겠는가?(예를 들면 삼각수, 2의 거듭제곱, 피보나치수열, 무리수 e 등) 또한 파스칼 삼각형으로부터 프렉탈을 어떻게 연결할 것인가?

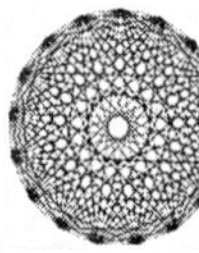

(4) 1로 시작하는 연속된 자연수의 합을 (삼각수)+(제곱수), 즉, 피타고라스짝43)입장에서 지도해보자(제3장 참고). 예를 들어, 피타고라스짝 $(3,\ 4,\ 5)$에서 3은 삼각수, 그리고 4는 제곱수이다.

(5) 앞에서(⑥, 문제제기1) 필자가 사용한 활동지는 다음과 같다 : 15 자신은 1개, 7+8은 두 수의 합이다. 따라서 자기 자신을 포함하면 15는 4개의 서로 다른 합으로 표현된다. 이를

15의 합의 표현 개수는 4이다.

로 쓰기로 하자. 한편, 15의 약수는 1, 3, 5, 15이다. 이들 모두는 홀수이다. 따라서 15는 4개의 홀수인 약수를 갖는다. 다음 활동지를 완성하여 예측을 설정하고 증명해 보자.

---

42) 박제남, 초등수학 이론 및 교수법, 부산광역시 교육청, 2009.
G. Quenell, Envelopes and string art, Math. Mag. 82(3) (**2009**) 174-185.

43) 박제남, 사범대생을 위한 수리논술, 경문사, 2011(제26강),
J. Conway and R. Guy, The book of numbers, Copernicus book, 1996.

n	n의 약수 중 홀수의 개수	자신을 포함한 합의 표현	합의 표현 개수
1	1	1	1
2	1	2	1
3	2	3, 1+2	2
5	2	5, 2+3	2
6	2	6, 1+2+3	2
7	2	7, 3+4	2
8	1	8	1
9	2	9, 4+5	2
10	2	10, 1+2+3+4	2
11			
12			
13			
14			
15	4	15, 7+8, 4+5+6, 1+2+3+4+5	4
17			
18	3	18, 5+6+7, 3+4+5+6,	3
19			
20			

(6) 독자들은 학생들의 반응에 대하여 어떻게 다음 단계를 제공할지 고심해보기 바란다.

(7) (1.1)에서의 활동지를 어떻게 일반화할지 생각해보자. ■

한편, Bernoulli는 1로 시작하는 연속된 제곱수의 합 $1^2+2^2+3^2+4^2+5^2=55$ 또는 연속된 세제곱수의 합

$$1+8+27+64+125+216+343=784$$

에 대하여 연구하였다. 흔히 수열의 합에서

$$\sum_{k=1}^{n} k = \frac{1}{2}n(n+1),$$

$$\sum_{k=1}^{n} k^2 = \frac{1}{6}n(n+1)(2n+1),$$

$$\sum_{k=1}^{n} k^3 = \frac{1}{4}n^2(n+1)^2$$

을 사용한다. 베르누이(Jakob Bernoulli, 1654-1705)는 그의 저서 《Ars Conjectandi》(1713)에서 일반적인 식

$$\sum_{k=1}^{m-1} k^p = \frac{B_{p+1}(m) - B_{p+1}}{p+1}$$

을 도입하였다. 여기서 $B_n(x) = \sum_{k=0}^{n} \binom{n}{k} B_k x^{n-k}$는 n차다항식이고 유리수 B_k는 $B_0 = 1$, $\sum_{k=0}^{n-1} \binom{n}{k} B_k = 0 \ (n \geq 2)$로 정의된다. 이를 계산하면

$$B_1 = -\frac{1}{2},\ B_2 = \frac{1}{6},\ B_3 = 0,\ B_4 = -\frac{1}{30},\ B_5 = 0,$$
$$B_6 = \frac{1}{42}\ \ B_7 = 0,\ B_8 = -\frac{1}{30},\ B_9 = 0,\ B_{10} = \frac{5}{66}$$

등이다.

2.3 REMARK(Jakob Bernoulli, 1713)[44]

1로 시작하는 p거듭제곱의 합은

$$1 + 2^p + 3^p + \cdots + (n-1)^p = \sum_{k=0}^{p} \frac{B_k}{k!} \frac{p!}{(p+1-k)!} n^{p+1-k}$$

로 나타난다. 위 식에서 n이 크고 p가 적으면 식의 왼쪽은 상대적으로 적은 멱의 큰 수들의 합이다. 우리가 베르누이의 수를 안다면 훨씬 쉬운 오른쪽의 식으로 왼쪽을 계산할 수 있다. 예를 들어 베르누이는 $p = 1$부터 $p = 10$까지 베르누이 다항식과 베르누이수를 구한 표를 이용하여 15분의 절반도 지나지 않은 시간 내에 $1 + 2^{10} + 3^{10} + \cdots + 1000^{10}$의 합

44) C. E. Sandifer, How Euler did it, MAA, 2007.

91, 409, 924, 241, 424, 243, 424, 241, 924, 242, 500

을 구하고 이를 자랑스럽게 공개하였다.[45)]

(1) 테일러급수

$$\frac{x}{e^x - 1} = \sum_{k=0}^{\infty} B_k \frac{x^k}{k!}$$

에서 Bernoulli number를 찾을 수 있다.

(2) 오일러는 $1 + \frac{1}{2^2} + \frac{1}{3^2} + \cdots + \frac{1}{n^2} + \cdots = \frac{\pi^2}{6}$(1.32 참고)에서 $B_2 = \frac{1}{6}$을 찾을 수 있다. 특히 n이 짝수일 때,

$$\sum_{k=1}^{\infty} \frac{1}{k^n} = \frac{2^n |B_n|}{2(n!)} \pi^n$$

을 보였다. 예를 들면 기호 $\zeta(z) = 1 + \frac{1}{2^z} + \frac{1}{3^z} + \frac{1}{4^z} + \cdots$에 대하여

$$\zeta(2) = \frac{\pi^2}{6},\ \zeta(4) = \frac{\pi^4}{90},\ \zeta(6) = \frac{\pi^6}{945},$$

$$\zeta(8) = \frac{\pi^8}{9450},\ \zeta(10) = \frac{\pi^{10}}{93555}$$ ■

우리는 활동지를 통하여 2의 거듭제곱 1, 2, 4, 8, 16, 32, 64 등을 걸러보았다. 본 지면에선 2의 거듭제곱의 용도를 고대 이집트인의 곱셈법, 그리고 이진법으로 연결하는 지도안에 한하여 제시하겠다.

2.4 PROJECT(고대 이집트인의 곱셈법)

이집트인이 사용한 곱셈법(Egyptian algorithm for multiplication, Doubling Rule)을 예로 들어 보자.

(1) 21×22를 구해보자.

45) T. Apostol, A primer on Bernoulli numvers and polynomials, Math. Mag. 81(3) (2008) 178-190.

① 1과 22를 쓰고 이를 계속하여 더해 나간다.

② 22를 계속 두 배를 한다.

③ 21을 2의 거듭제곱의 합으로 표현한 후(즉, $21 = 16 + 4 + 1$) 이에 대응하는 22의 배수들을 합한다(즉, $352 + 88 + 22$).

1	22

⇨

1	22
2	44

⇨

► 1	22
2	44
► 4	88
8	176
► 16	352
32	
21	

한편, 고대 이집트인들은

$$21 = 16 + 4 + 1$$

을 어떤 방법으로 구했을까? (Ahmes[46] Papyrus B.C. 1650) 이를 유추해 보자.

▌단계 1 21보다 작은 수 2의 거듭제곱수 중에서 제일 큰 수를 택한다.

☞ 16

▌단계 2 $21 - 16 = 5$

▌단계 3 5보다 작은 수 2의 거듭제곱수 중에서 제일 큰 수를 택한다.

☞ 4

▌단계 4 $5 - 4 = 1$,

▌결론 $21 = 16 + 4 + 1$

따라서 이를 이진법으로 바꾸어 쓰면

$$21 = 16 + 4 + 1 = 1 \times 2^4 + 0 \times 2^3 + 1 \times 2^2 + 0 \times 2^1 + 1 = 10101_2$$

46) 힉소스 왕조 초기 시대의 사람으로 이 파피루스에서 자신은 제12왕조(B.C. 1990-B.C. 1780) 때, 쓰인 문서를 복제하는 서기라 밝힌다. 그가 했던 일은 당시의 이집트 고대문명을 존경한 힉소스의 지배자들이 시작했던 문서 보존계획의 일환으로 보여진다(존 더비셔(고중숙 옮김), 《미지수 상상의 역사》, 승산(2009), 44쪽).

이다.

(2) 47×73 을 구해보자. 표에서 왼쪽 줄은 $47 = 101111_2$을 의미한다. ■

2.5 IN YOUR OWN WORDS

(1) 수학①에서 학습량 감축 방안으로 이진법을 삭제하였다.

> **(2009 개정 교육과정)** 십진법은 수체계의 구조를 보다 정확히 알게 하고 이진법은 컴퓨터 교과와 관련하여 필요한 내용으로 알려져 있다. 그러나 이진법을 취급한 이유가 만약 컴퓨터 때문이라면 심화과정에서 4진법, 8진법, 16진법 등을 취급해야 옳을 것이다(박한식, 2001). 따라서 현재의 진법 교육은 그 의미를 잃은 채 형식적으로 가르치고 있는 실정이다. 어렵고 복잡한 대수적 조작 능력을 요구하는 학생들이 수학에 대한 흥미를 잃고 수학으로부터 멀어진 원인이 되고 있으므로(NCTM, 2000), 학습량 감축을 위하여 학교 수학에서 학생들의 학습 부담이 큰 '십진법과 이진법의 원리를 이해하고, 자연수를 십진법과 이진법의 전개식으로 나타내는 것'과 '십진법과 이진법 사이의 관계'를 삭제한다.

우리가 이진법을 어떻게 지도하였는지 그리고 이진법의 가치에 대하여 생각해 보자.

(2) 이진법을 주제로 수업지도안을 작성하여 지도해 보자.

(3) 다음을 참고하여 진법을 주제로 포스터 그리기를 지도해 보자.

포스터 속의 문제는 "로라의 손가락은 이진법으로 소수를 나타내고 있다. 그 다음 소수는 얼마인가?"이다. 사진 속의 손가락을 이진법으로 읽으면

$$0011101001_2 = 2^7 + 2^6 + 2^5 + 2^3 + 2^0 = 233$$

이므로 답은 239다.

(4) 피보나치 수열을 고대 이집트인의 곱셈법의 변형으로 도입하고 이를 지도해 보자 (15×22).

1	22
1	22

1	22
1	22
2	44
3	66
5	110
8	176

활동지를 통하여 어떤 결론을 유추할 때, 비극(?)적인 일이 흔히 벌어질 수 있다. 그 예를 살펴보자.

2.6 IN YOUR OWN WORDS(계산기를 활용한 교수법, TI-92)

경우의 수를 계산할 때, 펙토리얼을 사용하곤 한다. 예를 들어,

$$3! = 3 \cdot 2 \cdot 1 = 6,\ 5! = 5 \cdot 4 \cdot 3 \cdot 2 \cdot 1 = 120$$

이다. 연속된 펙토리얼의 합을 다음 표에서 구해보자.

부호가 바뀌면서 연속된 펙토리얼의 합의 표현	합	판정
3! − 2!+1!	5	소수
4! − 3!+2! − 1!	19	소수
5! − 4!+3! − 2!+1!	101	소수
6! − 5!+4! − 3!+2! − 1!		
7! − 6!+5! − 4!+3! − 2!+1!		
8! − 7!+6! − 5!+4! − 3!+2! − 1!		
9! − 8!+7! − 6!+5! − 4!+3! − 2!+1!		?

(1) 위 형태는 모두 소수인가? 불행하게도 9!로 시작하는 식은 소수가 아니다(TI-92 사용을 권장한다).

(2) 소인수분해란 정수를 소수의 곱으로 표현하는 것이다. 예를 들어 $150 = 2 \cdot 3 \cdot 5^2$이다. $n!$을 펙토리얼의 곱으로 표현할 수 있을까? 예를 들면, $10! = 7! \cdot 6! = 7! \cdot 5! \cdot 3!$이다. 이와 관련하여 지도안을 만들어 보자.

(3) $1! = 1,\ 2! = 2,\ 3! = 6$이다. $\frac{3}{2}$에 대하여 $\frac{3}{2}!$을 정의할 수 있을까(Euler, gamma function)[47]? ■

우리는 (2.1) PROJECT에서 $p(*) = 2$로 소수를 걸렀다. 홀수/짝수를 가지고 소수를 걸러보자.

2.7 IN YOUR OWN WORDS

다음 5단계를 따라 활동지를 사용하여 지도해 보자.

학교수학에서 소수를 거르는 무난한 방법은 수학①에서 학생들이 접한 에라토스테네스의 체, 연속된 자연수의 합, 그리고 다음에서 알아볼 연속된 홀/짝수의 합 등이 있다.

특히 2.9에서 소개할 오일러의 방법을 어떻게 학생들에게 사용할지 고민해 보자.

---

47) $\Gamma(\lambda) = \int_0^\infty e^{-t} t^{\lambda-1}\, dt$, $\frac{3}{2}! = \Gamma\left(\frac{5}{2}\right) = \frac{3\sqrt{\pi}}{4}$ (박제남, 사범대생을 위한 수리논술, 경문사, 2011(p. 229)),

과 정	내 용
① 활동하기	활동지가 요구하는 내용을 완성한다
② 관찰하기	완성된 활동지가 무엇을 말하는지 관찰한다
③ 추측하기	관찰로부터 결론을 추측한다
④ 증명하기	증명을 설계하고 시도한다
⑤ 종합하기	서술형식으로 완성한다.

주어진 수를

$$12 = 2 + 4 + 6, \text{ 또는 } 24 = 3 + 5 + 7 + 9$$

와 같이 연속되는 짝수나 홀수의 합으로 나타내는 것에 대하여 생각해 보자[48]. 먼저, 다음 표를 완성해보자. 연속되는 짝수나 홀수의 합으로 표현되는 수는 'Y'로, 표현이 되지 않는 수는 'N'으로 표시하자.

수	짝/홀의 합	Y/N
1	–	N
2	–	N
3	–	N
4	1+3	Y
5	–	
6	2+4	Y
7	–	
8	3+5	
9	1+3+5	
10	4+6	
11	–	
12	2+4+6	
13		
14		
15		

48) John B. cosgrave, A Halmos Problem and a Related Problem, Amer. Math. Monthly, 101(10) (1994) 993-996.

(1) 활동지가 무엇을 말하는지 알아보자.

(2) 활동지를 바탕으로 지도안을 작성해보자.

2.8 IN YOUR OWN WORDS

연속된 자연수의 합(예를 들면 $6=1+2+3$), 그리고 연속된 짝수 또는 홀수의 합(예를 들면, $12=2+4+6$, 또는 $24=3+5+7+9$)을 일반화하여 지도 해보자. 짝/홀수의 합은 두 칸을 띄어 합하는 것이므로 세 칸을 띈 수

$$a+(a+3)+(a+6)+\cdots+(a+3n)$$

(예를 들면, $2+5+8=15$) 또는 4칸을 띈 수(예를 들면, $1+6+11+16=34$) 등에 대하여 표현되는 수와 표현되지 못하는 수를 적당한 성질을 사용하여 분류하여보자. ■

수학①에서 자연수로부터 소수를 걸러내는 방법을 에라토스테네스의 체(Eratosthenes's sieve)라 부른다. 이를 오일러 입장에서 알아보자.

2.9 EXAMPLE(오일러)

리만제타함수

$$\zeta(z)=\sum_{k=1}^{\infty}\frac{1}{k^z}=1+\frac{1}{2^z}+\frac{1}{3^z}+\frac{1}{4^z}+\cdots$$

에서 오일러는 $z\geq 2$인 정수에 대하여 생각하였다. 오일러는 이 함수가 소수와 연관이 있다는 것을 보였다. 먼저 양변에 $1/2^z$을 곱하면

$$\frac{1}{2^z}\zeta(z)=\frac{1}{2^z}+\frac{1}{4^z}+\frac{1}{6^z}+\frac{1}{8^z}+\frac{1}{10^z}+\frac{1}{12^z}+\cdots$$

이고, 따라서

$$\zeta(z)-\frac{1}{2^z}\zeta(z)$$

를 시행하면 에라토스테네스의 방법처럼

$$1,\ 2,\ 3,\ 4,\ 5,\ 6,\ 7,\ \cdots$$

에서 2의 배수

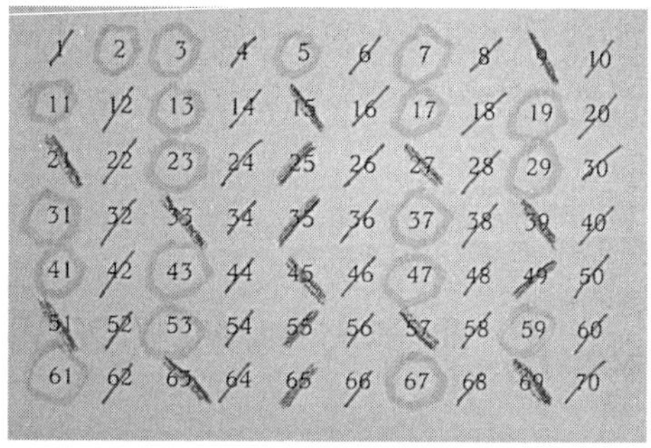

Sieve of Eratosthenes

$$2,\ 4,\ 6,\ 8,\ \cdots$$

등을 지워나가서

$$1,\ 3,\ 5,\ 7,\ 9,\ 11,\ \cdots$$

을 얻는 것과 같이

$$\left(1-\frac{1}{2^z}\right)\zeta(z)=1+\frac{1}{3^z}+\frac{1}{5^z}+\frac{1}{7^z}+\frac{1}{11^z}+\cdots$$

을 얻는다. 같은 방법으로

$$\left(1-\frac{1}{2^z}\right)\frac{1}{3^z}\zeta(z)=\frac{1}{3^z}+\frac{1}{9^z}+\frac{1}{15^z}+\frac{1}{21^z}+\cdots.$$

따라서

$$\left(1-\frac{1}{2^z}\right)\left(1-\frac{1}{3^z}\right)\zeta(z)=\frac{1}{3^z}+\frac{1}{5^z}+\frac{1}{7^z}+\frac{1}{11^z}+\cdots$$

을 얻는다. 그러므로 본 과정을 무한히 반복하면 다음 결과를 얻는다.

$$\zeta(z)=\prod_{p=2}^{\infty}\left(1-\frac{1}{p^z}\right)^{-1}\ (p\text{는 소수}) \qquad \text{(Euler's product)}$$

즉,

$$\zeta(z)=\prod_{p\text{는 소수}}\left(1-\frac{1}{p^z}\right)^{-1}\ (z>0)$$

이고 z는 실수부가 $Re(z)>1$인 복소수로 확장된다.[49] 구체적인 예를 $z=2$로 들어보면 다음과 같다((1.32) 참고).

$$\zeta(2)=\frac{\pi^2}{6}=\prod_{p=2}^{\infty}\left(1-\frac{1}{p^2}\right)^{-1}$$ ■

2.10 REMARK(에라토스테네스와 지구둘레 측정)

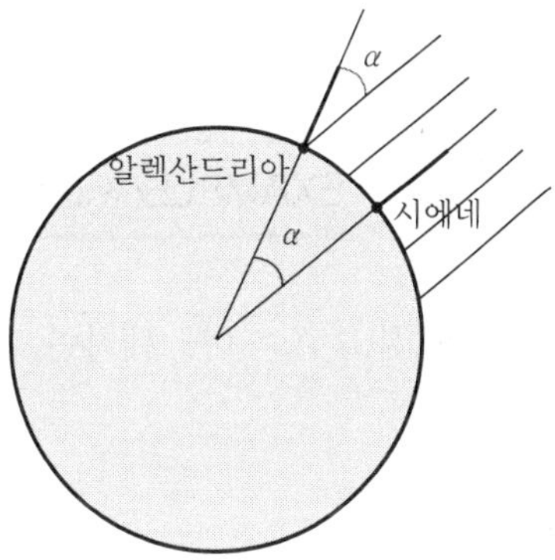

(1) 에라토스테네스(B.C 276-B.C. 194)는 $x^\circ = 7^\circ 12' = 360^\circ/50$으로 하고 알렉산드리아에서 시에네까지 5000stadia로 하여 (지구둘레)$=50\times 5000$stadia $=250,000$stadia로 계산한 다음 이유는 모르지만(아마도 알렉산드리아에서 시에네까지, 거리에 오차를 염두에 둔 것 같다) 에라토스테네스는 2,000stadia를 더하였다. 즉, (지구둘레)= 2520,000stadia로 최종 계산하였다. 에라토스테네스가 사용한 단위 stadia가 이집트의 단위라면 이는 약 157.50미터(516.73feet)이다. 따라서 (지구둘레)= 2520000 $\times 175.50 = 396,900$(km)이다. 현재 알려진 지구의 둘레 약 40,047km와 매우 가깝다.

(2) 2009 개정 교육과정에 따른 수학과 교육과정에 13종의 교과서 모두 이를 다루지 않고 있다. 중학교②(중심각과 호의 길이)에서 에라토스테네스의 지구둘레 측정은 필이 수업 중에 다루어야 한다. 수학시간에 실험을 위한 자료를 사진으로 제시해본다.

(3) 과학교과서(과학 3)는 에라토스테네스는 하짓날 정오에 태양이 시에네에 있는 우물의 바닥을 수직으로 비출 때, 알렉산드리아에서 시에네까지를 925km로 주어 계산한다. 이로부터 지구의 반지름을 7365km로 구했다고 소개한다. 나아

---

49) G. Tenenbaum, M. France, The prime numbers and their distribution, Student Mathematical Library, Vol. 6, AMS, 2000.

가 실제 지구의 반지름을 약 6,400km로 소개하면서 15%의 오차를 설명한다. (1)에서 소개했듯이 아르키메데스는 이와 같이 측정하지 않았으며 그가 측정한 지구반지름은 6320km이다. ■

미분을 통하여 소수를 걸러보자. 예를 들면, 3이 소수인 이유는 $f(x)=e^x+e^{x^2/2}$에서 3차도함수의 값이 $f^{(3)}(0)=1$이고 4가 소수가 아닌 이유는 함수 $h(x)=e^x+e^{x^2/2}+e^{x^3/3}$에서 4차도함수의 값이 $h^{(4)}(0)\neq 1$이 때문이다.

2.11 EXAMPLE(Walsh, 2007)[50]

양의 정수 $n>1$에 대하여 함수

$$g_n(x)=\sum_{k=1}^{n-1}e^{x^k/k}$$

를 정의하자. 다음은 동치이다.

(1) 양의 정수 $n>1$이 소수이다.

(2) $\frac{d^n}{dx^n}g_n(0)=1.$

증명 지수함수 $e^{x^k/k}$를 Taylor급수로 표현하면

$$e^{x^k/k}=\sum_{j=0}^{\infty}\frac{(x^k/k)^j}{j!}=\sum_{j=0}^{\infty}\frac{x^{kj}}{k^j j!}$$

이므로

$$g_n(x)=\sum_{k=1}^{n-1}e^{x^k/k}=\sum_{k=1}^{n-1}\sum_{j=0}^{\infty}\frac{x^{kj}}{k^j j!}.$$

이제 n차도함수를 구해보자. 먼저 $kj\geq n$일 때, 함수 $y=x^{kj}$의 n차도함수는

50) D. Walsh, A curious way to test for primes, Math. Mag. 80(4) (**2007**) 302-303.

$$y^{(n)} = kj(kj-1)(kj-2)\cdots(kj-(n-1))x^{kj-n}$$

이다. 조건 "$kj \geq n$"이 없는 대신 기호 $I(s) = \begin{cases} 1 & \text{명제 } s\text{가 참} \\ 0 & \text{명제 } s\text{가 거짓} \end{cases}$을 사용하면 다음을 얻는다.

$$\begin{aligned} \frac{d^n}{dx^n} g_n(x) &= \frac{d^n}{dx^n} \sum_{k=1}^{n-1} \sum_{j=0}^{\infty} \frac{x^{kj}}{k^j j!} \\ &= \sum_{k=1}^{n-1} \sum_{j=0}^{\infty} \frac{1}{k^j j!} \frac{d^n}{dx^n}(x^{kj}) \\ &= \sum_{k=1}^{n-1} \sum_{j=0}^{\infty} \frac{(kj)(kj-1)(kj-2)\cdots(jk-(n-1)}{k^j j!} x^{kj-1} I(kj \geq n). \end{aligned}$$

이제 $x=0$에서 $\frac{d^n}{dx^n} g_n(x)$을 계산하자. $x=0$을 대입하면 $kj=n$을 제외하곤 모두 소멸하므로 기호 $I(k|n)$을 사용하면

$$\begin{aligned} \frac{d^n}{dx^n} g_n(0) &= \sum_{k=1}^{n-1} \frac{(n)(n-1)(n-2)\cdots(n-(n-1)}{k^{n/k}(n/k)!} I(k|n) \\ &= \sum_{k=1}^{n-1} \frac{n!}{k^{n/k}(n/k)!} I(k|n). \end{aligned} \tag{2-1}$$

이다. 따라서

① n이 소수이면 식(2-1)에서 $k=1$ 밖에 없다. 즉,

$$\frac{d^n}{dx^n} g_n(0) = \frac{n!}{1^{n/1}(n/1)!} = 1.$$

② $n(>1)$이 소수가 아니면 정수 k, $r(2 \leq k,\ r \leq n-1)$이 존재하여 $n = kr$이다. 그러므로 $n(>1)$이 소수가 아니면

$$\frac{d^n}{dx^n} g_n(0) \geq 1 + \frac{(kr)!}{k^r r!} > 1$$

이 성립한다. ■

앞에서 본 예제 2.11은 고차도함수를 사용하여 정수 n이 소수인지를 판별한 것이다.

정수론에서 n이 소수인지를 판별하는 방법으로 Wilson의 정리(1770)를 들 수 있다. 증명은 정수론 교재를 참고하기 바란다.

Wilson's Theorem. 다음은 동치이다.

(1) n은 소수이다.

(2) n은 $(n-1)!+1$의 약수이다.

이제 함수

$$F(1)=1,\ F(n)=\left[\cos^2\left(\frac{(n-1)!+1}{n}\pi\right)\right]$$

(여기서 $[x]$는 x를 넘지 않는 최대 정수)

을 정의하면 Wilson의 정리에 의하여

$$F(n)=\begin{cases}1\ (n=1\ \text{또는}\ n\text{은 소수})\\0\ (\text{다른 경우})\end{cases}$$

또 다른 방법을 알아보자. 1부터 $x=20$까지 정수에서 10과 서로소인 수가 몇 개 있을까? 먼저 $m=2$의 배수를 지우자. 이로부터 $m=2$와 서로소인 수의 개수를 구할 수 있다. 이 개수를 기호

$$N_m(x)=N_2(20)$$

으로 표현하자.

$$N_2(20)=N_1(20)-N_1(20/2)=20-20/2$$

이다. 이때, $10=2\times5$이므로

$$N_{10}(20)=20-20/2-20/5+20/(2\cdot5)$$

여기서, 부호 $+,-$의 변화는 배수의 경우수를 빼고 중복으로 뺀 경우수를 더하는 상황을 반영한 것이다. 이를 관찰하면 일반적으로 x(양의 실수)를 넘지 않는 수 중에서 m과 서로소인 개수를 $N_m(x)$로 표시하면 다음 식을 얻는다.

$$N_m(x) = \sum_{d \mid m^*} (-1)^{\omega(d)} [x/d]$$

여기서 사용한 기호는

- [ ]는 정수 부분만 택한다
- $\omega(d)$는 d의 서로 다른 소인수의 개수, $\omega(1) = 0$
- m^*는 m의 소인수를 단 한번 씩 사용한 곱(예: $m = 140$이면, $m^* = 2 \cdot 5 \cdot 7 = 70$)

한편, m^*를 사용하지 않으려면 다음 방법을 쓸 수 있다(Legendre의 식, 1808년).

$$N_m(x) = \sum_{d \mid m} \mu(d)\ [x/d]$$

여기서

$$\mu(d) = \begin{cases} (-1)^{\omega(d)} & (d\text{에 제곱수의 약수가 없을 때}) \\ 0 & (d\text{에 제곱수의 약수가 존재}) \end{cases}$$

위 식을 에라토스테네스체의 르장드르식(Legendre's formula for the sieve of Eratosthenes)이라 부른다.

일, 이차다항함수를 통하여 소수를 부분적으로 고르는 방법에 대하여 알아보자. 오일러가 이차함수를 가지고 40개의 소수를 어떻게 걸러냈는지 다음에서 알아보자.

2.12 EXAMPLE(오일러, 1772년)

'이차함수 $f(x) = x^2 + x + q$ (여기서 q는 소수)에 $x = 0, 1, 2, \cdots, q-2$까지 대입할 때, $f(0), f(1), \cdots, f(q-2)$가 모두 소수인가?'를 확인해보자.

① $q = 2$: $f(0) = 2$,

② $q = 3$: $f(0) = 3,\ f(1) = 5$,

③ $q = 5$: $f(0) = 5,\ f(1) = 7,\ f(2) = 11,\ f(3) = 17$.

여기까지 그 결과는 모두 소수들이다. 이제 $q = 7$인 경우를 살펴보자.

$$f(0)=7,\ f(1)=9$$

로 소수가 아닌 불행한 경우가 발생한다. 오일러는 이차함수 $f(x)=x^2+x+41$ 에 $x=0,\ 1,\ 2,\ \cdots,\ 39$를 대입하면 모두 소수가 된다는 것을 발견하였다. 즉

$$f(x)=x^2+x+q,\ f(0),\ f(1),\ f(2),\ \cdots,\ f(q-2)\text{는 모두 소수}$$ ■

조금은 아쉽지만 이차함수 $x^2-79x+1601$은 $x=0,\ 1,\ 2,\ \cdots,\ 79$에 대하여 80개의 연속된 소수를 보여준다.

2.13 IN YOUR OWN WORDS(계산기 활용 교수법)

(1) 계산기(TI-92, 등)을 사용하여 다음 표를 완성해보자.

q	$f(x)=x^2+x+q$	판별식 $1-4q$	$f(0),\ f(1),\ f(2),\ \cdots,\ f(q-2)$의 값을 모두 구하여 소수인지 판정(Y/N)해보자.	
2	$f(x)=x^2+x+2$	-7	2	Y
3	$f(x)=x^2+x+3$	-11	3, 5	Y
5	$f(x)=x^2+x+5$	-19	5, 7, 11, 17	Y
7				
11		-43	11, 3, 17, 23, 31, 41, 53, 67, 81, 101	Y
13				
17		-67		
19				
23				
29				
31				
37				
41		-163		

(2) $q=41$일 때, 40개의 소수를 구하였다. 다음 20×20 정사각형 판에서 41에서 시작하여 회전돌기로 숫자를 기입해보자. 판에는 400개의 숫자가 기록되므로 41에서 440까지

적어보자. 그리고 대각선을 관찰해보자. 특히, 이차함수 $f(x)=x^2+x+41$ $(x=0,\ 1,\ 2,\ \cdots,\ 39)$의 값이 대각선에 위치한다는 것을 명확히 지도해보자.

							71	70	69	67	67	66							
							72	53	52	51	50	65							
							73	54	43	42	49	64							
							74	55	44	41	48	63							
							75	56	45	46	47	62							
							76	57	58	59	60	61							
							77	78											
440																			

2.14 REMARK(The class number of imaginary quadratic number fields)

이차함수 $f(x)=x^2+x+q$에서 $n=0,\ 1,\ 2,\ \cdots,\ q-2$일 때, 모든 $f(n)$이 소수가 되는 소수 q를 구하는 것은 판별식 $D=1-4q$와 관련이 있다. 가우스는 $D<-163$이면 $f(n)$이 모두 소수가 될 수 없다는 것을 예측하였다. 이러한 가우스의 예측은 1952년(K. Heegner)에 부분적으로 증명이 되었고 1967년에 와서 오일러가 구한 41이 제일 큰 소수

라는 것이 증명되었다(H. Stark, 1967).[51] Stark는 체(field) $\mathbb{Q}(\sqrt{-D})$에서

$$D=3,\ 4,\ 7,\ 8,\ 11,\ 19,\ 43,\ 67,\ 163$$

인 경우에만 $\mathbb{Q}(\sqrt{-D})$의 원소 중에서 최고차항의 계수가 1인 정수계수 다항식의 근의 모임은 유일분해정역(UFD)임을 보였다. $D=163$일 때, $\mathbb{Z}[\sqrt{-163}]$은 유일분해정역이다. 유일분해정역이다. $D=5,6,23$이 빠진 이유는 $\mathbb{Z}[\sqrt{-5}]$, $\mathbb{Z}[\sqrt{-6}]$, 그리고 $\mathbb{Z}[\sqrt{-23}]$은 Unique factorization domain이 아니기 때문이다. 그 이유를 살펴보자. 독자들은《현대대수》에서 다루는 유일분해정역(UFD), 소수(prime element), 기약원(irreducible elemet), 동반원(associative)의 정의를 살펴보기 바란다. 일반적으로 prime은 irreducible이지만 그 역은 성립하지 않는다. 학부과정에서 만나는 쉬운 예를 들면 정역 $\mathbb{Q}[x^2,\ x^3]$는 UFD가 아니다. 특히, x^2은 기약원이지만 prime은 아니다.

다음 언급한 내용에서 근의 모임을 구하는 계산은 학부수준을 넘어선다. 이를 감안하여 내용을 살펴보기 바란다.

【$d=5$인 경우】 체 $\mathbb{Q}(\sqrt{-5})$에서 최고차항의 계수가 1인 정수계수 다항식의 근의 모임(algebraic integers라 한다)은 $\mathbb{Z}[\sqrt{-5}]=\{a+b\sqrt{-5}\mid a,b\in\mathbb{Z}\}$ 이다. 이때, 21은

$$21=3\cdot 7=(1+2\sqrt{-5})(1-2\sqrt{-5})$$

로 서로 다른 두 가지 방법으로 분해(factorization)가 된다. 여기서, $3, 7$, $1+2\sqrt{-5}$, $1-2\sqrt{-5}$는 모두 정역(integral domain) $\mathbb{Z}[\sqrt{-5}]$에서 소수(prime element)가 아닌 기약원(irreducible element)이다. 특히, 기약원 3은 기약원 $1+2\sqrt{-5}$ 또는 $1-2\sqrt{-5}$과 서로 동반(associate)이 아니다. 따라서 정역 $\mathbb{Z}[\sqrt{-5}]$는 UFD가 아니다.

【$d=23$인 경우】 체 $\mathbb{Q}(\sqrt{-23})$에서 algebraic integers의 모임은 $\mathbb{Z}\left[\frac{1+\sqrt{-23}}{2}\right]$이고

$$27=3\cdot 3\cdot 3=(2+\sqrt{-23})(2-\sqrt{-23})$$

로 분해에 사용된 원소(irreducible element)의 3개의 기약의 곱이 2개의 기약원의 곱과

51) H.M. Stark, A complete determination of the complex quadratic fields of class-number one, Michigan Math. J. 14 (**1967**) 1-27.

같다. 따라서 정역 $\mathbb{Z}\left[\frac{1+\sqrt{-23}}{2}\right]$는 UFD가 아니다.

학부에서는 $\mathbb{Z}[\sqrt{-5}]$나 $\mathbb{Z}\left[\frac{1+\sqrt{-23}}{2}\right]$의 계산을 다루지 않는다 참고 d(부호 무시)가 제곱수가 아닐 때, $\mathbb{Q}(\sqrt{d})$에서 algebraic integers A는 다음과 같다.

$$A=\begin{cases}\mathbb{Z}[\sqrt{d},\ d\equiv 2,3 \pmod 4)\\ \mathbb{Z}\left[\frac{1+\sqrt{d}}{2}\right],\ d\equiv 1 \pmod 4)\end{cases}$$

한편, $D=43,\ 67,\ 163$일 때,

$$e^{\pi\sqrt{43}}=884736743.999777\cdots,$$
$$e^{\pi\sqrt{67}}=147197952743.99999866\cdots,$$
$$e^{\pi\sqrt{163}}=262537412640768743.99999999999925997\cdots$$ [52)]

로 정수에 매우 가깝다. 이는 우연이 아니다. 실제, 이들 $x=e^{\pi\sqrt{D}}$에 대하여

$$x-744+\frac{196884}{x}-\frac{21493760}{x^2}+\cdots \quad (q\text{-expansion})$$

는 정수이다. 이들은 세제곱수와 744의 합으로 이루어진다. 즉,

$$e^{\pi\sqrt{43}}=960^3+744-\epsilon,$$
$$e^{\pi\sqrt{67}}=5280^3+744-\epsilon,$$
$$e^{\pi\sqrt{163}}=640320^3+744-\epsilon.$$ ■

오일러의 이차함수 $f(x)=x^2+x+41$은 $0\le x\le 39$ 인 정수에 대하여 소수로 채워져 있다. 일차함수

$$g(x)=p+ax\,(x=0,\ 1,\ 2,\ \cdots,\ n-1)$$

에 대한 예를 다음에서 들어 보자.

---

52) Ramanujan constant라 부른다.

2.15 EXAMPLE(Green and Tao, 2005년)

자연수 n에 대하여 n개의 정수

$$p,\ p+a,\ p+2a,\ p+3a,\ \cdots,\ p+(n-1)a$$

가 모두 소수가 되는 소수 p와 자연수 a를 찾아보자[53]. 즉, 주어진 n에 대하여 $f_n(x)=p+ax,\ x=0,\ 1,\ 2,\ \cdots,\ n-1$이 모두 소수인 p와 a를 찾는 문제이다.

(1) $n=5$일 때, $p=5,\ a=6$을 찾을 수 있다. 즉, 5, 11, 17, 23, 29가 모두 소수이다.

(2) $n=22$일 때,

$$56211383760397+k44546738095860,\ k=0,\ 1,\ 2,\ \cdots,\ 21$$

이다(2004년 6월). Terence Tao는 이와 관련된 연구로 Fields Medal을 받았다[54].

(3) $n=26$일 때, $43142746595714191+k23681770\times223092870,\ k=0,\ \cdots,\ 25$ (B. Perichon, 2010). ■

소수가 무한개라는 증명을 다양하게 알아보자[55]. 특히, 유클리드의 증명에 대하여 깊이 있게 고찰해보자.

2.16 THE PROOF

가장 오래된 증명은 유클리드(Euclid, Elements IX, Proposition 20)[56]에서 찾을 수 있다. 만일 소수가 $\{p_1,\ p_2,\ \cdots,\ p_n\}$으로 유한개라고 가정하자. 정수

$$Q:=p_1p_2\cdots p_n+1$$

은 소수인 약수 p를 갖는다. 따라서

53) **(Green-Tao Theorem, 2004)** There exist arithemetic progressions of primes, with n terms, where n can be any natural number.

54) D. Marshall, E. Odell, and M. Starbird, Number theory through inquiry, MAA, 2007(p. 37).

55) M. Aigner and G. Ziegler, Proofs from THE BOOK, 3rd. ed., Springer, 2003(Chapter 1).

56) Euclid, The elements, IX 20, Dover(p. 412).

$$p \in \{p_1, p_2, \cdots, p_n\}$$

이고 p 는 $p_1 p_2 \cdots p_n$의 약수이다. 그러므로 p는 $Q - p_1 p_2 \cdots p_n = 1$의 약수가 되어 모순이 발생한다. ■

2.17 유클리드 증명의 확대해석(Perott(1854-1924), Cook, 2011)[57]

유클리드 증명을 다시 바라보자. $p_1 = 2$, $p_2 = 3$, $p_3 = 5$, $p_4 = 7$, $\cdots$으로 p_n을 n번째로 제일 작은 소수라 하자. 이때 $M_n = p_1 p_2 \cdots p_n$이라면 $M_n + 1$의 소수인 약수 p는 존재하며 $p_n < p \le M_n + 1$을 만족한다. 물론 처음부터 $M_n - 1$에 소인수 p를 적용해도 같은 결과를 얻으므로 유클리드 증명을 다음과 같이 해석할 수 있다.

$p_n < p < M_n$을 만족하는 소수 p는 적어도 한 개는 존재한다.

이를 다음과 같이 보다 엄밀하게 증명할 수 있다. 다음 정리에서 유클리드의 정리가 어떤 역할을 하는지 인지하기 바란다.

▌정리 p_n과 $M_n = p_1 p_2 \cdots p_n$ 사이에는 적어도 $n-1$개의 소수가 존재한다.

증명을 위하여 먼저 다음 두 보조정리를 알아보자.

【Lemma 1】 $n_1, n_2, \cdots, n_k$를 짝수라 하자. 각 순환군(cyclic abelian group) $\mathbb{Z}_{n_i}$의 곱(direct product) $\mathbb{Z}_{n_1} \times \cdots \times \mathbb{Z}_{n_k}$은 k개 보다 적은 원소로 생성될 수 없다.

증명 $n_1, n_2, \cdots, n_k$가 짝수이므로 onto(전사, epic)인 homomorphism f

$$\mathbb{Z}_{n_1} \times \cdots \times \mathbb{Z}_{n_k} \xrightarrow[epic]{f} (\mathbb{Z}_2)^k$$

가 존재한다. 이때 $image(f) = (\mathbb{Z}_2)^k$는 체(field) $\mathbb{Z}_2$ 상의 k-차원 벡터공간이다. 따라서

57) R. Cooke, A remark on Euclid's theorem on the infinitude of the primes, Amer. Math. Monthly, 118 (**2011**) 355-358.

정의역 $\mathbb{Z}_{n_1} \times \cdots \times \mathbb{Z}_{n_k}$는 k개 보다 적은 원소로 생성될 수 없다. ■

【Lemma 2】 a, b가 서로소이면 $\mathbb{Z}_a$, $\mathbb{Z}_b$의 각 곱셈군 $\mathbb{Z}_a^\times$, $\mathbb{Z}_b^\times$에 대하여

$$(\mathbb{Z}_{ab})^\times \simeq \mathbb{Z}_a^\times \times \mathbb{Z}_b^\times$$

이다.

증명 음이 아닌 두 정수 x, $y(x < a,\ y < b)$에 대하여

$$\{x,\ x+a,\ x+2a,\ \cdots,\ x+(b-1)a\}$$

는 $* \equiv x \pmod a$인 ab보다 적은 음이 아닌 모든 정수이다. 한편 a, b가 서로소이므로 이들 중에는 $\bmod b$에 관하여 합동인 서로 다른 원소는 없다. 이들 중 오직 한 개의 원소 z(따라서 $z \equiv x \pmod a$)가 $z \equiv y \pmod b$를 만족한다. 그러므로 이를 바탕으로 하여 isomorphism

$$\mathbb{Z}_{ab} \to \mathbb{Z}_a \times \mathbb{Z}_b,\ z \mapsto (x,\ y)$$

을 만들 수 있다. 물론, x, y를 각각 a, b와 서로소인 수로 제한하여도 동형은 보존된다. 따라서

$$(\mathbb{Z}_{ab})^\times \simeq \mathbb{Z}_a^\times \times \mathbb{Z}_b^\times$$

이다.

정리 증명 두 보조정리 1, 2를 사용하여 정리를 증명하자. 먼저, 소수 q에 대하여 $\mathbb{Z}_q^\times \simeq \mathbb{Z}_{q-1}$이므로 보조정리 2에 의하여

$$(\mathbb{Z}_{M_n})^\times \simeq \mathbb{Z}_2 \times \mathbb{Z}_4 \times \mathbb{Z}_6 \times \cdots \times \mathbb{Z}_{p_n - 1} \text{ (전체는 } |\mathbb{Z}_2^\times| = 1\text{이므로 } n-1\text{개의 곱)}$$

이다. 한편, 보조정리 1에 의하여 $(\mathbb{Z}_{M_n})^\times$는 $n-1$개 보다 적은 원소들로는 생성될 수 없다. 이제, p_n과 $M_n = p_1 p_2 \cdots p_n$사이에 소수를 p_{n+1}, p_{n+2}, $\cdots$, p_{n+l}라 하면 유클리드 정리에 의하여 $l \geq 1$이다. 이때 p_{n+1}, p_{n+2}, $\cdots$, p_{n+l}은 $(\mathbb{Z}_{M_n})^\times$를 생성한다. 따라서 $l \geq n-1$이다. ■

2.18 REMARK

유클리드 시대에는 정수를 지금처럼 추상적으로 받아드린 것이 아니라 선분의 길이로서 받아들였다. 따라서 divisibility 대신에 measuring을 사용하였다. 한편, 고대 그리스 시대에는 현재와 같은 무한 개념을 가지고 있지 않았다. 유클리드는 "there are infinitely many primes"라 하지 않고 "prime numbers are more than any assigned multitude of prime numbers"로 표현하였다.

(BOOK IX, Proposition 20) **Prime numbers are more than any assigned multitude of prime numbers.**

Let A, B, and C be the assigned prime numbers;

I say that there are more prime numbers than A, B, and C.

Take the least number DE measured by A, B, and C. Add the unit DF to DE.

Then EF is either prime or not.

First, let it be prime. Then the prime numbers A, B, C, and EF have been found which are more than A, B, and C.

Next, let EF not be prime. Therefore it is measured by some prime number. Let it be measured by the prime number G. VII.31

I say that G is not the same with any of the numbers A, B, and C.

If possible, let it be so.

Now A, B, and C measure DE, therefore G also measures DE. But it also measures EF. Therefore G, being a number, measures the remainder, the unit DF, which is absurd.

Therefore G is not the same with any one of the numbers A, B, and C. And by hypothesis it is prime. Therefore the prime numbers A, B, C, and G have been found which are more than the assigned multitude of A, B, and C.

Therefore, prime numbers are more than any assigned multitude of prime numbers. ■

필자가 기억하는 유클리드 정리에 관한 가장 최근 증명은 다음과 같다(2006).

2.19 NEW PROOF OF EUCLID'S THEOREM(F. Saidak, 2006)[58)]

정수 $n>1$에 대하여 연속된 두 정수 $n,\ n+1$은 서로소이다. 즉, $\gcd(n,\ n+1)=1$. 따라서 두 수의 곱 $N_2=n(n+1)$은 적어도 서로 다른 2개의 소인수를 갖는다. 같은 방법으로 두 연속되는 정수 $n(n+1)$과 $n(n+1)+1$은 서로소이고 이들의 곱

$$N_3=n(n+1)[n(n+1)+1]$$

은 적어도 서로 다른 3개의 소인수를 갖는다. 이 과정을 계속하면 소수는 무한히 많이 존재한다. ■

2.20 THE PROOF

페르마수 $F_n=2^{2^n}+1\ (n=0,\ 1,\ 2,\ \cdots)$에 대하여 생각해보자. 예를 들면,

$$F_0=3,\ F_1=5,\ F_2=17,\ F_3=257,\ F_4=65537$$

이다. 서로 다른 두 페르마수가 서로소이면 무한개의 소수가 존재한다. 먼저 식

$$F_0F_1\cdots F_{n-1}=F_n-2\quad(n\geq 1)\qquad(2\text{-}2)$$

을 증명하여보자.

n에 관한 수학적 귀납법[59)]을 쓰면

① $n=1$; $F_0=3,\ F_1-2=3$:

② $F_0\ F_1\cdots F_{n-1}F_n=(F_0F_1\cdots F_{n-1})F_n=(F_n-2)F_n$

$$=(2^{2^n}-1)(2^{2^n}+1)=2^{2^{n+1}}-1$$
$$=F_{n+1}-2$$

58) F. Saidak, A new proof of Euclid's theorem, Amer. Math. Monthly, 113 (**2006**) 937-938.

59) 2009 수학과 개정교육과정에서는 《수학 II》에서 원리를 이해할 수 있는 정도로 간단히 다룬다.

m이 F_k와 F_n (여기서 $k < n$)의 약수라 하자. 따라서 식(2-2)에 의하여 $m|2$이다. 즉, $m=1$ 또는 2이다. 그러나 페르마수는 홀수이므로 $m=2$는 불가능하다. 따라서 서로 다른 페르마수는 서로소이다. 따라서 소수는 무한히 많이 존재한다. ■

2.21 REMARK

(1) 소수 7은 페르마수가 아니다. 페르마수 F_n은 $n=0, 1, 2, 3, 4$일 때는

$$F_0=3,\ F_1=5,\ F_2=17,\ F_3=257,\ F_4=65537$$

로 소수이지만 $n=5, 6, 7, \cdots, 23$일 때는 합성수이다. 그러나 $F_{24}=2^{2^{24}}+1$는 5,050,446 자리 수로 합성수인지는 모르고 있다. 아직 페르마소수가 유한개인지도 모르고 있다.[60)]

(2) (Weil)[61)] 페르마는 모든 수 $F_n=2^{2^n}+1$ $(n=0, 1, 2, \cdots)$가 소수라고 주장하였다. 1729년 12월 1일 오일러는 모스크바에 머물고 있던 골드바흐(Goldbach)로부터 편지를 받았는데, 그 편지에서 골드바흐는 페르마의 주장에 대하여 오일러의 의견을 물었다. 오일러는 1730년 6월 4일 답장에서 $F_5=2^{32}+1$는 소인수 641을 갖는다는 것을 밝혔다. 실제로 오일러는 합성수인 페르마수는 $2^{n+1}k+1$ 형태의 약수를 갖는다는 것을 발견하였다. 이는 2^m+1 형태의 소수에 관한 문제이다. 이를 자세히 알아보자. 오일러는 $F_5=2^{32}+1$의 약수 641을 어떻게 구했을까?

❙ 정리 1 2^m+1이 소수이면 m은 $m=2^k$인 2의 거듭제곱 형태이다.

증명 만일 $m=2^a b$(b는 홀수)이면 $2^m+1=(2)^{2^a b}+1=c^b+1$ 이나. 여기서 $c=2^{2^a}$. 한편, b는 홀수이므로

$$c^b+1=(c+1)(c^{b-1}-c^{b-2}+-\cdots+1)$$

이다.

■

60) J. Conway and R. Guy, The book of numbers, Copernicus Book, 1996(p. 138-148).

61) H. Koch, Number theory, Graduate Study in Mathematics, Vol. 24, AMS, 2000(p. 5-6).

정리 2 $F_n = 2^{2^n}+1$의 소인수를 p라 하면, 2^{n+1}은 $p-1$의 약수이다.

증명 $p|(2^{2^n}+1)$이면 $2^{2^n} \equiv -1 \pmod p$이고 따라서 $2^{2^{n+1}} \equiv 1 \pmod p$이다. 즉, 곱셈군

$$\mathbb{Z}_p^{\times} = \{a | 1 \le a \le p,\ \gcd(a,\ p)=1\}$$

에서 원소 2의 위수(order)는 2^{n+1}의 약수이다. 한편, $2^{2^n} \equiv -1 \pmod p$이므로 원소 2의 위수는 2^{n+1}이다. Lagrange의 정리로부터 $2^{n+1}|(p-1)$이다. ■

이제 $2^{32}+1$의 소인수를 p라 하자. 이때 $2^{5+1}=64$는 $p-1$의 약수 또는 $p=64m+1$의 형태이다. 이때

① $m \equiv 2 \pmod 3$ 이면, $3|(64m+1)$,

② $m \equiv 1 \pmod 5$ 이면, $5|(64m+1)$

이다. 그러므로 $2^{32}+1$의 약수인 소수는

$$p = 193,\ 257,\ 449,\ 577,\ 641,\ \cdots$$

형태이다. 따라서 $p=64(10)+1=641$을 얻는다.

(3) Weil은 페르마수를 현대정수론의 제2의 태동이라 평가하고, 현대정수론의 태동은 페르마의 마지막 정리를 꼽는다.

2.22 EXERCISE($n=2^k p_1 p_2 \cdots p_l$, 여기서 p_i는 페르마소수)

정다각형의 작도문제와 관련된 페르마소수에 대하여 알아보자(J. B. Fraleigh(Abstract Algebra)의 section 32). 정n각형이 작도 가능하면

$$n = 2^k p_1 p_2 \cdots p_l \ (p_i\text{는 페르마소수})$$

이므로 n이 소수인 경우 n은 페르마소수이다. 정3각형, 정5각형, 정17각형은 작도 가능하다. 그러나 7은 페르마소수가 아니므로 정7각형은 작도 불가능하다.

2.23 THE PROOF

소수의 집합이 유한(finite)이고 이들 중 제일 큰 소수를 p라 하자. 이제 2^p-1의 소수인 약수 $q|2^p-1$를 생각해보자. 먼저 $2^p\equiv 1 \pmod q$이므로 이를 군(group)에서 해석하면 "곱셈군(multiplicative group) $\{1, 2, \cdots, q-1\}$에서 2의 위수(oder)는 p"이다. 그 이유는 2의 위수를 $r(<p)$이라 하면 $p=sr+t(0\le t<r)$ 이고 $1=2^p=(2^r)^s2^t=2^t$로 모순을 얻기 때문이다. 따라서 Lagrange's Theorem에 의하여 위수 p는 q를 나누어야 한다. 이로부터 $p<q$이고, 우리가 선택한 p에 모순이 생긴다. 따라서 소수의 개수는 무한하다. ■

소수가 무한히 많다는 여러 가지 다양한 증명에 대하여 더 알아보고 이를 수업에 활용하자.

$1,000,000,000,000,000$이하의 정수 중에서 소수가 몇 개 존재할까? 물론 10 이하의 정수 중에서는 모두 4개의 소수가 존재한다. 이제 x보다 작은 소수의 개수를 처음으로 예측한 사람은 Gauss(1792)와 Legendre(1798, 1808)이다. 그들은 x보다 작은 소수가 $x/\ln x$ 개 정도 존재한다는 것을 예측하였다. 여기서 사용한 로그는 자연로그이다. $\pi(x)$를 1과 x 사이에 존재하는 소수의 개수라면

$$\lim_{n\to\infty}\frac{\pi(x)}{x/\ln x}=1 \qquad \text{(소수정리[62])}$$

1852년 P. L. Chebyshev는 본 가우스-르장드르 예측을 약화시켜 증명하였다. 즉, 매우 큰 x에 대하여

$$0.92129\times x/\ln x<\pi(x)<1.10555\times x/\ln x$$

한편 1859년의 리만제타함수

$$\zeta(s)=\sum_{n=1}^{\infty}n^{-s}$$

62) G. Tenenbaum and M. France, The prime numbers and their distribution, AMS, 2000.

에 대한 한 연구결과를 바탕으로 1896년 Hadamard와 La Vall'e e Pous``sin``는 서로 독립적으로 소수정리를 증명하였다.

중학생을 지도할 때는 자연로그를 무시하고 다음과 같이 사용하자.

2.24 THEOREM(중학생을 위한 소수정리)

$\pi(10^n)$을 10^n을 넘지 않는 소수의 개수라 하자. 이때

$$\pi(10^n) \fallingdotseq 4.3429 \times \frac{10^{n-1}}{n}$$ ■

예를 들면, 정확히 10자리로 이루어진 소수의 개수 $\pi(10^{10}) - \pi(10^9)$은 대략

$$\begin{aligned}\pi(10^{10}) - \pi(10^9) &= 4.3429\left(\frac{10^9}{10} - \frac{10^8}{9}\right) \\ &= 3.9086 \times 10^8.\end{aligned}$$

이 중 가장 재미있는 소수는 1234567891이다.

2.25 IN YOUR OWN WORDS(계산기를 활용한 교수법)

우주를 소수로 채울 때, 얼마나 많은 소수가 필요할까[63]? 약수와 배수 정의에서 0은 제외한다. 그러나 0은 모든 수의 배수로 볼 수 있다. 빅뱅이론이란 모든 수의 배수인 숫자 0이 폭발하여 1자리 소수, 2자리 소수 등을 계속 방출하여 우주가 팽창하고 있는 것이다. 지금은 몇 자리 소수들이 생성되어 우주가 팽창하고 있을까? 계산을 위하여 소수 한 개의 체적을 1입방미리미터로 가정하자. 예를 들어, 10자리 소수 1234567891의 체적은 1입방미리미터이다. 다음 지도안을 수업에 적용해 보자(과학 2에서 태양계 단원 참고).

63) 박제남, 수학이란 무엇인가, 범한서적, 2000(p. 40-42)

(소수 지도안) $\pi(10^n)$은 10^n을 넘지 않는 소수의 개수이고, 대략

$$\pi(10^n) \fallingdotseq 0.4343 \times \frac{10^n}{n}$$

이다. 우주의 나이를 150억년으로 하여 우주의 체적을 구해보자. 먼저 우주의 반경(r; 단위 : 미터)은

$$\begin{aligned} r &= (150\text{억 년}) \times (30\text{만 km/sec}) \\ &= 1.5 \times 10^{10} \times (365 \times 24 \times 60 \times 60) \times (3 \times 10^8) \\ &= 1.41912 \times 10^{26}(m) \end{aligned}$$

이므로

$$\begin{aligned} (\text{우주의 체적}) &= \frac{4}{3}\pi r^3 = \frac{4}{3} \times \pi \times (1.41912 \times 10^{26})^3 \\ &= 1.1971 \times 10^{79}(m^3) \end{aligned}$$

이다. 한편, 단위를 입방미리미터로 바꾸어 $\pi(10^n) \fallingdotseq 0.4343 \times \dfrac{10^n}{n}$와 같이 놓으면

$$0.4343 \times \frac{10^n}{n} = 0.1197 \times 10^{80} \times 10^9, \quad \frac{10^n}{n} = 0.27562 \times 10^{89}$$

(단위 : 입방미리미터)이고, 따라서 n은 89근처이므로 $n = 90, 91$을 대입하면 각각

$$\begin{cases} \pi(10^{91}) & = 4.7725 \times 10^{88} \\ \pi(10^{90}) & = 0.4825 \times 10^{88}, \\ (\text{우주의 체적}) & = 1.1971 \times 10^{88} \end{cases}$$

을 얻는다(단위는 입방미리미터). 따라서 우리의 우주는 90자리 소수들이 막 팽창이 완료하였고 91자리 소수들이 계속 팽창하고 있다고 할 수 있다. 즉, 우주는 약 150억년 전, 한 점 영(0, zero)이 엄청난 폭발을 일으킨 후 소수가 팽창을 계속하고 있다. 영(0, zero)의 폭발 순간에서 10^{-43}초 사이에 모든 한 자리 소수가 형성되었으며, 이때 온도는 10^{33}K(Kelvine) 이상이었다. 한편, 10^{-43}초에서 10^{-35} 사이에서는 두 자리까지의 소수로 우주는 팽창되었으며, 이때는 온도가 10^{32}K로 낮아졌다. 현재까지는 90자리 소수들이 막 팽창을 완료하였고, 91자리 소수들이 팽창을 계속하고 있다. ■

2.26 COROLLARY

92자리 이상의 소수는 존재하지 않는다. 따라서 소수의 개수는 유한하다. ■

다음에서 소수정리 $\lim_{n\to\infty}\frac{\pi(x)}{x/\ln x}=1$을 정적분으로 이해해 보자. l'Hospital's Rule과 테일러급수는 《고급수학 II》에서 다룬다.

2.27 THEOREM(소수정리의 정적분 $\int_2^\infty \frac{1}{\ln x}dx$)

(1) l'Hospital's Rule을 쓰면 다음과 같다.

$$\lim_{x\to\infty}\left[\left(\int_2^x \frac{1}{\ln(t)}dt\right)\Big/\left(\frac{x}{\ln(x)}\right)\right]=\lim_{x\to\infty}\left[\left(\frac{1}{\ln(x)}\right)\Big/\left(\frac{\ln(x)-1}{(\ln(x))^2}\right)\right]$$
$$=\lim_{x\to\infty}\frac{\ln(x)}{\ln(x)-1}=1$$

즉, "x가 충분히 큰 수일 때, $\pi(x)$는 정적분 $\int_2^x \frac{1}{\ln(t)}dt$와 매우 가깝다"

(2) $$\frac{1}{\ln(t)}=\frac{1}{\ln(t)}\frac{1}{t}e^{\ln(t)}$$
$$=\frac{1}{\ln(t)}\frac{1}{t}\left(1+\ln(t)+\frac{(\ln(t))^2}{2!}+\frac{(\ln(t))^3}{3!}+\cdots\right)$$
$$=\frac{1}{\ln(t)}\frac{1}{t}+\frac{1}{t}+\frac{(\ln(t))}{2!}\frac{1}{t}+\frac{(\ln(t))^2}{3!}\frac{1}{t}+\cdots$$

이므로 함성함수 미분법을 사용하면 다음을 얻는다.

$$\int\frac{1}{\ln(t)}dt=\ln(\ln(t))+\ln(t)+\frac{(\ln(t))^2}{2\cdot 2!}+\frac{(\ln(t))^3}{3\cdot 3!}+\frac{(\ln(t))^4}{4\cdot 4!}+\cdots$$ ■

독자들은 위 지도안 (2.25)에 연속해서 최근 많은 발전을 이루고 있는 「물질과 반물질」을 간단히 소개한 후 정다면체의 듀얼(dual)을 지도해 보자.

2.28 THEOREM

(1) 4 이하의 자연수 중에서 짝수는 2, 4로 두 개다. 이와 같이 x보다 작은 수들 중에서 짝수의 개수를 $even(x)$로 쓰면

$$even(3)=1,\ even(4)=2,\ even(5)=2,\ \cdots,\ even(100)=50$$

등 이다. 이제 비율 $even(x)/x$를 생각하면

$$\frac{even(4)}{4}=\frac{1}{2},\ \frac{even(5)}{5}=\frac{2}{5},\ \cdots,\ \frac{even(100)}{100}=\frac{1}{2}$$

이때 우리는 $\lim_{x\to\infty}\frac{even(x)}{x}=\frac{1}{2}$를 쉽게 예측할 수 있다.

(2) 비율 $\frac{x}{\pi(x)}$를 생각해보자.64) $\frac{2}{\pi(2)}=2$이다. 자연스럽게 비율이 3이 되는 경우를 찾아볼 수 있다. 조금 노력하면 $\pi(33)=11$이므로 $\frac{33}{\pi(33)}=3$이다. 참고로 다음은 2부터 11까지 해당하는 수이다.

$x/\pi(x)$	x	$x/\pi(x)$	x
2	8	7	3094
3	33	8	8427
4	120	9	24300
5	360	10	64720
6	1134	11	175197

이제 $\frac{x}{\pi(x)}=2013$인 정수 x의 존재를 증명해 보자.

증명 먼저, $\frac{x_0}{\pi(x_0)}\le 2013$을 만족하는 x_0는 존재한다. 만일 $\frac{x_0}{\pi(x_0)}=2013$이면 증명은 완성된다. 따라서 $\frac{x_0}{\pi(x_0)}\neq 2013$ 이라 가정하자. 물론 $\frac{w}{\pi(w)}>2013$을 만족하는 정수 w는 존재한다. 그 이유는 $\frac{x}{\pi(x)}$가 무한대로 증가하기 때문이다. 이제 집합

64) R. T. Harger and W. L. Hightower, An interesting property if $x/\pi(x)$. College Math. J. 40(3) **(2009)** 213-214.

$$\left\{y \in \mathbb{N} : x_0 \leq y < w,\ \frac{y}{\pi(y)} < 2013\right\}$$

중에서 제일 큰 수를 z라 하자. 즉,

$$z = \max\left\{y \in \mathbb{N} : x_0 \leq y < w,\ \frac{y}{\pi(y)} < 2013\right\}.$$

정의에 의하여

$$\frac{z}{\pi(z)} < 2013,\ \frac{z+1}{\pi(z+1)} \geq 2013$$

을 얻는다. 이를 정돈하면

$$2013\pi(z+1) \leq z+1 < 2013\pi(z)+1$$

따라서

$$0 \leq \pi(z+1) - \pi(z) < \frac{1}{2013}.$$

한편, $\pi(z)$, $\pi(z+1)$는 자연수이므로

$$\pi(z+1) = \pi(z)$$

즉,

$$2013\pi(z) \leq z+1 < 2013\pi(z)+1,\ 2013\pi(z) = z+1.$$

따라서 다음을 얻는다.

$$2013 = \frac{z+1}{\pi(z)} = \frac{z+1}{\pi(z+1)}.$$ ■

소수의 활용으로 암호론과 p-진체를 살펴보자. 먼저 오일러정리에 대하여 알아보자.

2.29 THEOREM(오일러정리)

양의 정수 n에 대하여 $\mathbb{Z}_n = \{0, 1, \cdots, n-1\}$라 하자. 집합 $\mathbb{Z}_n$의 원소 중에서 n과

서로소인 원소의 집합을 $\mathbb{Z}_n^\times$로 쓰고, 이 집합의 원소의 개수를 $\phi(n)$으로 나타내자. 우리는 함수 $\phi: \mathbb{N} \to \mathbb{Z}$를 오일러함수라 부른다. 이를 다시 반복하여 말하면 $\mathbb{Z}_n$은 가환환(commutative ring)이고 환에서 곱셈의 관한 역원을 모두 모아놓은 것이 집합 $\mathbb{Z}_n^\times$이다. 따라서 $\mathbb{Z}_n^\times$는 곱에 관한 군(group)이 된다. 즉, $\phi(n)$은 군 $\mathbb{Z}_n^\times$의 위수(order)이다. 그러므로 군 $\mathbb{Z}_n^\times$의 임의의 원소 a를 군의 위수 $\phi(n)$ 만큼 거듭 곱하면 항등원(identity) 1이 된다. 이를 오일러정리라 부르며 식으로 표현하면 다음과 같다.

$$\gcd(a,\ n) = 1 \Rightarrow a^{\phi(n)} \equiv 1 (\mathrm{mod}\, n). \qquad \text{(오일러정리)}$$

2.30 THEOREM(RSA[65])

충분히 크다고 가정할 수 있는 두 소수

$$p = 2595377,\ q = 104729$$

에 대하여 공개된 12자리의 수

$$n = pq = 271811237833$$

을 적군이 소인수분해 하려면 적당한 시간이 필요하다. 주어진 큰 정수 271811237833에 대한 소인수분해의 어려움은 오일러함수 $\phi(271811237833)$을 구하는데 있다. 즉, 271811237833을 인수분해 한다는 것은 $\phi(271811237833)$을 구하는 것이다. 그 이유는 독자들이 정수론에서 배운 정리

$$\phi(n) = \phi(pq) = (p-1)(q-1)$$

을 이용할 수 있기 때문이다. 따라서 우리는

$$\gcd(e,\ \phi(n)) = 1,\ 1 \leqq e \leqq \phi(n)$$

---

65) R.L. Rivest, A. Shamir, and L. Adleman, A method for obtaining digital signature and public key cryptosystems, Comm. ACM 21 (**1978**) 120-126.
Pohlig-Hellman 이 개발한 거듭제곱법을 변형한 것으로 이 암호체계의 안전성은 매우 큰 정수의 인수분해가 어렵다는 사실에 뿌리를 두고 있으며 암호화와 디지털 서명에 이용되고 있다.

인 e를 쉽게 얻을 수 있고 이를 공개하자. 이때 유클리디안 알고리즘을 사용하여

$$ed \equiv 1 (\mathrm{mod}\, \phi(n))$$

인 d를 구하고(다음 예제(2.31)에서 step2 참고), 이를 비공개한다. 따라서 공개된 271811237833에 대한 소인수분해의 어려움은 결과적으로 d를 구하는 어려움으로 귀착된다. 이때 암호문

$$a_1^e \cdots a_m^e \equiv b_1 \cdots b_m (\mathrm{mod}\, n)$$

은 평문

$$b_1^d \cdots b_m^d \equiv a_1 \cdots a_m (\mathrm{mod}\, n)$$

으로 전환된다. 그 이유를 살펴보자. $ed \equiv 1 (\mathrm{mod}\, \phi(n))$에서 적당한 정수 k가 존재하여

$$ed = 1 + \phi(n)k$$

이를 오일러정리

$$\gcd(a,\ n) = 1 \Rightarrow a^{\phi(n)} \equiv 1 (\mathrm{mod}\, n)$$

과 함께 사용하면

$$a^e \equiv b (\mathrm{mod}\, n) \Rightarrow b^d \equiv (a^e)^d \equiv a(a^{\phi(n)})^k \equiv a (\mathrm{mod}\, n)$$

따라서

$$a_1^e \cdots a_k^e \equiv b_1 \cdots b_k (\mathrm{mod}\, n) \;\Rightarrow\; b_1^d \cdots b_k^d \equiv a_1 \cdots a_k (\mathrm{mod}\, n).$$

한편, $\gcd(a,\ n) = 1$은 어떻게 보장될까? $\mathbb{Z}_n = \{0,\ 1,\ \cdots,\ \mathrm{n}-1\}$의 임의의 원소 a가 n과 서로소일 확률값은 $\dfrac{\phi(n)}{n}$이고, 이를 풀어쓰면

$$\frac{\phi(n)}{n} = \frac{(p-1)(q-1)}{pq} = \left(1 - \frac{1}{p}\right)\left(1 - \frac{1}{q}\right)$$

이므로 $n = pq$에서 $p,\ q$가 충분히 크면 $\gcd(a,\ n) = 1$일 확률값 $\left(1 - \dfrac{1}{p}\right)\left(1 - \dfrac{1}{q}\right)$은 1로 보아도 무방하다. 따라서 $\gcd(a,\ n) = 1$은 안전하게 보장된다. ■

실제 숫자가 작아 공학적 의미는 없지만, 구체적 이해를 위하여 다음 예를 들어보자 (TI-92 사용을 권장한다).

2.31 IN YOUR OWN WORDSE(계산기 활용 교수법)

$n=11\times 23=253$을 정한다. 이때

$$\phi(n)=\phi(11)\times\phi(23)=(11-1)\times(23-1)=220$$

이다. 253을 공개하고 두 소수 11, 23은 공개하지 않는다.

【Step1】 $\gcd(e,\ 220)=1$인 e를 우리 마음대로 정하여 공개하자.

☞ $e=17$

【Step2】 Euclidean Algorithm을 220과 17에 적용하여 비공개할 d를 구하자.

$$\begin{aligned}220&=17\times 12+16,\\ 17&=16\times 1+1.\end{aligned}$$

즉, $\gcd(220,\ 17)=\gcd(17,\ 16)=1$이다. 따라서

$$\begin{aligned}1&=17-16\times 1\\ &=17-(220-17\times 12)\times 1\\ &=17\times 13-220\times 1\end{aligned}$$

이므로 $d=13$을 알고리즘에서 얻고 이를 비공개한다.

【Step3】 선택된 평문 $a=100$에 대하여(물론 $\gcd(a,\ n)=\gcd(100,\ 253)=1$이어야 한다) $100^{17}\equiv 243 \pmod{253}$이다. 따라서 아군에게 전달된 암호문 $b=243$은 공개된 $n=253$과 비공개된 $d=13$에 의하여 아군은 계산

$$243^{13}\equiv 100 \pmod{253}$$

으로부터 평문 100을 얻는다. ■

암호체계를 공격해보자. 아군에게 전달된 암호문 b를 적군이 낚아채면 이미 공개된 e에 적당한 평문 a가 존재하여 $a^e = b$가 성립한다. 적군은 평문 a를 어떻게 구할까?

2.32 THEOREM(공격암호)

$b,\ b^e,\ b^{e^2},\ b^{e^3},\ \cdots$은 $\bmod n$에 관하여 1과 n사이의 정수이므로 정수 t가 존재하여 $b^{e^t} \equiv b \pmod n$이다. 따라서 $b^{e^{t-1}} \equiv a \pmod n$으로 택할 수 있으므로 기존 암호체계를 공격할 수 있다.

【Step1】 가로챈 암호문 $b = 243$을 적군이 해독하는 방법은 집합

$$243,\ 243^{17},\ 243^{17^2},\ \cdots$$

을 "$\equiv \pmod{253}$"으로 계산하는데 있다. 이를 직접 Maple을 이용하여 순서대로 구하면

$$243,\ 144,\ 12,\ 78,\ 210,\ 177,\ 188,\ 232,\ 133,\ 100,\ 243,\ \cdots$$

등으로 나타난다. 따라서 $243^{17^{10}} \equiv 243 \pmod{253}$이다. 그러므로 적군은 가로챈 암호문 $b = 243 \equiv \left(243^{17^9}\right)^{17} \pmod{253}$으로부터 평문

$$a = 100 \equiv 243^{17^9} \pmod{253}$$

을 알아낼 수 있다.

$e = 17$을 사용한 아군의 사용자를 갑이라 하자. 아군의 또 다른 사용자를 을이라 하자. 일반적으로 갑과 을이 $\gcd(e,\ 220) = 1$로 사용한 값을 각각 $e_1,\ e_2$라 하자. 이 두 수는 공개된 것이고 $\gcd(e_1,\ e_2) = 1$일 때, 어떤 문제가 발생하는지 알아보자.

【Step2】 평문 a는 공개된 두 수 $e_1,\ e_2$에 대하여 다음과 같이 암호문 $b_1,\ b_2$로 변형되어 갑과 을에게 전달된다.

$$\begin{cases} b_1 \equiv a^{e_1} (\bmod 253) \\ b_2 \equiv a^{e_2} (\bmod 253) \end{cases}$$

한편, $\gcd(e_1,\ e_2) = 1$이면 정수환 $\mathbb{Z}$에서 두 수 $e_1,\ e_2$에 의하여 생성된 이데알(ideal)이 정수환 자신 $\mathbb{Z}$이다. 따라서 이데알 입장에서 $\mathbb{Z} = e_1\mathbb{Z} + e_2\mathbb{Z}$이고 $1 \in \mathbb{Z}$이므로 두 정수 $x,\ y$가 존재하여 $1 = e_1x + e_2y$ 가 성립한다. 따라서 공개된 두 정수 $e_1,\ e_2$에 대하여 적군은 $1 = e_1x + e_2y$ 인 $x,\ y$를 구할 수 있다. 따라서 암호문 $b_1,\ b_2$를 입수한 적은

$$b_1^x b_2^y \equiv (a^{e_1})^x (a^{e_2})^y \equiv a^{e_1x + e_2y} \equiv a^1 = a (\bmod 253)$$

을 통하여 평문 a를 알아 낼 수 있다. ■

참고로, 타원곡선 $y^2 = x^3 + x - 9$ 를 이용하여 정수 $n = 137703491$과 같이 매우 큰 정수의 약수 17389를 구할 수 있다.[66)]

2.33 IN YOUR OWN WORDS(진로지도, 수학과 디자인 지도)

다음 포스터를 소재로 지도안을 작성해 보고 소수를 주제로 한 포스터를 만들어 교실에 전시하자.

포스터 : The London Underground의 포스터(10월 Maths Breaks the Code)

66) 박승안, 대수학과 암호학, 경문사(1999)(p. 404)

흔히 쓰이고 있는 RSA 암호체계는 인수분해에 기초를 두고 있다. 위의 포스터는 10, 33, 91은 쉽게 인수분해할 수 있지만

$$85779122932654454031623614621629972200431028 76199$$

와 같이 큰 수를 인수분해하는 것은 매우 어려운 일이라는 것을 강조하고 있다.67) 충분히 큰 두 소수

$$p = 67199803055971396836166693576 9, \ q = 1276478784635844 1471$$

에 대하여 공개된 수

$$n = pq = 8577912293265445403162361462162997220043102876199$$

를 인수분해 하는데 적당한 시간이 요구된다. 주어진 큰 수의 인수분해의 어려움은 오일러함수

$$\phi(8577912293265445403162361462162997220043102876199)$$

를 구하는데 있다. 이때 다음을 얻는다.

$$\begin{aligned}\phi(n) &= \phi(pq) = (p-1)(q-1) \\ &= 8577912293265445402490363431590518463835077498960.\end{aligned}$$

■

우리는 소수의 활용으로 간단한 암호론을 알아보았다. 이어서 유리수체 $\mathbb{Q}$에서 새로운 수체계를 만드는데 소수를 활용해 보자. 먼저 다음 질문을 생각해 보자.

질문 6 절댓값 $|\ |$의 용도는 무엇인가?

질문 7 순환소수 $0.999999\cdots$는 1이다. 방향을 바꾼 $\cdots 99999$는 얼마인가? 무한인가?

먼저, 소인수분해를 활용하여 세 가지 조건

① $|x| \ge 0$이고 $|x| = 0 \Leftrightarrow x = 0$,

67) > ifactor(8577912293265445403162361462162997220043102876199);
(6719980305597139683616669357 69)*(12764787846358441471)

② $|xy| = |x||y|$,

③ $|x+y| \le |x| + |y|$ (삼각부등식)

을 만족하는 새로운 절댓값을 만들어 보자.

유리수집합 $\mathbb{Q}$는 사측연산이 가능하지만 연결되지 않은 점들로 분포되어있다. 즉, 유리수집합에는 수많은 틈(gap)이 존재한다. 이런 틈을 메워 매끈한 직선으로 만든 집합을 우리는 실수집합이라고 한다(이 과정을 completion이라 부른다). 본 강의에선 Cauchy sequence를 이용하는 방법에 대하여 간략하게 알아보자.

2.34 DEFINITION(Equivalence Relation, Equivalence Class, Partition)

(1) 일반적으로 집합 $S(\neq \varnothing)$위에 정의된 관계(relation) 「$\sim$」가 다음 세 조건을 만족할 때, 이 관계를 집합 S에서의 동치관계(equivalence relation)라고 부른다.

① $x \sim x$ (반사율, reflexive)

② $x \sim y \Rightarrow y \sim x$ (대칭율, symmetric)

③ $x \sim y,\ y \sim z \Rightarrow x \sim z$ (추이율, transitive)

(2) 집합 S에서의 동치관계 「$\sim$」가 정의되어 있을 때, 두 원소 $x, y \in S$에 대하여 $x \sim y$일 때, x와 y는 서로 동치(equivalent)라 한다. 각 원소 x와 동치인 S의 원소 모임을 x에 의하여 결정된 동치류(equivalence class)라 하고

$$[x] = \{y \in S | x \sim y\}$$

로 나타낸다.

(3) 동치류 $[x]$로 이루어진 집합을 $S/\sim$로 표시하자. 즉

$$S/\sim = \{[x] | x \in S\}$$

이때 $S = \cup [x]$ 이고 x와 y가 동치관계가 아니면 $[x] \cap [y] = \varnothing$ 이다. 즉, 주어진 집합은 동치류들로 완전히 분할(partition)된다. ■

2.35 QUESTION

왜 원소 간에 관계(또는 동치관계)를 도입하는가?

원소 간의 관계를 사용는 목적은 대략 세 가지로 볼 수 있다. ⓐ 주어진 (수)집합으로부터 새로운 (수)집합을 만드는 것, ⓑ 주어진 함수의 정의역을 조절하여 이를 일대일(injective)로 만드는 것,[68] 그리고 ⓒ 사회현상설명[69] 같은 응용을 들 수 있다.

이에 대한 각 각의 예로 다음 연습문제를 해결해 보자. 독자들은 현대대수학에서 접한 제1동형정리(1st Isomorphism Theorem)를 찾아 참고하기 바란다.

2.36 EXERCISE

(1) 독자들은 집합 $S = \mathbb{Z} \times (\mathbb{Z} - \{0\})$에 "동치관계와 분할의 방법"을 사용하여 정수집합에서 유리수집합을 만들어보자.

(2) 함수 $f: A \to B$에 대하여 관계 G를

$$G = \{(x,\ y) \mid f(x) = f(y)\} \subseteq A \times A$$

로 정의하자. 우리가 사용한 기호를 동원하면 $x \sim y \Leftrightarrow (x,\ y) \in G$이고 G는 동치관계이다. x를 갖는 동치류를 G_x로 표시하고 동치류의 집합을 $A/G = \{G_x \mid x \in G\}$라 하자. 함수 $h: A/G \to f(A)$, $h(G_x) = f(x)$는 bijective이다. 즉, 정의역 A를 A/G로 조절하면 일대일 함수(injective map)를 만들 수 있다(군론(normal subgroup)이나 환론(ideal)에서 제1동형정리 참고).

(3) 지인관계 $x \sim y$를 Facebook에서 "friending"와 같이 대칭율(symmetric)을 가정하자. 즉, x가 y를 안다 $\Leftrightarrow$ y가 x를 안다. 일부 사람들의 모임을 S라 하고 $K(S)$를 S에 속한 모든 사람들을 아는 사람들의 집합이라 하자. 이때

68) C. Pinter(박찬녕 엮음), Lecture notes in set theory, 경문사, 2011(3.5절 참고)

69) J. Propp, A Galois connection in the social network, Math. Mag. 85 (**2012**) 34-36.

$$ⓐ\ S \subseteq S' \Rightarrow K(S') \subseteq K(S),\quad ⓑ\ S \subseteq K(K(S))$$

가 성립함을 설명하여 보자. 이 둘을 결합하면

$$K(K(K(S))) \subseteq K(S)$$

이고 ⓑ에서 S를 $K(S)$로 바꾸면

$$K(S) \subseteq K(K(K(S)))$$

이다. 따라서 다음을 얻는다.

$$K(K(K(S))) = K(S).$$ ■

2.37 DEFINITION(Cauchy Sequence)

$\{a_n\}$을 유리수로 이루어진 수열이라 하자. 임의의 양수 ϵ(매우 작은 양수)에 대하여 양의 정수 N이 존재하여

$$n,\ m \geq N \Rightarrow |a_n - a_m| < \varepsilon$$

을 만족할 때, 수열 $\{a_n\}$을 코시수열(Cauchy sequence)이라 부른다. ■

유리수로 이루어진 코시수열을 다 모아서 이 집합을 S로 표시하자. S의 두 원소 $f = \{a_n\}$과 $g = \{b_n\}$ 사이의 관계 '$\sim$'를 다음과 같이 정의하자.

$$f \sim g \Leftrightarrow |a_n - b_n| \to 0\ (n \to \infty).$$

위 관계는 동치관계이고, 동치류의 집합

$$S/\sim = \{[f] \mid f \in S\}$$

이 실수집합 $\mathbb{R}$이다. 즉, 실수집합 $\mathbb{R}$은 유리수집합 위에 정의된 절댓값 $|\ \ |$에 의하여 유리수로 만들어진 코시수열의 극한값의 모임이다. 환원하면 실수집합이란 유리수집합과 우리들이 사용하고 있는 절댓값 $|\ \ |$에 의하여 결정되는 새로운 집합이다. 이 시점에서 다음을 생각해보자.

2.38 QUESTION

절댓값$|\ \ |$이 변하면 실수집합이 아닌 새로운 수체계가 만들어질까?

정수의 소인수분해는 유일하게 결정되며 두 수 사이의 곱은

$$(2^5 17) \times (2^4 11^2) = 2^9 11^2 17$$

처럼 각 소수의 어깨에서 덧셈으로 계산한다. 소수(prime)의 인수분해 성질을 이용하여 새로운 절댓값을 정의하고 이를 바탕으로 새로운 수체계를 만들어 보자. 절댓값은 중학교 수학1에서 "원점 사이의 거리"로 정의되고 두 음수의 덧셈을 두 수의 절댓값의 합에 공통인 부호를 붙여 계산한다. 양의 정수와 음의 정수의 곱에서도 절댓값을 이용한다. 먼저 절댓값이 어떤 역할을 하는지 대학수준에서 알아보자.

유리수에서 실수를 만들 때, 가장 중요한 역할을 하는 것이 절댓값이다. 정의를 먼저 살펴보자. 유리수 x의 절댓값(absolute value) $|x|$의 정의는 다음과 같다.

$$|x| = \begin{cases} x & (x \geq 0) \\ -x & (x < 0) \end{cases} \tag{2-3}$$

식(2-3)은 유리수의 크기(norm)를 결정하는 하나의 함수

$$|\ \ | : \mathbb{Q} \rightarrow \mathbb{Q},\ |\ \ |(x) = |x|$$

이며, 다음 세 가지 성질을 가지고 있다.

$$\begin{aligned} &① \ |x| \geq 0 \text{이고} |x| = 0 \Leftrightarrow x = 0, \\ &② \ |xy| = |x||y|, \\ &③ \ |x+y| \leq |x| + |y| \ \text{(삼각부등식)}. \end{aligned} \tag{2-4}$$

실제, 크기라는 용어를 사용하려면 함수는 식(2-4)를 만족해야 한다. 이제 유리수집합 위에 식(2-3)이 아닌 다른 크기를 정의하여 보자. 즉, 유리수에서 식(2-4)를 만족하는 새로운 자를 만들어보자.

소수 p를 고정시키고, 0이 아닌 정수 m에 대하여 m을 소인수분해 했을 때, p의 최대 멱을 $\mathrm{ord}_p m$라 쓰자. 예를 들면

$$\mathrm{ord}_5 50 = 2,\ \mathrm{ord}_5 250 = 3,\ \mathrm{ord}_2 96 = 5,\ \mathrm{ord}_2 103 = 0$$

등이다. 한편, $\mathrm{ord}_p 0 = \infty$로 정의하면

$$\mathrm{ord}_p(mn) = \mathrm{ord}_p m + \mathrm{ord}_p n$$

임을 보일 수 있다(지수법칙). 한편, 유리수 $q = m/n$에 대하여,

$$\mathrm{ord}_p q = \mathrm{ord}_p \frac{m}{n} = \mathrm{ord}_p m - \mathrm{ord}_p n$$

로 정의하자. 위 식은 q에만 의존하고, q를 표현하는 m, n과는 무관함을 확인하기 바란다.

2.39 DEFINITION

p를 소수라하자. 유리수집합에서 함수 $|\ |_p : \mathbb{Q} \to \mathbb{Q}$를

$$|x|_p = p^{-\mathrm{ord}_p x}\ (0 \neq x \in \mathbb{Q}), \quad |0|_p = 0 \tag{2-5}$$

로 정의하자.

2.40 THEOREM

p를 소수라하자. 식(2-5)에서 정의된 함수 $|\ |_p$가 식(2-4)와 특별한 부등식

$$|x+y|_p \le \max(|x|_p, |y|_p)$$

를 만족한다.

풀이 $|\ |_p$가 삼각부등식을 만족함을 보이자. 나머지 증명은 독자에게 맡기겠다. 0이

아닌 x, y, $x+y$에 대하여 $x=a/b$, $y=c/d$로 더 이상 약분이 안 되는 형태로 가정하자. $x+y=(ad+bc)/bd$이므로

$$\mathrm{ord}_p(x+y)=\mathrm{ord}_p(ad+bc)-\mathrm{ord}_p b-\mathrm{ord}_p d$$

이다. 한편,

$$\mathrm{ord}_p(ad+bc)\geq \min(\mathrm{ord}_p ad,\ \mathrm{ord}_p bc)$$

이므로

$$\begin{aligned}\mathrm{ord}_p(x+y) &\geq \min(\mathrm{ord}_p ad,\ \mathrm{ord}_p bc)-\mathrm{ord}_p b-\mathrm{ord}_p d\\ &=\min(\mathrm{ord}_p a+\mathrm{ord}_p d,\ \mathrm{ord}_p b+\mathrm{ord}_p c)-\mathrm{ord}_p b-\mathrm{ord}_p d\\ &=\min(\mathrm{ord}_p a-\mathrm{ord}_p b,\ \mathrm{ord}_p c-\mathrm{ord}_p d)\\ &=\min(\mathrm{ord}_p x,\ \mathrm{ord}_p y)\end{aligned}$$

를 얻는다. 따라서 다음 부등식이 성립한다.

$$\begin{aligned}|x+y|_p=p^{-\mathrm{ord}_p(x+y)} &\leq \max(p^{-\mathrm{ord}_p x},\ p^{-\mathrm{ord}_p y})\\ &=\max(|x|_p,\ |y|_p)\leq |x|_p+|y|_p.\end{aligned}$$

■

2.41 EXAMPLE

우리는 $|x|_p$를 x의 p-진절댓값(p-adic absolute value of x)이라 부른다. 예를 들면,

$$|6|_3=|15|_3=\frac{1}{3},\ \left|\frac{1}{4}\right|_2=\left|\frac{3}{4}\right|_2=4.$$

등이다. ■

우리는 새로운 크기함수 $|\ |_p$를 정의하였다. 유리수로 이루어진 코시수열 사이에 동치관계를 정의하는데 $|\ |_p$를 사용하자. 그리고 새로운 수체계를 만들자.

2.42 DEFINITION

소수 p를 고정하자. 유리수로 이루어진 코시수열을 모두 모아 이 집합을 S로 표시하자. S의 두 원소 $f=\{a_n\}$와 $g=\{b_n\}$ 사이의 관계 '$\sim$'를 다음과 같이 정의하자.

$$f \sim g \Leftrightarrow |a_n - b_n|_p \to 0 \ (n \to \infty).$$

본 관계는 동치관계이고 동치류의 집합

$$S/\sim = \{[f] \mid f \in S\}$$

를 $\mathbb{Q}_p$로 표시하고 각 원소를 p-진수라 부른다. 이 p-진수집합은 유리수집합을 품는 수체계로 실수집합과는 본질적으로 다르다. ■

실수체계에서 주어진 원의 중심은 유일하고 임의의 모양의 삼각형이 존재한다. 그러나 수체계가 일반화되었을 때, 예상치 않은 일이 벌어질 수 있다.

2.43 EXAMPLE

(1) 수열 $a_n = 1 + p + p^2 + \cdots + p^{n-1}$은 $\mathbb{Q}_p$에서 코시수열이고 0으로 수렴한다. 즉,

$$|a_{n+k} - a_n|_p = |p^n + p^{n=1} + \cdots + p^{n+k-1}|_p = \frac{1}{p^n} \to 0.$$

(2) 수열 4, 34, 334, 3334, 33334, $\cdots$는 $\mathbb{Q}_5$에서 2/3로 수렴하는 코시수열이다. ■

2.44 THEOREM

$\mathbb{Q}_p$의 세계에서 모든 삼각형은 이등변삼각형이다.

증명 $x, y \in \mathbb{Q}_p$일 때, $x - y \in \mathbb{Q}_p$이다. $|x|_p < |y|_p$를 가정하고 다음 삼각형을 보자.

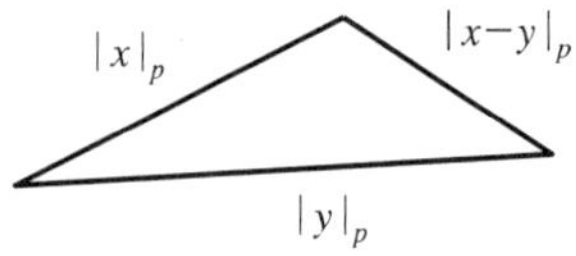

이때

$$|x-y|_p \leq \max(|x|_p,\ |y|_p) = |y|_p$$

이고

$$|y|_p = |x-(x-y)|_p \leq \max(|x|_p,\ |x-y|_p) \leq |x-y|_p$$

이므로 $|x-y|_p = |y|_p$이다. 따라서 모든 삼각형은 이등변삼각형이다. ■

2.45 THEOREM

$\mathbb{Q}_p$의 세계에서 원의 중심은 무수히 많다.

증명 중심이 $a \in \mathbb{Q}_p$이고 반지름이 $r \in R,\ r \geq 0$인 개원판은

$$disc(a,\ r) = \{x \in \mathbb{Q}_p \mid |x-a|_p < r\}$$

이다. b를 $disc(a,\ r)$에서 임의로 택하자. 만일 $x \in disc(a,\ r)$이면 $|x-a|_p < r$이다. 정리(2.40)으로부터

$$|x-b|_p = |(x-a)+(a-b)|_p \leq \max(|x-a|_p,\ |a-b|_p) \leq r$$

이므로 $x \subset disc(b,\ r)$. 따라서 $disc(a,\ r) \subset disc(b,\ r)$이다. 같은 방법으로 $disc(b,\ r) \subset disc(a,\ r)$을 얻는다. 그러므로 $disc(a,\ r) = disc(b,\ r)$이다. 따라서 주어진 원의 중심은 무한히 많다. ■

정리(2.45)에 대한 필자의 생각은 써보면 다음과 같다. : 원은 우주이고 원 내부의 점은 우리 인간들이다. 따라서 우리 인간 모두는 우주의 중심이다. 본 정리는 인간의 존엄성을 언급한 것이다.

다음은 순환소수를 지도한 후, 방과 후에 활용할 지도안이다

2.46 IN YOUR OWN WORDS

앞에 내용을 바탕으로 수학②에서 지도하는 순환소수를 수업시간에 활용해 보자.

【질문 1】 순환소수 $0.\dot{9}$를 분수로 나타내어라.

현행 교과서에서 제시된 순환소수의 방향을 달리하여 즐겨보자.

순환소수 $0.\dot{9}=0.999999\cdots$에서 숫자 9가 오른쪽으로 무한히 붙여지는 것처럼 왼쪽으로 무한히 붙여지는 것을 생각해보자.

【질문 2】 $\cdots 99999$란 무엇인가? 무한일까? 교과서에 있는 방법으로 접근해보자.
【질문 3】 다른 계산방법을 써도 $\cdots 99999=-1$이 나올까?
【질문 4】 $\cdots 99999=-1$을 어떻게 인식해야하는가? 자신의 생각을 써보자.

10을 0으로 보는 mod 10계산에 대하여 알아보자. 이는 10개의 원소로 이루어진 수체계로 등식은 $\equiv_{10}$을 사용하자. 예를 들어,

$$14\equiv_{10}4,\ -19\equiv_{10}1$$

처럼 두 수 a, b의 차이가 10의 배수이면 $a\equiv_{10}b$로 표시하자. 즉,

$$a\equiv_{10}b \Leftrightarrow a-b=10k(\text{여기서 } k\text{는 적당한 정수})$$

이다. 따라서 모든 수는 mod10계산에 의하여 $\{0,\ 1,\ 2,\ \cdots,\ 9\}$이다. 한편, $3\times7=21$이므로 이를 분수로 표현하면 $3\equiv_{10}\frac{1}{7}$이다. 5처럼 10과 서로소가 아닌 수의 역원은 존재하지 않으며 3과 같이 10과 서로소인 수만 역원을 갖는다. 10과 서로소인 것은 1, 3, 7, 9이다.

> **정의 1 ▌** p, q가 10과 서로소일 때,
>
> $$\frac{l}{p} \equiv_{10} \frac{m}{q} \Leftrightarrow lq \equiv_{10} mp.$$

예를 들어, $4 = \dfrac{4}{1}$를 유리수로 나타내면

$$\frac{4}{11},\ 9\frac{5}{7},\ 1\frac{1}{7},\ -\frac{2}{7}.$$

이제 앞에서 사용한 10을 일반적인 거듭제곱 10^n에 대하여 생각해보자.

$\bmod 10^n$ 계산에 쓰이는 숫자는 모두 10^n개로 $\{0,\ 1,\ 2,\ \cdots,\ 10^n-2,\ 10^n-1\}$이다. 여기서 1, 3, 7, 9 처럼 10^n과 서로소인 수는 곱에 관한 역원을 가지며 이를 분모로 하는 분수를 앞에서 한 것처럼 정의할 수 있다. 즉,

$$\frac{l}{p} \equiv_{10^n} \frac{m}{q} \Leftrightarrow lq \equiv_{10^n} mp \Leftrightarrow 10^n \mid (lq - mp).$$

예를 들어 $\bmod 10^6$ 계산에서 4를 표현해보면 다음과 같다.

$$333337\frac{1}{3},\ 142861\frac{1}{7}.$$

우리는 숫자가 오른쪽으로 반복되어 나타나는 경우를 생각하고 있다. 왼쪽으로 반복되는 숫자의 개수를 왼쪽 어깨에 표시하자. 예를 들어

$${}^{6}\overleftarrow{7} = 777777,\ {}^{6}\overleftarrow{27} = 272727,\ {}^{6}\overleftarrow{12345} = 512345$$

이다. 위 표현을 $\bmod 10^6$ 계산에서 알아보자.

(1) ${}^{6}\overleftarrow{27} = 272727$일 때,

$$10^2 \times {}^{6}\overleftarrow{27} = 27272700 \equiv_{10^6} 272700 = {}^{6}\overleftarrow{27} - 27,$$

$$ {}^{6}\overleftarrow{27}(10^2-1) \equiv_{10^6} -27, \quad {}^{6}\overleftarrow{27} \equiv_{10^6} \frac{-27}{10^2-1} $$

위 계산을 일반적인 식으로 쓸 수 있을까? 다음 예를 시도해보면 일반적인 식을 도입하는데 도움이 된다.

(2) ${}^{6}\overleftarrow{1234567} = 234567$

$$ 10^7 \times {}^{6}\overleftarrow{1234567} \equiv_{10^6} 0 \equiv_{10^6} {}^{6}\overleftarrow{1234567} - 1234567 $$

이고 따라서

$$ (10^7-1)\,{}^{6}\overleftarrow{1234567} \equiv_{10^6} -1234567 \ \text{또는}\ {}^{6}\overleftarrow{1234567} \equiv_{10^6} \frac{-1234567}{10^7-1} $$

이다. 예를 들어 $13579 = a_4a_3a_2a_1a_0$로 표시하자. 자릿수가 5자리이므로

$$ 13579 = a_4a_3a_2a_1a_0 = a(5) $$

로 표시하면 편리하다. 이를 바탕으로 다음 식을 얻는다.

$$ {}^{n}\overleftarrow{a(k)} \equiv_{10^n} \frac{-a(k)}{10^k-1} $$

본 식에서 오른쪽은 $n(=6)$과 관계가 없음을 위 두 예에서 알 수 있다. 따라서 다음과 같은 새로운 정의를 내리자.

정의 2 ❙ $\overleftarrow{a(k)} = \dfrac{-a(k)}{10^k-1}$ (이 값을 모듈 10 유리수라 부른다.)

몇 개의 예를 들면,

$$ \overleftarrow{9} = -\frac{9}{9} = -1, \quad \overleftarrow{27} = \frac{-27}{10^2-1} = -\frac{3}{11}, \quad \overleftarrow{12345} = \frac{-12345}{10^5-1} = -\frac{4115}{33333}. $$

물론 본 계산은 $n=6$일 때, $\mathrm{mod}\,10^6$ 계산과 동일하다. 즉,

$$ {}^{6}\overleftarrow{9} = 999999 \equiv_{10^6} -1, $$

$${}^{6}\overleftarrow{27} = 272727 \equiv_{10^6} -\frac{3}{11} \quad (\text{여기서 } 272727 \times 11 + 3 = 3000000),$$

$${}^{6}\overleftarrow{12345} = 512345 \equiv_{10^6} -\frac{4115}{33333}$$

(여기서 $512345 \times 33333 + 4115 = 17078000000$).

(지도할 때, 참고사항) 정수 k에 대하여, $10^n | k$, $10^{n+1} \nmid k$(즉, k를 나누는 가장 큰 10의 멱이 n)일 때, $|k|_{10} = 10^{-n}$이다. 이 정의를 사용하면

$$|{}^{n}\overleftarrow{9} - (-1)|_{10} = |10^n|_{10} = 10^{-n} \to 0 \, (n \to \infty)$$

이다(물론 식(2-4)에서 10이 소수가 아니므로 한 가지를 만족 못한다.) ■

2.47 IN YOUR OWN WORDS(수학과 디자인 지도)

소수를 주제로 미술지도를 하여보자.

2.48 IN YOUR OWN WORDS(수학과 계산기 활용 교수법)

우리가 알아본 (2.6), (2.13), (2.24), (2.25), (2.31), 그리고 앞으로 다룰 (3.1), (3.2), (3.3), (3.7), (3.11), (3.12), (3.13), (4.16), (4.19) 등은 TI-92와 같은 계산기를 필요로 한다. 제7차교육과정에서는 계산기를 활용한 실생활 수업을 강조하였다. 그러나 7차교육과정 기간에 계산기를 수업이나 평가에 사용한 수학교사는 매우 적다고 본다. 문제점에 대하여 생각해 보고, 특히, 통계영역에서 표준편차를 지도할 때, 교과서는 계산기 사용을 어떻게 제시하였는지, 그리고 그 이유가 무엇인지 알아보자. 한편, 현 개정교육과정에서는 표준편차를 어떤 공식으로 사용하고 있는지 알아보자. 그리고 최근 수학교육에서 계산기 사용문제가 대두되기도 하였다. 올 봄, 고교 수학시험 때, 전자계산기 허용방침이 유보되었는데 이를 두고 문화일보는 공식 암기와 계산능력 평가에서 벗어나 논리·창의적 사고능력을 키우는 '재미있고 쉬운 수학'으로의 전환을 모색하던 교과부의 행보에 제동이 걸린 것으로 보도하였다(2011년 5월 19일).

수학교육에서 올바른 계산기 사용을 위한 교육환경(평가, 교과서 등)과 교수법에 대하여 의견을 제시해 보자. 또한, 현재 활발하게 진행되고 있는 교과교실제를 살펴볼 때, 기자제 구입 등에서 계산기는 어떤 대접을 받고 있는지 알아보자. 다음 기사를 통하여 우리 사회가 계산기 사용에 대하여 어떤 인식을 가지고 있는지 생각해보사.

미국의 실패한 수학 실험 뒤쫓을 셈인가(조선일보 2011.3.8. 김형기)

미국에 이민 가서 중·고등학교를 마친 한 학생이 자기 블로그에 글을 올렸다. "서울 떠나온 지 7년, 깜짝깜짝 놀랄 때가 있다. 가게에서 물건 살 때 세금 계산이 얼른 안 된다. 식당에서 메뉴 주문할 때도 가짓수가 두세만 넘으면 합산이 안 된다. 미국 학교 와서부터 수학시간에 계산기를 썼다. 그래서 내 뇌가 퇴화한 건가…." 수학 수업이나 시험시간에 계산기를 쓰게 하는 나라와 그렇지 않은 나라가 있다. 미국·영국·호주 등이 전자에, 한국·일본·싱가포르 등이 후자에 속한다. 그런데 얼마 전 우리 교육과학기술부가 고등학교 수학시험에 계산기 사용을 허용하는 방안을 검토하겠다고 밝혔다. 사교육 유발 주범인 문제풀이식 수학교육을 실생활과 연계된 '쉽고 재미있는 수학'으로 바꾸겠다면서 한 말이다. 만약 이 구상대로 계산기 허용이 현실화된다면 우리 60년 교육사(史)에 최대사건의 하나로 기록될 것이다.수학 수업에 계산기를 쓰게 할 것인가 말 것인가는 세계 교육계의 오래된 논란거리다. 허용하자는 쪽은 단순한 계산훈련보다 수학의 기본 개념을 이해하고 폭넓은 사고를 하도록 하는 것이 진짜 교육이라고 주장한다. 반대쪽은 어린 나이부터 기본계산이 손과 머리에서 익숙해지도록 훈련시켜야 한 차원 높은 개념도 쉽게 이해할 수 있고 그걸 바탕으로 창의력도 키울 수 있다고 주장한다. 이 논쟁의 배경에는 진보주의 교육관과 전통주의 교육관의 뿌리깊은 대립이 자리 잡고 있다. 이 논쟁이 가장 뜨거웠던 나라가 미국이다. 1989년 미국 수학교사협의회(NCTM)가 수업에 계산기 사용을 허용한다는 방침을 발표하면서 이후 몇 년간 '수학전쟁(Math Wars)'이라 불리는 대논쟁이 벌어졌다. 이 싸움에서 계산기 허용파가 이기면서 1994년부터 수학 수업은 물론 대학수학능력시험(SAT)까지 계산기를 지참할 수 있게 됐다. 그 후의 상황은 우리가 익히 아는 바다. OECD 국제학업성취도 평가에서 미국 학생들의 수학·과학 점수는 한 번도 참가국 평균치를 넘지 못한 채 바닥에서 맴돌고 있다. 미국 자체 학력평가에서도 8학년 학생의 14%만이 7학년 수준 이상의 점수를 받고, 12학년(고3)마저 절반가량만이 7학년 수준 문제를 풀 줄 안다.계산기 사용과 수학 실력 사이의 상관관계를 과학적으로 입증하는 이론은 아직 없다. 하지만 계산기를 쓰는 영국·호주 학생들의 수학 성적도 OECD 국가 중 중간 이하다. 반면 계산기를 쓰지 않는 한국·일본·싱가포르 학생들은 항상 최상위권이다. 최소한 정황증거는 있는 셈이다. 무엇보다도 미국이 후회하고 있다. 2006년 조지 부시 대통령의 요청에 따라 '수학전쟁'의 쟁점들을 면밀히 검토한 국가수학자문단(NMAP)은 2008년 "(진보 쪽 주장인) 수학 개념의 이해와 (전통 쪽 주장인) 계산 능력의 함양은 어느 한쪽이 아니라 똑같이 중요하다"는 보고서를 냈다. 사실상 계산기 허용파의 패배를 선언한 것이다.미국이 지금도 계산기 수학 수업을 하고 있는 것은 계산기 수업세대가 교사가 되어 교실을 장악하고, 계산기 공급 시장(市場)의 덩치가 너무 커져버려 돌아가고 싶어도 돌아갈 수 없게 됐기 때문이다. 우리가 계산기 수학 수업을 도입한다면 미국의 17년 전 실패한 선택을 뒤쫓아가는 것이 된다. 세계가 부러워하는 우리 수학교육의 장점을 포기하려면 미국의 전철을 밟지 않게 할 완벽한 논리와 확실한 보장책을 제시해야 한다.

제 3 장

피타고라스짝

(Pytagorean Triple)

방정식 $X^2+Y^2=Z^2$ 양의 정수해 $(a,\ b,\ c)$를 피타고라스짝(Pythagorean triple)이라 부른다. 2009 개정 교육과정 수학③에서 처음으로 피타고라스짝을 도입 정의하고 있다. 각 변의 길이가 정수인 삼각형을 피타고라스 삼각형이라 하고 이때의 넓이를 피타고라스 수(Pythagorean number)라 한다.

이와 같은 정의를 바탕으로 현재까지 진행되고 있는 정수론적 발전을 요약하면 다음과 같다.

피타고라스 정리에서 가장 오래되고 중요한 결과는 $\sqrt{2}$가 유리수가 아니라는 것이다. 이는 히파수스(Hippasos)의 발견으로 여겨지며 이를 파타고라스 학파는 비밀로 하기로 했으나 히파수스는 이를 어기고 발설을 하였다. 필자는 히파수스의 행동을 지동설을 주장한 갈릴레이의 위대한 행동과 비교하곤 한다. 히파수스에 변절 이후 Plato은 유리수가 아닌 수의 발견에 대한 중요성을 인지하고 곧 이를 "정사각형의 대각선과 변의 비가 유리수가 아니라는 것을 모르면 인간으로 불릴 자격이 없다"[70]로 표현하였다. 환원하면 2개의 피타고라스 삼각형으로 나누어지는 정사각형은 존재하지 않는다. 3개로 나누어지는 정사각형이 존재하지 못하는 거도 쉽게 보일 수 있지만 4개로 나눌 수 없다는 완벽한 증명은 학부 수준을 넘어 선다. 즉, 곡선(Elliptic curve)

$$y^2=x(x+1)(x-4)=x^3-3x^2-4x$$

의 유리수인 해 $(x,\ y)$를 찾는 문제이다$(x>4)$. 환원하면 $\gcd(a,\ b)=1$인 두 피타고라스짝 $(a,\ a+b,\ m)$, $(b,\ a+b,\ n)$은 존재하지 않는다는 것이다. 결국 $m\geq 5$일 때, m개의 피타고라스 삼각형으로 나누어지는 정사각형은 존재한다. 한편, 페르마는 넓이가 1이고 각 변의 길이가 유리수인 직각삼각형이 존재하지 못한다는 것을 증명하였다. 157인 경우는 존재한다. 그러나 일반적인 수에 대하여는 아직 해결을 못하고 있다.

본 장에서는 삼각비와 피타고라스짝을 다룬다. 연대가 B.C. 1900~B.C. 1600으로 추정되는 고대 바빌로나아인의 점토판(Plimpton 322)을 자세히 알아보았다. Plimpton 322는 삼각비로 말하면 각도가 $44.76°$에서 $31.89°$까지 15개로 나누어 이에 대한 $(1/\cos\theta)^2$을

70) One who is not aware that the side and the diagonal of a square are incommensurable does not deserve to be called a man.

기록한 것이고 피타고라스짝으로 말하면 (119, 120, 169), (3367, 3456, 4825), … 등 모두 15개를 기록한 것이다. 이와 같이 정수 입장에서 보면 삼각비나 피타고라스짝은 같은 개념이다.

천체 관측에 따른 계산에서 필요로 하는 삼각비를 구한 프톨레마이오스(Ptolemy)의 현표를 소개하였다. 프톨레마이오스는 중심각이 $\frac{1}{2}°$에서 180°까지 $\frac{1}{2}$도 간격으로 이에 해당하는 현의 길이 360개를 구했는데 그의 계산방법을 알아보았다.

10세기 경에 아랍 수학자들에 의하여 피타고라스짝이 모두 구해진다. 피타고라스, 플라톤, 그리고 디오판토스가 일부 피타고라스짝을 어떻게 구했는지 소개하였다. 또한 피타고라스짝에서 만들어지는 삼각형의 넓이를 피타고라스수라 부른다(예를 들면 (3, 4, 5)가 피타고라스짝이므로 6은 피타고라스수이다). 피타고라스수를 만드는 방법을 알아보았다.

3.1 삼각비와 피타고라스짝(Plimpton 322)

점토판의 크기는 $13 \times 9 \times 2cm$이다. 뉴욕에서 출판업을 하는 George A. Plimpton의 이름에서 따왔는데 그는 역사적인 수학책 등의 모든 소장품을 1930년대 중반에 콜럼비아 대학에 기증하였다. 그는 이 점토판을 1922년 경에 Edgar J. Banks로부터 10달러에 구입하였는데 Banks는 이 점토판을 이라크 남쪽 Senkereh로 불리는 유적지에서 구했다고 한다. Senkereh의 옛 지명은 Larsa이다. 기원전 1900년에서 기원전 1600년 사이로 연대가 추정되며 60진법으로 쓰여져 있다.

1:59:00:15	1:59	2:49	1
1:56:56:58:14:50:06:15	56:07	1:20:25	2
1:55:07:41:15:33:45	1:16:41	1:50:49	3
1:53:10:29:32:52:16	3:31:49	5:09:01	4
1:48:54:01:40	1:05	1:37	5
1:47:06:41:40	5:19	8:01	6
1:43:11:56:28:26:40	38:11	59:01	7
1:41:33:45:14:03:45	13:19	20:49	8
1:38:33:36:36	9:01	12:49	9
1:35:10:02:28:27:24:26	1:22:41	2:16:01	10
1:33:45	45	1:15	11
1:29:21:54:02:15	27:59	48:49	12
1:27:00:03:45	7:12:1	4:49	13
1:25:48:51:35:06:40	29:31	53:49	14
1:23:13:46:40	56	53	15

1) Plimpton 322의 오류 수정

플림톤에는 세 군데 오류가 있다. 먼저 이를 수정해보자.

① 첫 번째 오류 : 9째 줄

점토판을 만드는 과정에서 8 : 1을 9 : 1로 단순히 잘못 기입한 것으로 짐작할 수 있다. $8:1 = 8\times 60+1 = 481$로 고치면 피타고라스짝 (481, 600, 769)를 얻는다.

② 두 번째 오류 : 13째 줄

점토판을 만드는 과정에서 25921의 제곱근 $161 = 2\times 60+41 = 2:41$을 점토판에 써 넣어야하는데 이를 잊고 $25921 = 7:21:1$로 잘못 기입한 것으로 추측할 수 있다.

③ 세 번째 오류 : 15째 줄

두 수 56, 53으로는 피타고라스짝을 만들 수 없다. 그러나 53의 2배 106을 사용하면 (56, 90, 106)은 피타고라스짝이다. 따라서 점토판에 있는 53은 106=1 : 46으로 바꾸어야한다.

2) 60진법을 10진법으로 고쳐보자.

① 첫째 칸 1:59:00:15를 십진법으로 고치면

$$1:59:00:15 = 1+59\times\frac{1}{60}+15\times\frac{1}{60^3} = \frac{28561}{14400} = \frac{169^2}{120^2}$$

② 둘째 칸 1 : 56 : 56 : 58 : 14 : 50 : 06 : 15를 십진법으로 고치면

$$\begin{aligned}&1:56;56:58:14;50:06:15\\&=1+56\times\frac{1}{60}+56\times\frac{1}{60^2}+58\times\frac{1}{60^3}+14\times\frac{1}{60^4}+50\times\frac{1}{60^5}+6\times\frac{1}{60^6}\\&\quad+15\times\frac{1}{60^7}\\&=\frac{23280625}{11943936}=\frac{4825^2}{3456^2}\end{aligned}$$

3) 두 수 $\frac{169^2}{120^2}$, $\frac{4825^2}{3456^2}$을 살펴보면 점토에 새겨져 있는 수가 단지 피타고라스짝만을 의미하는 것이 아니라 삼각비와도 관련 있다는 것을 알 수 있다.

① 직각삼각형에서 $a=120$, $c=169$이면 그 사잇각 θ는 $\cos\theta = 120/169$에서 계산기를 쓰면 $\theta = 44.76°$이다.

② 다시 말하면, 점토의 첫째 칸에 있는 수들은 직각 삼각형(특히, 피타고라스 삼각형)에서 밑변과 빗변의 비의 제곱을 알려주는 값이고 이것은 결국 cosine의 값을 나타내므로 점토판은 각도가 31.89도부터 44.76도에 이르는 삼각비를 나타낸 표이다. 이로부터 당시 바빌로니아인들이 삼각비의 값을 표로 만들어 사용했다는 것을 알 수 있다.

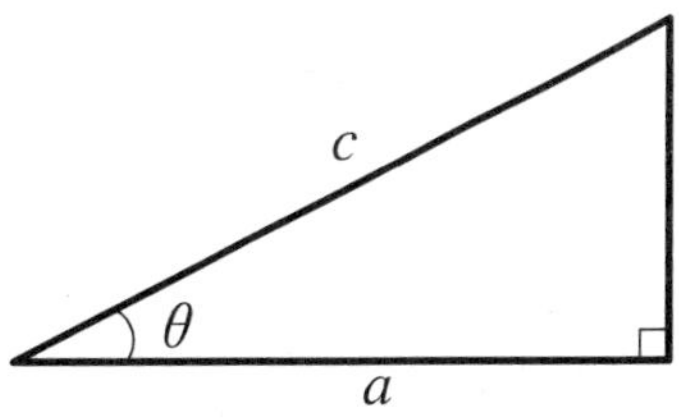

③ 이제 점토의 첫째 칸으로부터 각도를 계산하면 다음과 같다. 독자들도 TI-92 등의 분수계산 능력이 있는 계산기를 사용하여 방과후에 학생들을 지도해 보자. 또한 연이어 제공되는 프톨레마이오스가 히파르쿠스의 저서를 인용하여 만든 것으로 여겨지는 그의 저서 《Almagest》에서 다룬 후속적인 현 표를 지도해 보자.

첫째 칸	$(1/\cos\theta)^2$	각도(θ)	높이	빗변(c)	밑변(a)	줄
1 : 59 : 00 : 15	$(169/120)^2$	44.76	119	169	120	1
1 : 56 : 56 : 58 : 14 : 50 : 06 : 15	$(4825/3456)^2$	44.25	3367	4825	3456	2
1 : 55 : 07 : 41 : 15 : 33 : 45	$(6649/4800)^2$	43.78	4601	6649	4800	3
1 : 53 : 10 : 29 : 32 : 52 : 16	$(18541/13500)^2$	43.27	12709	18541	13500	4
1 : 48 : 54 : 01 : 40	$(97/72)^2$	42.07	65	97	72	5
1 : 47 : 06 : 41 : 40	$(481/360)^2$	41.54	319	481	360	6
1 : 43 : 11 : 56 : 28 : 26 : 40	$(3541/2700)^2$	40.31	2291	3541	2700	7
1 : 41 : 33 : 45 : 14 : 03 : 45	$(1249/960)^2$	39.77	799	1249	960	8
1 : 38 : 33 : 36 : 36	$(769/600)^2$	38.72	481	769	600	9
1 : 35 : 10 : 02 : 28 : 27 : 24 : 26	$(8161/6480)^2$	37.44	4961	8161	6480	10
1 : 33 : 45	$(75/60)^2$	36.87	45	75	60	11
1 : 29 : 21 : 54 : 02 : 15	$(2929/2400)^2$	34.98	1679	2929	2400	12
1 : 27 : 00 : 03 : 45	$(289/240)^2$	33.86	161	289	240	13
1 : 25 : 48 : 51 : 35 : 06 : 40	$(3229/2700)^2$	33.26	1771	3229	2700	14
1 : 23 : 13 : 46 : 40	$(106/90)^2$	31.89	56	106	90	15

3.2 REMARK

수학자 프톨레마이오스가 히파르쿠스의 저서를 인용하여 만든 것으로 여겨지는 그의 저서(Almagest)에서 다룬 후속적인 현 표를 보면, 반지름의 길이가 60인 원에서 중심각이 $\frac{1}{2}°$, $1°$, $\frac{3}{2}°$로 $\frac{1}{2}°$ 간격으로 하여 $179\frac{1}{2}°$, $180°$까지 모두 360개의 현의 길이를 60진법으로 주고 있다.[71] 예를 들어, $6°$인 현의 길이는 $crd6°$로 표시하여 60진법으로 $crd6° = 6;16, 49$로 주고 있다. 6; 16, 49를 10진법으로 고치면 $6+\frac{16}{60}+\frac{49}{60^2}=\frac{22609}{3600}$이다. 이 값은 대략 6.280278이다. 즉,

$$120\sin 3° = crd6° \fallingdotseq 6.280278$$

로 계산하였다. 한편, 계산기를 사용하면

$$120\sin 3° \fallingdotseq 6.280315.$$

중심각	현의 길이(60진법)	현의 길이(10진법)
$\frac{1}{2}°$	0 ; 31, 25	$\frac{377}{270}$
$1°$	1 ; 2, 50	$\frac{377}{360}$
$1\frac{1}{2}°$	1 ; 34, 15	$\frac{377}{240}$
$2°$	2 ; 5, 40	$\frac{377}{180}$
$2\frac{1}{2}°$	2 ; 37, 4	$\frac{589}{225}$
$3°$	3 ; 8, 28	$\frac{2827}{900}$
$3\frac{1}{2}°$	3 ; 39, 52	$\frac{1649}{450}$
⋯	⋯	⋯
$174\frac{1}{2}°$	119 ; 51, 43	$\frac{431503}{3600}$
$175°$	119 ; 53, 10	$\frac{43159}{360}$
⋯	⋯	⋯
$179\frac{1}{2}°$	119 ; 59, 56	$\frac{107999}{900}$
$180°$	120 ; 0, 0	120

71) I. Thomas, Greek mathematics II, Harvard Univ. Press, 1951(p. 407-445).
A. Aaboe, Episodes from the early history of mathematics, MAA, 1998(p. 103-106).

3.3 프톨레마이오스의 현표

현표를 바탕으로 보면 프톨레마이오스는 $\sqrt{2} \fallingdotseq \frac{577}{408}$, $\sqrt{3} \fallingdotseq \frac{374123}{216000}$, 그리고 π를 $\frac{377}{120} \fallingdotseq 3.1416666$으로 사용하였다.

(1) 프톨레마이오스의 계산방법을 살펴보자.

이제 원의 반지름 r을 60으로 하여 내용을 전개하자. 중심각이 α인 현(chord)의 길이를 $crd\,\alpha$로 표시하자. 먼저, 원을 n등분한 중심각의 현의 길이를 c_n이라 하면

$$c_n = crd\left(\frac{360^\circ}{n}\right)$$

그림에서 지름이 $AC(=2r=120)$이고 원의 중심을 D라 하자.

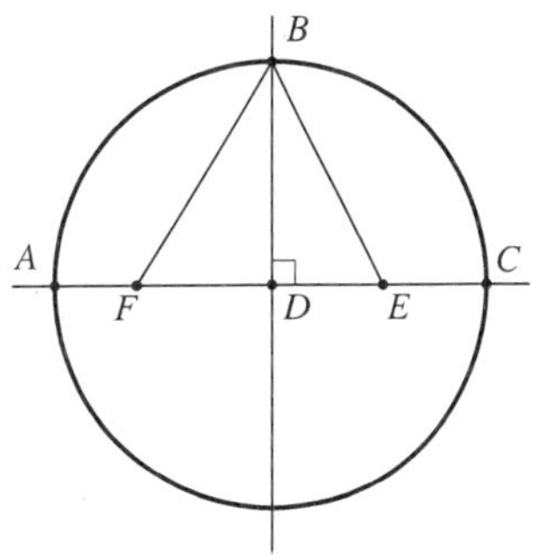

ⓐ DC의 중심을 E

ⓑ $BE=EF$

인 E, F를 잡자. 이때 프톨레마이오스는 다음을 얻는다.

$$DF=c_{10},\ BF=c_5$$

먼저 $DF=c_{10}$인 이유는 원에 내접하는 정10각형의 한 변의 길이는 DF이다. 그 이유를 살펴보자. $EB^2=r^2+(r/2)^2$, $EB=\frac{1}{2}r\sqrt{5}$이고 따라서

$$DF=EB-DE=\frac{1}{2}r\sqrt{5}-\frac{1}{2}r=\frac{1}{2}r(\sqrt{5}-1)$$

이다. 오른쪽 그림에서 닮은비를 사용하면

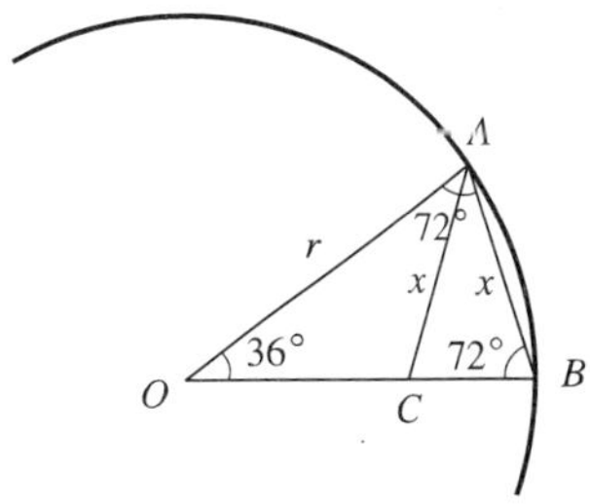

$$\frac{r}{x}=\frac{x}{r-x},\ x^2+rx-r^2=0$$

이고 양의 근을 택하면

$$x=\frac{1}{2}r(\sqrt{5}-1)$$

이다.

$BF = c_5$를 보이기 위하여 프톨레마이오스는 유클리드의 원론(BOOK XIII, Proposition 10)[72]: ${c_5}^2 = {c_6}^2 + {c_{10}}^2$을 사용한다. 한편,

$$c_6 = r = 60$$

이므로 ${c_5}^2 = r^2 + DF^2$로부터 $BF = c_5$를 얻는다.

이제 $DF = c_{10}$, $BF = c_5$의 구체적 계산 결과를 알아보자. 지름이 120이므로

$$DE = 30, DB = 60$$

이다. 따라서

$$EB^2 = 30^2 + 60^2 = 4500,\ EB = 67;\ 4,\ 55,$$
$$c_{10} = crd\,36° = FD = 67;\ 4,\ 55 - 30 = 37;\ 4,\ 55$$

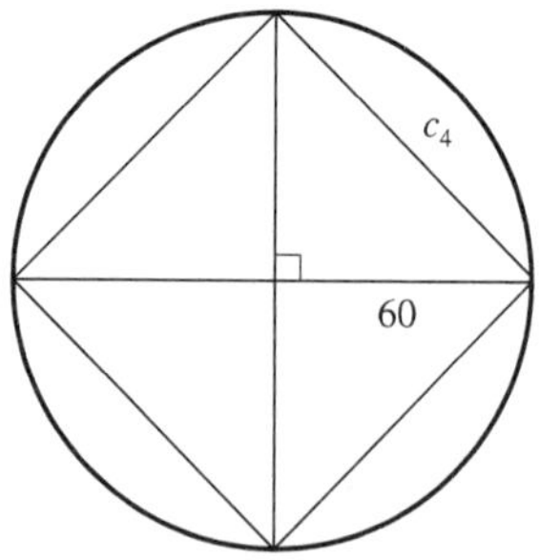

한편,

$$BF^2 = FD^2 + DB^2 = 1375;\ 4,\ 15 + 3600 = 4975;\ 4,\ 15$$

이므로

$$c_5 = crd\,72° = BF = 70;\ 32,\ 3$$

물론 $c_6 = crd\,60° = 60$이다. 프톨레마이오스의 현표 $c_4 = 84;\ 51,\ 10$으로부터 그가 $\sqrt{2}$를 얼마로 사용했는지 알 수 있다. 즉, $c_4^2 = 2r^2 = 2 \times 60^2 = 7200$에서 $c_4 = 60\sqrt{2} = 84;\ 51,\ 10$이고 따라서

$$\sqrt{2} = 1;\ 24,\ 51,\ 10 = \frac{577}{408}$$

로 사용하였다. 고대 바빌로니아인들이 사용한 근삿값을 사용하고 있다(제4장 4.16, YBC 7289 참고).

프톨레마이오스는 $\sqrt{3}$을 얼마로 사용했을까?

72) **BOOK XIII, Proposition 10**: If an equilateral pentagon be inscribed in a circle, the square on the side of the pentagon is equal to the squares on the side of the hexagon and on that of the decagon inscribed in the same circle.

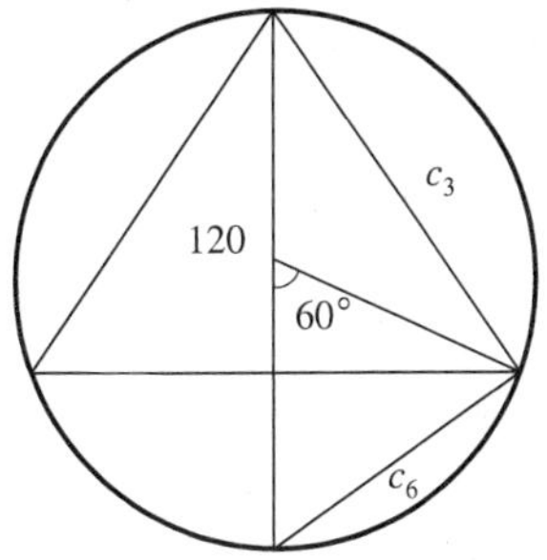

위 그림에서 피타고라스 정리를 사용하면

$$c_3^2 + c_6^2 = (2r)^2 = 4r^2,\ c_3{}^2 = 4r^2 - c_6{}^2 = 4r^2 - r^2 = 3r^2$$

이다. 이때

$$c_3 = crd\,120° = 103;\ 55,\ 23,\ c_3 = \sqrt{3}\,60 = 103;\ 55,\ 23$$

으로부터

$$\sqrt{3} = 1;\ 43,\ 55,\ 23 = 1 + \frac{43}{60} + \frac{55}{60^2} + \frac{23}{60^3} = \frac{374123}{216000}$$

로 사용하였다. 위 근삿값 1.73205092593을 1.73205080757과 비교해 보자.

다음 정리는 흔히 우리가 Ptolemy's Theorem라 부르고 있다. 하지만 이 정리는 프톨레마이오스 시대보다 훨씬 이전에 이미 알려진 정리이다. 프톨레마이오스는 본 정리를 어떻게 활용했는지 알아보자.

Ptolemy's Theorem.[73] 원에 내접하는 사변형$ABCD$에서 마주보는 변의 길이의 곱의 합은 대각선의 곱과 같다. 즉, $AB \cdot CD + BC \cdot AD = AC \cdot BD$

다양한 증명을

http://en.wikipedia.org/wiki/Ptolemy's_theorem

에서 확인해 보자. 특히 (참고2)에서 그림 증명을 시도해 보자.

73) http://en.wikipedia.org/wiki/Ptolemy's_theorem

【참고 1】 $\angle ABK = \angle CBD$인 보조선 BK를 긋자. 이때 $\triangle ABK \propto \triangle BCD$이다.

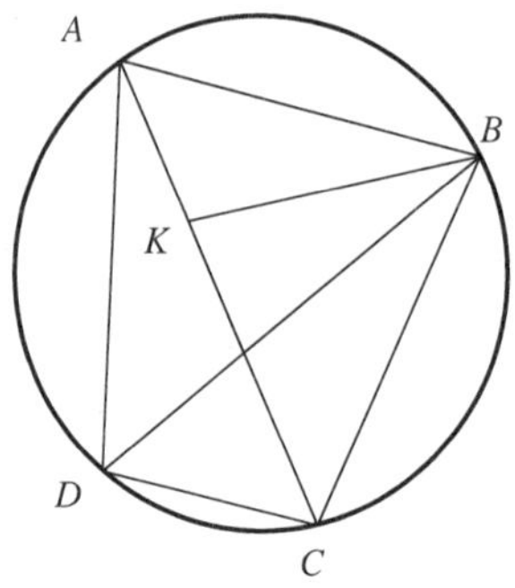

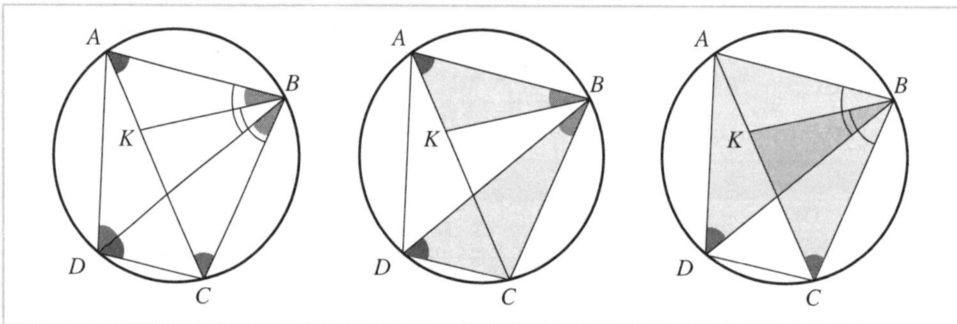

【참고 2】 Proof Without Words: Ptolemy's Theprem(W. Derrick and J. Hirstein, 2012)

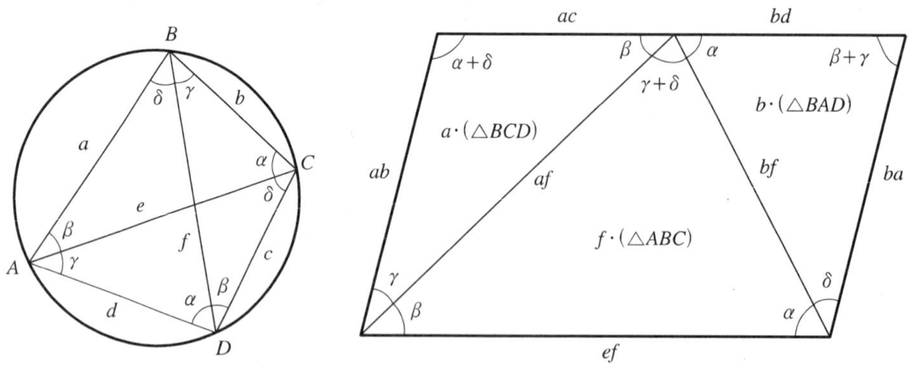

$\alpha+\beta+\gamma+\delta=180°$

$\therefore\ ef=ac+bd$

【참고 3】 Ptolemy's formulas. 특히 AD를 지름으로 택하자. 즉, $AD = 2r$이면

$$AB \cdot CD + BC \cdot (2r) = AC \cdot BD$$

이다. $\widehat{BD}$ 의 원주각을 α, $\widehat{CD}$의 원주각을 β라 하자.

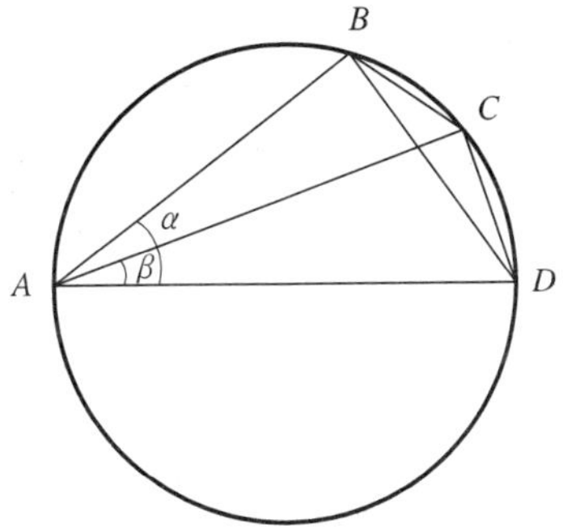

Ptolemy는 $AD = 120$으로 사용하고 있다. 따라서

$$120\,BC = AC \cdot BD - AB \cdot CD$$

이다. 이는

$$120\,crd(\alpha - \beta) = crd\alpha\; crd(180° - \beta) - crd\beta\; crd(180° - \alpha)$$

를 말하는데 등식

$$\sin(\alpha - \beta) = \sin\alpha\cos\beta - \sin\beta\cos\alpha$$

를 떠올리게 한다. Ptolemy는

$$c_{30} = crd\,12° = crd(72° - 60°)$$

를 얻는다.

(3) 현표를 보면 $crd\,6°$, $crd\,3°$, $crd\,1\frac{1}{2}°$ 등으로 반씩 줄어드는 현의 길이를 구하고 있다. 그 이유를 살펴보자. 주어진 현BC의 2등분점을 D라하고 지름에 수선의 발을 F라하자. 끝으로 $AB = AE$인 점 E를 잡자.

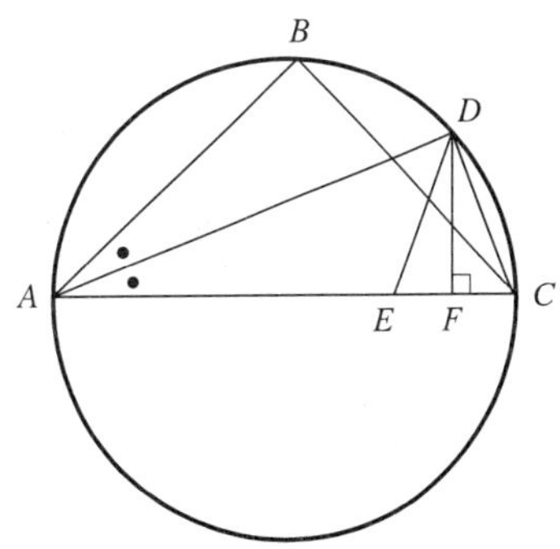

① $FC = \frac{1}{2}(AC - AB)$

$\triangle BAD$와 $\triangle EAD$는 합동이다. 그러므로 $DE = BD$이고 따라서 $DE = DC$이다. 즉, $FC = \frac{1}{2}(AC - AB)$.

② $DC^2 = AC \cdot FC = 120 \cdot FC = 120 \cdot \frac{1}{2}(AC - AB)$를 얻으며 이를 중심각으로 옮겨 표현하면

$$\left(crd\,\frac{\alpha}{2}\right)^2 = 120 \cdot \frac{1}{2}(120 - crd(180° - \alpha)) = 60(120 - crd(180° - \alpha))$$

본 식은 반각공식

$$\sin^2\left(\frac{\alpha}{2}\right) = \frac{1}{2}(1 - \cos\alpha)$$

을 떠오르게 한다. 이제 Ptolemy는 $c_{30} = crd\,12° = crd\,(72° - 60°)$에서 출발하여 연이어 $crd\,6°$, $crd\,3°$, $crd\,1\frac{1}{2}°$등을 얻는다. 이때

$$crd\,1\frac{1}{2}° = 1;\ 34,\ 15,\quad crd\,\frac{3}{4}° = 0;\ 47,\ 8$$

을 얻는다.

(4) Ptolemy의 정리의 또 다른 응용을 알아보자.

① 주어진 두 현 AB, BC의 길이에서 현 AC의 길이를 Ptolemy는 어떻게 구했는지 알아보자. 먼저 $DE = AB$이다. Ptolemy's Theorem을 사용하면

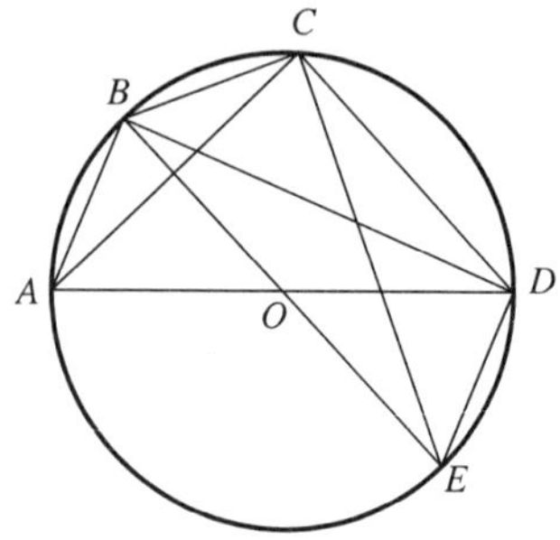

$$120 \cdot CD = BD \cdot CE - BC \cdot AB$$

이다. 이를 중심각으로 옮겨가 표현하면

$$120 \cdot crd\,(180° - (\alpha + \beta)) = crd(180° - \alpha) \cdot crd(180° - \beta) - crd\,\alpha \cdot crd\,\beta$$

를 얻는다. 이는 다음 식을 생각나게 한다.

$$\cos(\alpha + \beta) = \cos\alpha\cos\beta - \sin\alpha\sin\beta$$

② $crd\,4\frac{1}{2}° = crd\left(3° + 1\frac{1}{2}°\right)$, $crd\,6° = crd\left(4\frac{1}{2}° + 1\frac{1}{2}°\right)$등을 계산할 수 있다. 즉,

$1\frac{1}{2}°$, $3°$, $4\frac{1}{2}°$, $6°$, $7\frac{1}{2}°$, $\cdots$의 대한 현의 길이를 구하 수가 있으므로 나머지 것들은 $crd\frac{1}{2}°$를 알면 덧셈이나 뺄셈을 통하여 구할 수 있다.

$crd1\frac{1}{2}°$를 알고 있을 때, 이로부터 $crd\frac{1}{2}°$를 구하려면 $crd\,\alpha$와 $crd\,3\alpha$의 관계식을 사용해야 한다. 필요한 식을 현대적으로 사용하면

$$\sin 3\alpha = 3\sin\alpha - 4\sin^3\alpha$$

이고 Ptolemy의 기호로 사용하면

$$\frac{1}{120}\,crd\,6\,\alpha = \frac{3}{120}crd\,2\alpha - \frac{4}{120^3}crd^{\,3}\,2\alpha$$

또는 $2\alpha = \beta$로 쓰면

$$crd\,3\beta = 3\,crd\,\beta - \frac{1}{60^2}\,crd^{\,3}\,\beta$$

따라서 주어진 $crd\,3\beta$로 $crd\,\beta$를 구하기 위해서는 삼차방정식

$$x^3 + q = px$$

을 풀어야 한다. 이와 같은 접근방법은 1429년에야 Persian 수학자이자 천문학자인 $al\text{-}K\bar{a}sh\bar{i}$ 에 의하여 해결된다.

Ptolemy는 삼차방정식을 풀 수가 없었으나 이와 같은 딜레마를 벗어나 다른 방법으로 $crd\,\frac{1}{2}° = 0;\ 31,\ 25$를 구하였다. 이를 다음에서 알아보자.

(5) Aristarchus가 사용했던 잘 알려진 정리

$$\frac{\sin\alpha}{\sin\beta} < \frac{\alpha}{\beta} \quad (\text{여기서 } 0° < \beta < \alpha < 90°)$$

를 사용해보자. 중심각이 2α일 때, 현의 길이는 $120\sin\alpha$이므로

$$\frac{crd\,\alpha}{crd\,\beta} < \frac{\alpha}{\beta} \quad (\text{여기서 } 0° < \beta < \alpha < 180°)$$

이제 $\alpha = 1\frac{1}{2}°$, $\beta = 1°$를 사용하면

$$\frac{crd\, 1\frac{1}{2}°}{crd\, 1°} < \frac{1\frac{1}{2}}{1} = \frac{3}{2},\ crd\, 1° > \frac{2}{3}\, crd\, 1\frac{1}{2}° = \frac{2}{3} \cdot 1;\ 34,\ 15 = 1;\ 2,\ 50$$

다시 $\alpha = 1°$, $\beta = \frac{3}{4}°$를 사용하면

$$\frac{crd\, 1°}{crd\, \frac{3}{4}°} < \frac{1}{\frac{3}{4}} = \frac{4}{3},\ crd\, 1° < \frac{4}{3} crd\, \frac{3}{4}° = \frac{4}{3} \cdot 0;\ 47,\ 8 = 1;\ 2,\ 50$$

Ptolemy는 부등식 $1;\ 2,\ 50 < crd\, 1° < 1;\ 2,\ 50$에서

$$crd\, 1° = 1;\ 2,\ 50$$

로 결정하였다. 한편, (3)②에서 알아본 $\left(crd\, \frac{\alpha}{2}\right)^2 = 120 \cdot \frac{1}{2}(120 - crd(180° - \alpha))$로부터

$$crd\, \frac{1}{2}° = 0;\ 31,\ 25$$

를 구하였다. ■

방정식 $X^2 + Y^2 = Z^2$을 피타고라스 방정식이라 부르며, 피타고라스 방정식의 양의 정수해 $(x,\ y,\ z)$를 피타고라스짝(Pythagorean triple)이라 부른다. 다음에서 Pythagoras, Plato, 그리고 Diophantus는 피타고라스짝을 어떻게 구했는지 알아보자.74)

3.4 REMARK

(Pythagoras) 피타고라스 자신은 당시 알려진 내용을 바탕으로

$$x = 2n + 1,\ y = 2n^2 + 2n,\ z = 2n^2 + 2n + 1$$

74) D. Burton, The history of mathematics, 6th. ed. McGraw Hill, 2007 (p. 109-111).

를 해로 구하였다. 그럴듯한 이유를 살펴보자. 거듭제곱의 관계식

$$(2k-1)+(k-1)^2=k^2$$

에서 $2k-1$은 제곱수인 경우가 흔하다. 예를 들어 $k=5$이면 $2k-1=9=3^2$. 이를 근거로 $2k-1=m^2$ (따라서 m은 홀수)으로 하면

$$k=\frac{m^2+1}{2},\ k-1=\frac{m^2-1}{2}$$

따라서

$$m^2+\left(\frac{m^2-1}{2}\right)^2=\left(\frac{m^2+1}{2}\right)^2$$

이고

$$x=m,\ y=\frac{m^2-1}{2},\ z=\frac{m^2+1}{2}$$

를 얻는다. 이제 m은 홀수이므로 $m=2n+1$이라 하면

$$x=2n+1,\ y=2n^2+2n,\ z=2n^2+2n+1$$

여기서 피타고라스는 y(높이)와 z(빗변)의 차이를 1로하여 피타고라스짝을 구하였다. 독자들은 이 방식으로 구할 수 있는 피타고라스짝을 열거해 보자.

(Plato) 플라톤은 재치 있게

$$x=2n,\ y=n^2-1,\ z=n^2+1$$

로 y(높이)와 z(빗변)의 차이를 2로 접근하였다. 거듭제곱식을 두 번 사용하면

$$\begin{aligned}(k+1)^2&=k^2+(2k+1)\\&=\left[(k-1)^2+(2k-1)\right]+(2k+1)\\&=(k-1)^2+4k\end{aligned}$$

여기서 $4k$를 거듭제곱으로 만들기 위해 $k=n^2$으로 바꾸면

$$(2n)^2 + (n^2-1)^2 = (n^2+1)^2$$

이므로

$$x = 2n,\ y = n^2 - 1,\ z = n^2 + 1$$

플라톤의 방법에서 $n=4$일때 구한 피타고라스짝 (8, 15, 17)은 피타고라스의 방법에서는 구할 수 없다.

(Euclid) Book X(Proposition 28, Lemma 1). To find square numbers such that their sum is also square.[75)]

제곱수 $AB = m^2$, $BC = n^2$를 둘 다 짝수이거나 또는 둘 다 홀수라 하자. 따라서 $AB - BC$는 2의 배수이다. AC의 중점을 D라 하자. 이때 $AB \cdot BC + CD^2 = BD^2$이다. 즉,

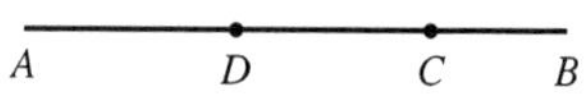

$$(m^2)(n^2) + \left(\frac{m^2-n^2}{2}\right)^2 = \left(\frac{m^2+n^2}{2}\right)^2$$

피타고라스짝

$$\left(mn,\ \frac{m^2-n^2}{2},\ \frac{m^2+n^2}{2}\right) \text{ 또는 } (2mn,\ m^2-n^2,\ m^2+n^2)$$

을 얻는다. 현재 사용하고 있는 피타고라스짝 형태는 유클리드에서 찾을 수 있다.

(Diophantus) 디오판토스는 그의 저서《Arithmetica》에서 두 정수 m, n $(m > n)$을 사용하여 피타고라스 방정식의 정수해

$$x = 2mn,\ y = m^2 - n^2,\ z = m^2 + n^2$$

을 언급한다. 그의 방법을 추측해 보자. 연립방정식

$$\begin{cases} x^2 + y^2 = z^2 \\ y = kx - z \end{cases} \quad (\text{여기서 } k\text{는 유리수})$$

에서

75) Euclid, The elements Vol. 3, Dover, 1956(p. 63-64).

$$z^2 - x^2 = y^2 = (kx - z)^2 = k^2x^2 - 2kxz + z^2$$

이고

$$-x^2 = k^2x^2 - 2kxz \text{ 또는 } -x = k^2x - 2kz$$

따라서

$$x = \frac{2k}{k^2+1}z$$

를 얻는다. 이로부터

$$y = kx - z = \frac{k^2-1}{k^2+1}z$$

이제 $k = \dfrac{m}{n}$ (여기서 $m > n$)으로 하면

$$x = \frac{2mn}{m^2+n^2}z, \ y = \frac{m^2-n^2}{m^2+n^2}z$$

x, y를 정수로 하기 위하여 $z = m^2 + n^2$으로 놓으면

$$x = 2mn, \ y = m^2 - n^2, \ z = m^2 + n^2$$

여기까지 구한 것은 피타고라스짝의 특별한 경우이다. 다시 말하면 피타고라스짝의 충분조건을 구한 것이다. 필요조건과 이에 대한 증명은 정리 3.7에서 다루었다. 이는 10세기경에 아랍수학자들에 의하여 완성된다.

피타고라스짝 (a, b, c)에 대하여 자명하게 (ad, bd, cd)도 피타고라스짝이다. 특히, 세 수 a, b, c 사이에 공통된 약수가 없을 때, 우리는 피타고라스짝 (a, b, c)를 기본피타고라스짝이라 부른다. 예를 들면

$$(3, 4, 5), (5, 12, 13), (8, 15, 17), (7, 24, 25), (20, 21, 29), (9, 40, 41)$$

등 이다. 이때 a, b중 하나는 홀수이고 나머지 하나는 짝수로 보인다. 피타고라스짝 (a, b, c)에 대하여 $a^2 + b^2 = c^2$이므로

$$\left(\frac{a}{c}\right)^2 + \left(\frac{b}{c}\right)^2 = 1$$

이다 따라서 유리수인 순서쌍 $(a/c,\ b/c)$는 방정식

$$x^2+y^2=1$$

을 만족한다.[76] 다음 두 정리를 통하여 알아보자. ■

3.5 THEOREM

$(a,\ b,\ c)$가 기본피타고라스짝이면 $a,\ b$ 중 하나는 홀수이고 나머지 하나는 짝수이다.

증명 (1) $a,\ b$ 모두 짝수이면 $a^2+b^2=c^2$이므로 c^2은 짝수이고 따라서 c도 짝수가 되어 $(a,\ b,\ c)$가 기본피타고라스짝이 되지 못한다.

(2) $a,\ b$ 모두 홀수이면 c는 짝수이다. 따라서

$$a=2x+1,\ b=2y+1,\ c=2z$$

라 하면,

$$(2x+1)^2+(2y+1)^2=(2z)^2$$

이고

$$2x^2+2x+2y^2+2y+1=2z^2$$

로 모순을 얻는다. ■

우리는 예제 1.5에서 고대 바빌로니아인들의 연립방정식

$$\begin{cases} x^2+y^2=a \\ y=kx+b \end{cases} \quad (a=25,\ 25(=1525),\ k=2/3,\ b=5)$$

에 대하여 알아보았다. 다음 정리는 피타고라스짝을 구하는 문제로 고대 바빌로니아인들이 사용한 연립방정식

76) J. H. Silverman, Number theory, 2nd. ed., Prentice Hall, 2001.

$$\begin{cases} x^2 + y^2 = 1 \\ y = mx + m \end{cases}$$

의 문제이다.

3.6 THEOREM

(1) 기울기가 m(m은 유리수)이고 점 $(-1,\ 0)$을 지나는 직선의 방정식은 $y = m(x+1)$이다. 직선과 중심이 $(0,\ 0)$이고 반지름의 길이가 1인 원이 만나는 점을 구해보자.

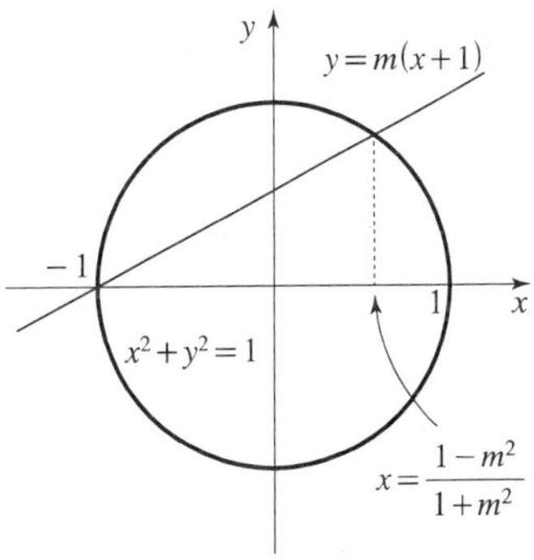

(2) $m = \dfrac{v}{u}$ ($u,\ v$는 정수)에 대하여

$$(u^2 - v^2,\ 2uv,\ u^2 + v^2)$$

은 피타고라스짝이다.

증명 (1) $y = m(x+1)$을 $x^2 + y^2 = 1$에 대입하면

$$x^2 + (m(x-1))^2 = 1 \text{ 또는 } (m^2+1)x^2 + 2m^2x + (m^2-1) = 0$$

이다. 직선과 원의 교점이 $(-1,\ 0)$이므로 $x = -1$은

$$(m^2+1)x^2 + 2m^2x + (m^2-1) = 0$$

를 만족한다. 또 다른 해는

$$x = \frac{1-m^2}{1+m^2}$$

이때

$$y = m\left(\frac{1-m^2}{1+m^2} + 1\right) = \frac{2m}{1+m^2}$$

이므로 임의의 유리수 m에 대하여 방정식 $x^2 + y^2 = 1$의 유리수해

$$\left(\frac{1-m^2}{1+m^2},\ \frac{2m}{1+m^2}\right)$$

이 존재한다.

(2) $\left(\frac{1-m^2}{1+m^2},\ \frac{2m}{1+m^2}\right)$는 $x^2+y^2=1$를 만족한다. 이제 $m=\frac{v}{u}$라 하면

$$\frac{1-m^2}{1+m^2}=\frac{1-(v/u)^2}{1+(v/u)^2}=\frac{u^2-v^2}{u^2+v^2},\quad \frac{2m}{1+m^2}=\frac{2(v/u)}{1+(v/u)^2}=\frac{2uv}{u^2+v^2}$$

이다. 따라서 피타고라스짝 $(u^2-v^2,\ 2uv,\ u^2+v^2)$을 얻는다. ■

정사각형에 내접하는 원이 있다. 원 안에 피타고라스짝 (3, 4, 5)가 직사각형으로 그림과 같이 놓여 있다. 그림에서 원 상에 있는 점 Q_2, Q_{10}, Q_4는 피타고라스짝

(5, 12, 13), (8, 15, 17), (20, 21, 29)

를 만드는 직사각형이다.77) 직사각형 (3, 4, 5)에서 했던 방법으로 새로운 직사각형에서 동일하게 적용하면 다른 피타고라스짝을 끝없이 얻을 수 있다(R. Vogeler).

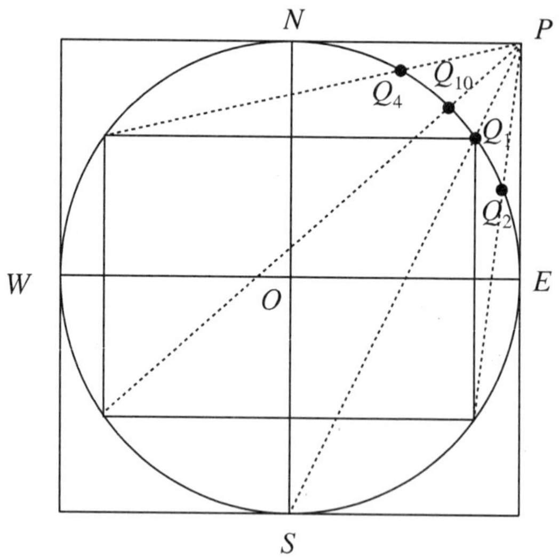

77) J. Conway and R. Guy, The book of number, Copernicus Books, 1996(p. 172).

3.7 THEOREM

기본피타고라스짝 $(a,\ b,\ c)$에서 b를 짝수라 하자. 이때

$$b^2 = c^2 - a^2 = (c-a)(c+a)$$

이다. b^2이 짝수이므로 $c-a$ 또는 $c+a$는 짝수이다. 그런데 합 $(c-a)+(c+a)=2c$가 짝수이므로 $c-a$와 $c+a$는 둘 다 짝수이다.

$$a = \frac{c+a}{2} - \frac{c-a}{2},\ c = \frac{c+a}{2} + \frac{c-a}{2}$$

이고 $(a,\ b,\ c)$가 기본피타고라스짝이므로 $\gcd(a,\ c)=1$이다(증명 요함!). 즉, $\gcd(c+a,\ c-a)=2$이다. 이제 $\left(\frac{b}{2}\right)^2 = \left(\frac{c+a}{2}\right)\left(\frac{c-a}{2}\right)$ 이고 $\frac{c+a}{2}$와 $\frac{c-a}{2}$는 서로소이므로 이들은 각각 제곱수이다. 따라서

$$\frac{c+a}{2} = u^2,\ \frac{c-a}{2} = v^2$$

라 하면 $a=u^2-v^2,\ c=u^2-v^2,\ b=2uv$ 를 얻는다. 즉, 기본피타고라스짝

$$(u^2-v^2,\ 2uv,\ u^2+v^2)$$

을 얻는다. ■

피타고라스짝이라 부르는 수를 고대 바빌로니아인들이 어떻게 구현했는지 알아보자. 먼저 파타고라스짝$(a,\ b,\ c)$에서 양의 정수 k에 대하여 $(ak,\ bk,\ ck)$도 역시 피타고라스짝이 된다. 다음 네 가지 조건을 만족하는 두 수 $u,\ v$ 는 피타고라스짝

$$(a,\ b,\ c) = (u^2-v^2,\ 2uv,\ u^2+v^2)$$

을 만든다.

- $u,\ v$는 양의 정수
- $u > v$
- 하나는 짝수이고 나머지 하나는 홀수
- $u,\ v$는 서로소

$u,\ v,$ 그리고 k를 바탕으로 점토판에 있는 값, 높이와 빗변에 적용하면 다음을 얻는

다.[78)]

순 서	u	v	k	높 이	빗 변
1	12	5	1	119	169
2	64	27	1	3367	4825
3	75	32	1	4601	6649
4	125	54	1	12709	18541
5	9	4	1	65	97
6	20	9	1	319	481
7	54	25	1	2291	3541
8	32	15	1	799	1249
9	25	12	1	481	769
10	81	40	1	4961	8161
11	2	1	15	45	75
12	48	25	1	1679	2929
13	15	8	1	161	289
14	50	27	1	1771	3229
15	7	2	2	56	106

다음 그림과 같은 수 $1, 3, 6, 10, \cdots, \frac{n(n+1)}{2}, \cdots$

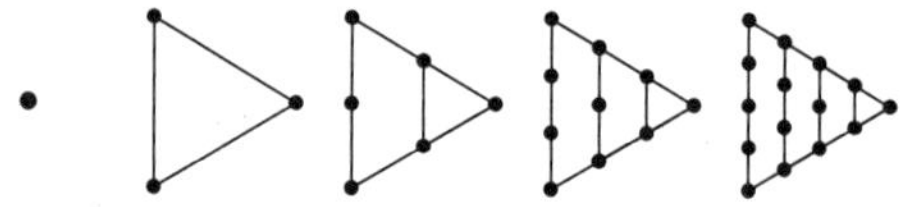

를 삼각수(triangular number)라 부르고 다음 그림과 같은 수 $1, 4, 9, \cdots, n^2, \cdots$

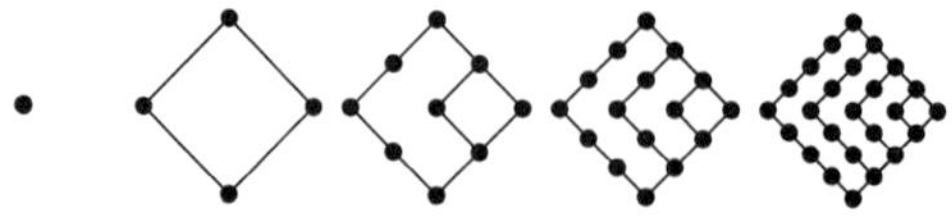

를 제곱수(square number)라 한다.

78) 남호영, 박제남, 장영호, 창의력 수학 1, 2, 경문사, 2006.

피타고라스짝 (3, 4, 5)에서 3은 삼각수이고 4는 거듭제곱수이다. 그러나 피타고라스짝 (5, 12, 13)에서는 이를 말할 수 없다. 한편, 12를 거듭제곱수로 만들려면 $12=2^2 \cdot 3$이므로 12에 3을 곱하면 $12\times 3=2^2 \cdot 3^2=6^2$으로 제곱수를 만들 수 있다. 따라서 피타고라스짝 (5, 12, 13)에 3을 각각 곱하면 (15, 36, 39)는 피타고라스짝이며 특히, $36=6^2$으로 제곱수이고 $15=\dfrac{5(5+1)}{2}$로 삼각수이다.

피타고라스짝 $(a,\ b,\ c)$에 대하여 b가 제곱수가 아니면 $b=f^2\times\beta$로 쓸 수 있다. 이때 $(a\beta,\ b\beta,\ c\beta)$는 피타고라스짝이고 $b\beta$는 제곱수이다. 이제 $(y^2a\beta,\ y^2b\beta,\ y^2c\beta)$에 대하여 $y^2a\beta$ 가 삼각수인 y를 구하여보자. 즉, $y^2a\beta=\dfrac{n(n+1)}{2}$을 만족하는 n을 구해보자. 이제 정수 n은 이차방정식

$$n^2+n-2y^2a\beta=0$$

을 만족하므로 판별식은 제곱수여야 한다. 즉

$$x^2=1+8y^2a\beta \text{ 또는 } x^2-(8a\beta)y^2=1$$

이다.[79] 이때

$$1=(x-\sqrt{8a\beta}\,y)(x+\sqrt{8a\beta}\,y)$$

이고 $x^2-(8a\beta)y^2=1$를 만족하는 간단한 정수해 $x=x_0,\ y=y_0$를 구한 후 양변

$$1=(x_0-\sqrt{8a\beta}\,y_0)(x_0+\sqrt{8a\beta}\,y_0)$$

을 제곱하여 새로운 정수해를 구할 수 있다. 다음에서 구체적인 예를 들어보자.

3.8 EXAMPLE

$a=5$이고 $12=2^2\cdot 3$이므로 $\beta=3$이다. 따라서 방정식 $x^2-8a\beta y^2=1$에서 $x^2-120y^2=1$이다. 이때 $x=11,\ y=1$를 쉽게 구할 수 있다. 즉, $11^2-120\cdot 1^2=1$이다. 이를 다시 쓰면

79) S. Brueggman, Pythagorean triples with square and triangular sides, College Math. J. 38(2) (**2007**) 138-140.

$$1=(11-\sqrt{120})(11+\sqrt{120}).$$

양변을 제곱하면

$$1=1^2=(241-22\sqrt{120})(241+22\sqrt{120})$$

이다. 즉,

$$(241)^2-120(22)^2=1$$

이므로

$$x=241,\ y=22$$

를 구할 수 있다. 피타고라스짝 $(15\cdot 22^2,\ 36\cdot 22^2,\ 39\cdot 22^2)$에 대하여 $36\cdot 22^2$은 제곱수이고 $15\cdot 22^2=7260$은 $\dfrac{120(120+1)}{2}$로 삼각수이다. ■

3.9 THEOREM

$(a,\ b,\ c)$가 피타고라스짝이고 b는 짝수이다. $a-b=\pm 1$을 가정하자. 이때

$$\left(\frac{ab}{4},\ \frac{b^2}{4},\ \frac{bc}{4}\right)$$

는 피타고라스짝이다. $a=u^2-v^2$, $b=2uv$를 사용하여 $\dfrac{ab}{4}$는 삼각수이고 $\dfrac{b^2}{4}$는 제곱수임을 보여라. 여기서 삼각수란 $\dfrac{k(k+1)}{2}$의 형태를 말하며 제곱수란 $(k)^2$의 형태를 말한다.

증명 $a=u^2-v^2$, $b=2uv$라 하자. 그리고 $a-b=\pm 1$이다. 이때 $\dfrac{b^2}{4}=(uv)^2$이므로 제곱수이다. $\dfrac{ab}{4}$가 삼각수임을 보이다.

$$\frac{ab}{4}=(u^2-v^2)(uv/2)\ =(u-v)(u+v)(u)(v)/2\ =(u^2-uv)(v^2+uv)/2.$$

이때 $(u^2-uv)-(v^2+uv)=u^2-v^2-2uv=a-b=\pm 1$이므로 $\dfrac{ab}{4}$는 삼각수이다. ■

3.10 REMARK

등식 $1+x+x^2+x^3+x^4+\cdots=\dfrac{1}{1-x}$에서 각 항을 미분하면

$$1+2x+3x^2+4x^3+\cdots=\frac{1}{(1-x)^2}.$$

각 항에 x를 곱하면

$$x+2x^2+3x^3+4x^4+\cdots=\frac{x}{(1-x)^2}.$$

이제 제곱수를 만들기 위하여 다시 미분을 해야한다. 즉,

$$1+4x+9x^2+16x^3+\cdots=\frac{1+x}{(1-x)^3}$$

계수와 차수를 같게 하기 위하여 각 항에 x를 곱하면 다음을 얻는다.

$$x+4x^2+9x^3+16x^4+\cdots=\frac{x(1+x)}{(1-x)^3}$$

독자들은 삼각수를 $\dfrac{x}{(1-x)^3}$로 만들어 보기 바란다. ■

3.11 거울피티고라스짝[80)]

자연수 (x, y, z)가 피타고라스짝일 때, $x^2+y^2=z^2$이다. 한편, 두 수 a, b가 거울수라는 말은 한 수의 순서를 거꾸로 했을 때, 다른 수와 같다는 뜻이다. 예를 들어 $a=2468$, $b=8642$이다. 물론, $a=43210$, $b=1234$와 같이 0이 처음이나 끝에 오는 경우도 된다. 피타고라스짝의 두 수가 거울수일 때, 두 수를 거울피타고라스짝이라 부른다. 잘 알려진 예로

80) S. Jiang and R. Chen, Digits reversed Pytagorean triples, Int. J. Math. Sci. Technol., 29(5) (**1998**) 689-696.

$$88209^2 + 90288^2 = 126225^2 \text{ (L. Tassel).}$$

또는

$$125928^2 + 829521^2 = 839025^2$$

을 들 수 있다(D. Perez). 피타고라스짝 (x, y, z)에서 x, y가 거울수인 특별한 경우를 살펴보자. 예를 들어

$$1978020,\ 208791,\ 1989009,$$
$$19798020,\ 2089791,\ 19908009,$$
$$197998020,\ 20899791,\ 199098009$$

등으로 맨 앞에 수에서 7과 8 사이에 9가 계속해서 삽입되는 경우 거울피타고라스짝이 된다. ■

이를 일반적으로 증명하여 보자.

3.12 THEOREM

양의 정수 n에 대하여

$$x_n = 1980(10^{n+2} - 1),\ y_n = 209(10^{n+2} - 1),\ z_n = 1991(10^{n+2} - 1)$$

은 피타고라스짝이고 두 수 x_n, y_n은 거울수이다.

증명 먼저 $1980^2 + 209^2 = 1991^2$이므로 $x_n^2 + y_n^2 = z_n^2$이다. $n = 1$인 경우

$$1978020,\ 208791,\ 1989009$$

$n = 2$인 경우

$$19798020,\ 2089791,\ 19908009$$

를 얻는다. ■

거울수 중에서 0과 1로 이루어진 경우는 1001, 1001001 또는 1000001 등이다. 임의로 택한 두 개의 1 사이에 적어도 2개의 0이 존재한다. 이를 2-중복수라 부르자. 따라서 10001은 2-중복수, 그리고 3-중복수가 된다. (88209, 90288, 126225)는 거울피타고라스짝이다. 거울수 88209, 90288에 대하여 큰 수 90288(기호로 max{88209, 90288})은 5자리이다. 거울수 중에서 4-중복수 100001를 사용하면

$$8820988209^2 + 9028890288^2 = 12622626225^2$$

을 얻는다. 이를 일반화하여 증명하여 보자.

3.13 THEOREM

x, y가 거울수인 피타고라스짝 (x, y, z)에 대하여 $\max\{x, y\}$가 $k+1$자릿수일 때, 임의의 k-중복수 K에 대하여 (xK, yK, zK)는 피타고라스짝이고 xK, yK는 거울수이다.

증명 피타고라스짝 (x, y, z)에 대하여 $x^2+y^2=z^2$이므로

$$(xK)^2+(yK)^2=(zK)^2$$

이다. K를 k-중복수라하자. 즉, 임의로 택한 두 개의 1 사이에 적어도 k개의 0이 존재한다. xK는 x와 0이 반복되는 수이고 yK는 y와 0이 반복되는 수이다. (예를 들어 $K=1001001$, $x=65$, $y=56$이면, $xK=65065065$, $yK=56056056$이다.)

이때 x, y 는 거울수이고 N는 자체가 거울수이므로 xK, yK는 거울수이다. ■

따라서 (88209, 90288, 126225)는 거울피타고라스짝이고 100001, 1000001, 10000001, ⋯ 등은 4-중복수이므로 다음 거울피타고라스짝을 얻는다.

$$8820988209^2 + 9028890288^2 = 12622626225^2,$$
$$88209088209^2 + 90288090288^2 = 126225126225^2,$$
$$882090088209^2 + 902880090288^2 = 1262250126225^2$$

한편 피타고라스짝 (x, y, z)에서 y, z가 거울수인 경우도 생각할 수 있다. 예를 들면 $65^2 = 33^3 + 56^2$이므로 거울피타고라스짝 (33, 56, 65)를 얻으며 1-중복수 101, 1001 등에 대하여

$$6565^2 = 3333^3 + 5656^2,\ 65065^2 = 33033^3 + 56056^2$$

등을 얻는다. 일반적으로 x는 11의 배수이다. 이를 증명하여 보자.

3.14 THEOREM

피타고라스짝 (x, y, z)에서 y, z를 거울수라 하자. z가 짝수 자릿수면

$$z = 10^{2n-1}d_1 + 10^{2n-2}d_2 + \cdots + 10d_{2n-1} + d_{2n}$$

이고 y, z가 거울수이므로

$$y = 10^{2n-1}d_{2n} + 10^{2n-2}d_{2n-1} + \cdots + 10d_2 + d_1.$$

한편, 두 수의 합 $z+y$는

$$z+y = (10^{2n-1}+1)(d_1+d_{2n}) + 10(10^{2n-3}+1)(d_2+d_{2n-1}) + \cdots \qquad (3\text{-}1)$$

로 나타낼 수 있다. 다음을 증명하여라.

(1) $z^2 - y^2$은 11의 배수이다.

(2) x는 11의 배수이다.

증명 (1) 식(3-1)에서 $z+y$는 $(10^{2k-1}+1)$ 형태의 수의 곱이 도처에 들어가 있다. 그러므로 $(10^{2k-1}+1)$는 $(10+1)$의 배수이다. 한편, 같은 방법으로 z가 홀수 자릿수라면 $z-y$가 11의 배수임을 보일 수 있다. 따라서 z가 짝수 자리거나 또는 홀수 자리에 관계없이 $(z+y)(z-y)$는 11의 배수이다(참고로 증명에서는 $x^2 = z^2 - y^2$을 사용하지 않았다).

(2) $x^2 = z^2 - y^2$에서 x^2은 11의 배수이므로 x도 11의 배수이다. ■

3.15 EXERCISE

피타고라스짝 $(x,\ y,\ z)$에서 $y,\ z$가 거울수라 하자 x 또는 y는 3의 배수임을 증명하여 보자. 한편 y가 3의 배수이면 $y,\ z$가 거울수이므로 z도 3의 배수이다. 즉, 정리(3.14)에서 x는 33의 배수이다. ■

3.16 DEFINITION(피타고라스수, Pytagorean Number[81])

(1) 자연수 $(x,\ y,\ z)$가 피타고라스짝일 때, 이들로 이루어진 직각삼각형을 피타고라스 삼각형이라 부른다.

(2) (기본)피타고라스짝으로 만들어진 삼각형의 면적을 (기본)피타고라스수라 부른다.

■

기본피타고라스짝

$$(u^2-v^2,\ 2uv,\ u^2+v^2)$$

(여기서 $u>v$, $\gcd(u,\ v)=1$, $u,\ v$는 홀/짝)의 삼각형의 넓이는 $uv(u^2-v^2)$이다. 이로부터 기본피타고라스짝

$$(u^2-v^2,\ 2uv,\ u^2+v^2)$$

을 다시 얻는다. 참고로 n이 피타고라스수이면 t^2n도 피타고라스수이다. 그러나 $84=2^2\cdot 21$은 피타고라스수이지만 21은 아니므로 그 역은 성립하지 않는다. 300보다 적은 피타고라스수를 열거하면 다음과 같다.

$$6,\ 24,\ 30,\ 54,\ 60,\ 84,\ 96,\ 120,\ 150,\ 180,\ 210,\ 216,\ 240,\ 270,\ 294$$

정리 3.5, 3.6, 그리고 정리 3.7을 바탕으로 하여 다음에서 피타고라스수가 가지고 있는 성질을 알아보자.

---

81) Supriya Mohanty and S. P. Mohanty, Pythagorean Numbers, Fibonacci Quaterly, 28(1) (**1990**) 31-42.

3.17 THEOREM

자연수 n에 관하여 다음은 동치이다.

(1) n은 피타고라스수이다.

(2) n은 다음을 만족하는 4개의 약수 a, b, c, d를 갖는다.

$$ab = cd = n, \ a + b = c - d$$

증명 (1) $\Rightarrow$ (2) : n이 피타고라스수이면 $n = t^2 uv(u^2 - v^2)$이다. 여기서 $u > v$, $\gcd(u, v) = 1$이고 u, v는 홀/짝이다(예를 들어, u가 홀수이면 v는 반드시 짝수). 이때,

$$a = tv(u+v), \ b = tu(u-v), \ c = tu(u+v), \text{ 그리고 } d = tv(u-v)$$

라 하면 $ab = cd = n$이고 $a + b = t(u^2 + v^2) = c - d$이다.

(2) $\Rightarrow$ (1) : n이 $ab = cd = n$, $a + b = c - d$을 만족하는 4개의 약수 a, b, c, d를 갖는다고 가정하자. 이때 $cd = c(c - a - b) = ab$이므로

$$c^2 - c(a+b) - ab = 0$$

이다. 방정식 $x^2 - (a+b)x - ab = 0$은 양의 근 c를 가지므로

$$c = \frac{(a+b) + \sqrt{(a+b)^2 + 4ac}}{2}$$

이고 근호 안은 $(a+b)^2 + 4ac = k^2$ $(k > 0)$모양이어야 한다. 이를 다음과 같이 변형하자.

$$2(a+b)^2 = k^2 + (a-b)^2 \text{ 또는 } 4(a+b)^2 = (k+a-b)^2 + (k-a+b)^2 \tag{3-2}$$

이때 두 정수 $k + a - b$와 $k - a + b$는 모두 짝수이다. 그러므로

$$(a+b)^2 = \left(\frac{k+a-b}{2}\right)^2 + \left(\frac{k-a+b}{2}\right)^2$$

이제 $\gcd\left(\frac{k+a-b}{2}, \frac{k-a+b}{2}\right) = t$라 하자. 정수 $k + a - b = 2t\alpha$, $k - a + b = 2t\beta$를 식 (3-2)에 대입하면 $t^2 \mid (a+b)^2$을 얻고 따라서 $a + b$는 t의 배수이다. 따라서

$$\left(\frac{a+b}{t}\right)^2 = \left(\frac{k+a-b}{2t}\right)^2 + \left(\frac{k-a+b}{2t}\right)^2 \tag{3-3}$$

t는 최대공약수이므로

$$\left(\frac{k-a+b}{2t},\ \frac{k+a-b}{2t},\ \frac{a+b}{t}\right)$$

는 원시피타고라스짝이다. 따라서

$$\frac{k-a+b}{2t}=u^2-v^2,\ \ \frac{k+a-b}{2t}=2uv,\ \ \frac{a+b}{t}=u^2+v^2 \tag{3-4}$$

여기서 $u>v$, $\gcd(u,\ v)=1$, 그리고 u, v는 홀/짝이다. 식(3-4)를 정돈하면

$$a=t(v^2+uv),\ b=t(u^2-uv)$$

로

$$n=ab=t^2(v^2+uv)(u^2-uv)=t^2uv(u^2-v^2)$$

는 피타고라스삼각형

$$(t(u^2-v^2),\ 2tuv,\ t(u^2+v^2))$$

의 넓이다. ■

3.18 THEOREM

등차가 k인 등차수열 p, q, r에 대하여 $n=pqrk$는 피타고라스수이다.

증명 $n=pqrk=p(p+k)(p+2k)k$이다. 이제

$$a=p(p+k),\ b=(p+2k)k,$$
$$c=(p+k)(p+2k),\ d=pk$$

로 하면 $ab=cd=n$이고 $a+b=p^2+2pk+2k^2=c-d$ 이다. 따라서 $n=pqrk$는 피타고라스수이다. ■

등차가 1인 수열은 연속된 자연수를 말한다.

3.19 COROLLARY

연속된 세 자연수의 곱은 피타고라스수이다.

증명 $n(n+1)(n+2)$는 피타고라스수로 이때 피타고라스삼각형은

$$(2n+2,\ n^2+2n,\ n^2+2n+2)$$

이다. ■

3.20 COROLLARY

피보나치수열 $F_1=1,\ F_2=1,\ F_{n+1}=F_n+F_{n-1}\ (n\geq 2)$에서

$$F_{2n}F_{2n+2}F_{2n+4}$$

는 피타고라스수이다.

증명 $F_{2n}F_{2n+4}=(F_{2n+2})^2-1=(F_{2n+2}+1)(F_{2n+2}-1)$이다. 따라서

$$F_{2n}F_{2n+2}F_{2n+4}=(F_{2n+2}-1)F_{2n+2}(F_{2n+2}+1)$$

은 연속된 세 수의 곱이므로 삼각수이다. ■

3.21 THEOREM

연속된 두 정수의 곱으로 이루어진 피타고라스수는 무한이 많이 존재한다.

증명 자연수 $a>1$에 대하여 연속된 세 정수의 곱 $(a^2-1)a^2(a^2+1)$은 피타고라스수이다. 또한 피타고라스수에 제곱수 a^2을 곱한 수

$$n=a^2(a^2-1)a^2(a^2+1)$$

도 역시 피타고라스수이다. 그런데 $n=(a^4-1)a^4$ 연속된 두 정수의 곱이다. ■

3.22 REMARK

페르마는 넓이가 1이고 각 변의 길이가 유리수인 직각삼각형이 존재하지 못한다는 것을 증명하였다. 그러나 넓이가 1이 아닌 일반적인 정수 n에 관해서는 아직 모르고 있다. 특별한 경우이지만 각 변의 길이가 유리수이고 넓이가 157인 직각삼각형은 존재한다. 구체적인 크기는 다음과 같다.[82)]

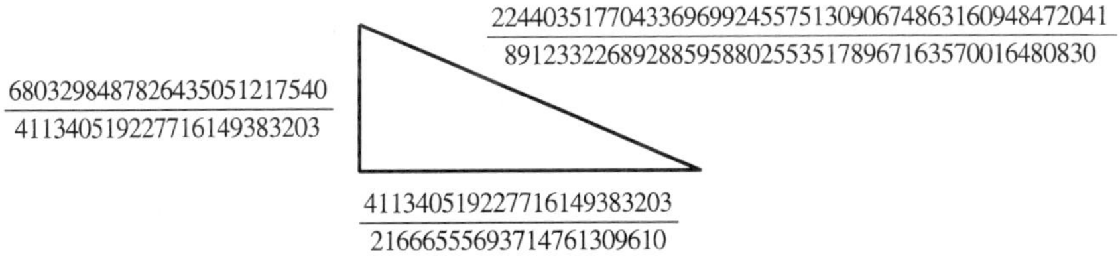

3.23 REMARK

2009 개정 수학과 고교과정 수학③의 교과서에서 피타고라스짝을 다룬다. 물론 교과서에서는 Pytagorean triple을 피타고라스수로 번역하여 사용한다. 피타고라스수(Pythagorean number)는 Pytagorean triple이 만든 직각삼각형(이를 Pytagorean triangle이라 한다)의 넓이로 정의된다. 따라서 교과서에서 피타고라스짝으로 번역 사용해야 한다. (3.22) REMARK는 Pytagorean triangle을 유리수로 확장했을 때, 157은 (일반화된, generalized) Pythagorean number이다. ■

정사각형의 대각선의 길이는 유리수가 아니다. 환원하면 2개의 피타고라스 삼각형으로 나누어지는 정사각형은 존재하지 않는다. 3개로 나누어지는 정사각형이 존재하지 못하는 거도 쉽게 보일 수 있지만 4개로 나눌 수 없다는 엄밀한 증명은 학부 수준을 넘어 선다. 결국 $m \geq 5$일 때, m개의 피타고라스 삼각형으로 나누어지는 정사각형은 존재한다.[83)]

---

82) A. Wiles, Twenty years of number theory, in Mathematics : Frontiers and Perspectives, (Eds. V. Arnold, et al), IMU-AMS (**2000**) 329-343.

83) C. Jepsen and R. Yang, Making squares from Pythagorean triangles, College Math. J. 29(4) (1998) 284-288.

3.24 THEOREM

$m \geq 5$인 경우에만 m개의 피타고라스 삼각형으로 나누어지는 정사각형은 존재한다.

증명 $m=3$인 경우는 독자에게 남기겠다. 4개로 나눌 수 있는 정사각형은 존재하지 못함을 다음 경로를 통하여 증명해 보자.

【Lemma 1】 피타고라스 삼각형에서 대각선이 아닌 두 수를 x, y라 하자. $m/n = x/y$이면 m, n도 피타고라스 삼각형의 대각선이 아닌 두 변이된다.

증명 $x/y = p/q$(여기서 $\gcd(p,\ q) = 1$)로 쓰자. $d = \gcd(x,\ y)$에 대하여 $x = pd$, $y = qd$이다. 조건에서 $x^2 + y^2 = z^2$이므로 $(pd)^2 + (qd)^2 = (p^2 + q^2)d^2 = z^2$이다. 따라서 $d|z$이다. $m = p\left(d\dfrac{n}{y}\right)$, $n = q\left(d\dfrac{m}{x}\right)$이고 $\dfrac{y}{d}\bigg|n$, $\dfrac{x}{d}\bigg|m$이므로 $m = pk$, $n = qk(k \in \mathbb{Z})$이다. 따라서

$$m^2 + n^2 = (p^2 + q^2)k^2 = \left[\left(\frac{z}{d}\right)k\right]^2$$ ■

【Lemma 2】 정사각형에서 대각선으로 자르면 무리수가 나타나므로 4개로 나눌 수 있는 경우는 다음 세 가지 형태뿐이다.

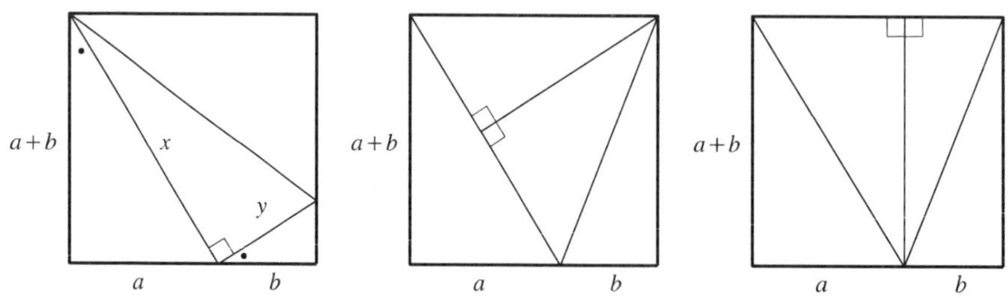

증명 그림으로 생각하면 3가지를 생각할 수 있다. 이론적으로 보면 오른쪽 두 그림이 말하는 것은 "주어진 두 수 a, b에 대하여 빗변이 아닌 두 변의 길이가 a, $a+b$인 피타고라스 삼각형이 존재하는가?"이다. 맨 왼쪽 그림에 삼각비 cos (·)를 사용하면

$$\frac{b}{y} = \frac{a+b}{x} \text{ 또는 } \frac{b}{a+b} = \frac{y}{x}$$

이다. 따라서 정리 2에 의하여 빗변이 아닌 두 변이 x, y인 피타고라스 삼각형이 존재하면 빗변이 아닌 두 변이 b, $a+b$인 피타고라스 삼각형이 존재한다. 여기서 a와 b는 바꾸어 사용해도 무방하다. ■

따라서 4개의 피타고라스 삼각형으로 나눌 수 있는 정사각형의 존재성은 "a, $a+b$와 b, $a+b$가 피타고라스 삼각형들의 빗변이 아닌 두 변의 길이가 되는 a, b가 존재하는가?"로 귀착된다. 실제 몇 개의 경우를 생각해 보자.

a	3	5	8
$a+b$	4	12	15
b	1	7	7

$a=3$, $a+b=4$는 가능하지만 $b=1$, $a+b=4$는 불가능하다. 역시 5, 12, 그리고 8, 15는 가능하지만 7, 12와 7, 15는 그렇지 못하다. 이제 일반적으로 a, b 가 존재할 수 없다는 것을 증명해 보자. 이를 피타고라스짝으로 바꾸어 말하면 다음과 같다.

3.25 Theorem

$\gcd(a,\ b)=1$인 두 피타고라스짝 $(a,\ a+b,\ m)$, $(b,\ a+b,\ n)$은 존재하지 않는다.

증명 존재한다고 가정해 보자. 따라서 다음 연립방정식을 얻는다.

$$\begin{cases} a^2+(a+b)^2=m^2 \\ b^2+(a+b)^2=n^2 \end{cases} \tag{3-5}$$

여기서 a, b, m, n은 모두 홀수임을 쉽게 확인할 수 있다. 연립방정식 (3-5)를 b에 관하여 정돈하자.

$$b=\frac{2m^2-n^2-3a^2}{2a}$$

이를 식(3-5)의 첫 번째에 대입하면

$$a^2+\left(a+\frac{2m^2-n^2-3a^2}{2a}\right)^2=m^2,\ \ 4a^4+(-a^2+2m^2-n^2)^2=4ma^2m^2$$

이고

$$(n^4+2n^2a^2+a^4)+4(m^2-2m^2a^2+a^4)-4m^2n^2=0,$$
$$\left(\frac{1}{2}(n^2+a^2)\right)^2+(m^2-a^2)^2=(mn)^2$$

이때 m^2-a^2은 짝수이고 $\gcd(a,\ b)=1$이므로 기본피타고라스짝

$$\left(\frac{n^2+a^2}{2},\ m^2-a^2,\ mn\right)$$

을 얻는다. 그러므로 정리 3.7에 의하여

$$\begin{cases}\frac{1}{2}(n^2+a^2)=u^2-v^2\\ m^2-a^2=2uv\\ mn=u^2+v^2\end{cases}$$

여기서 $\gcd(u,\ v)=1$, u, v는 반드시 하나가 홀수이고 나머지는 짝수. 그런데

$$\begin{aligned}(m+n)^2&=m^2+n^2+2mn\\ &=(a^2+2uv)+(2u^2-2v^2-a^2)+2(u^2+v^2)\\ &=4u^2+2uv,\\ (m-n)^2&=2uv-4v^2\end{aligned}$$

두 식을 나누면

$$\left(\frac{m+n}{m-n}\right)^2=\frac{2(u/v)+1}{1-2(v/u)}$$

여기서 $x=2(u/v)$로 치환하면

$$\left(\frac{m+n}{m-n}\right)^2=\frac{2(u/v)+1}{1-2(v/u)}=\frac{x+1}{1-(4/x)}=\frac{x(x+1)(x-4)}{(x-4)^2}$$

다시 $y=\dfrac{m+n}{m-n}(x-4)$로 놓으면

$$y^2=x(x+1)(x-4)=x^3-3x^2-4x \tag{3-6}$$

를 얻는다. 식(3-5)의 정수해가 존재하면 곡선(elliptic curve)의 식(3-6)의 유리수인 해 $(x,\ y)$가 존재한다. 이 시점에서 학부수준을 넘으므로 잘 알려진 "식(3-6)의 유리해는 모두 $(-1,\ 0)$, $(0,\ 0)$, $(4,\ 0)$ 뿐이다"을 증명 없이 사용하자.[84] 실수해를 모두 표시한 것이 다음 그래프이다.

```
>with(algcurves):
>f:=y^2-x^3+3*x^2+4*x:
>plot_real_curve(f,x,y);
```

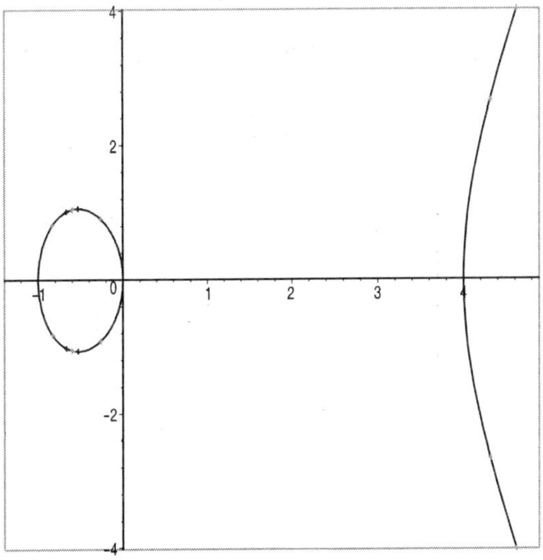

그런데

$$x = 2\,(u/v) > 4$$

이다. 그러므로 4개의 피타고라스 삼각형으로 나누어지는 정사각형은 존재하지 않는다.

이제 5개의 피타고라스 삼각형으로 나누어지는 정사각형을 찾아보자.

먼저, 정사각형 내부에 있는 삼각형은 직각삼각형은 아니지만($289^2+375^2=224146$, $424^2=179776$)

84) J. Silverman and J. Tate, Rational poins on elliptic curves, Springer, 1992.

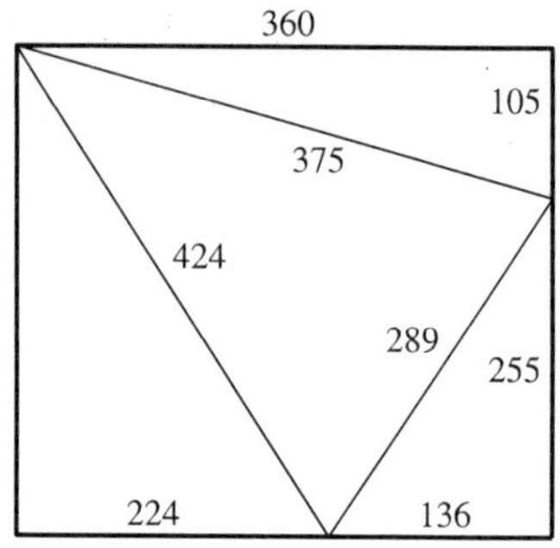

을 컴퓨터의 도움으로 구할 수 있다. 내부 삼각형$(x,\ y,\ z)$에서 길이가 h인 보조선을 그어 내부를 두 개의 직각삼각형으로 분할하자. 이때, h와 w는 유리수일까?

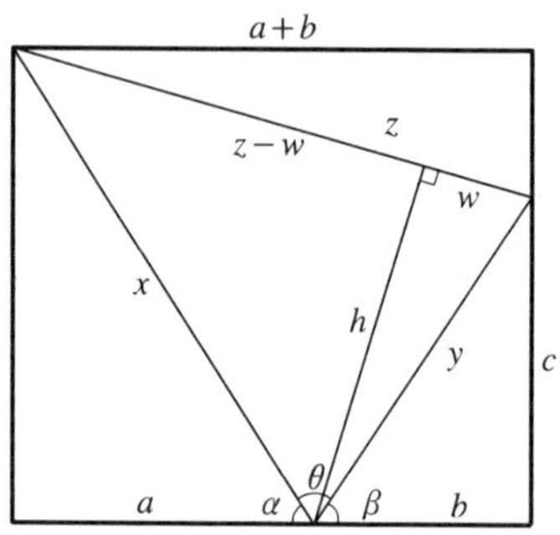

내부 삼각형$(x,\ y,\ z)$의 넓이는 $A=\frac{1}{2}xy\sin\theta$이다. 한편 $\theta=\pi-\alpha-\beta$이므로

$$\sin\theta=\sin(\alpha+\beta)=\sin\alpha\cos\beta+\cos\alpha\sin\beta=\frac{a+b}{x}\frac{b}{y}+\frac{a}{x}\frac{c}{y}$$

따라서 $A=\frac{1}{2}((a+b)b+ac)$이고 또한 $A=\frac{1}{2}zh$이므로

$$h=\frac{1}{z}((a+b)b+ac)$$

는 유리수이다. $h^2+w^2=y^2,\ h^2+(z-w)^2=x^2$으로부터

$$w=\frac{z^2=y^2-x^2}{2z}$$

이므로 역시 유리수이다. 그러므로 $z-w$도 유리수이다. 이제 이들 유리수에 적당한 정수를 곱하면 모든 선분의 길이는 정수가 된다. 예를 든 360×360 정사각형에서 $h=\frac{7072}{25}$,

$w=\dfrac{1479}{25}$ 이므로 모든 길이에 25를 곱하면 9000×9000 정사각형은 다음과 같이 5개의 피타고라스 삼각형으로 나누어진다.

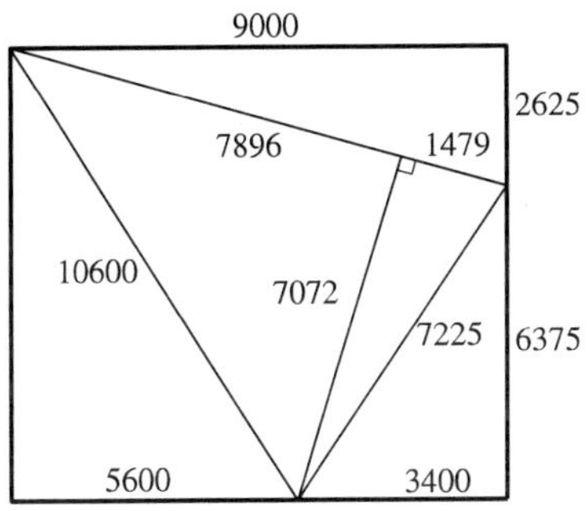

【Lemma 3】 먼저 m 개의 피타고라스 삼각형으로 나누어지는 정사각형을 찾으면 $m+1$ 로 나누어지는 정사각형을 찾을 수 있다.

증명 세 변 $p,\ q,\ r$에서 닮은 비를 사용하면

$$h=\frac{pq}{r},\quad w=\frac{p^2}{r},\quad r-w=\frac{q^2}{r}$$

로 모두 유리수이다. 이제 모든 수에 r을 곱하면 한 개에서 2개의 피타고라스 삼각형을 얻는다. ■

따라서 우리가 찾은 5개의 피타고라스 삼각형으로 나누어지는 정사각형으로부터 $m=6,\ 7,\ 8,\ \cdots$ 개로 나누어지는 정사각형을 찾을 수 있다. ■

제 4 장

몫과 나머지
(Euclidean Domain)

다음 두 질문을 토대로 몫과 나머지에 대하여 알아보자.

> **질문 8** 두 수 37, 16 의 몫과 나머지는 무엇을 뜻하나?
>
> **질문 9** 두 다항식 x^2-2, $x+1$의 몫과 나머지는 무엇을 뜻하나?

두 수 $m=37$, $n=16$에 몫과 나머지를 적용하면 다음과 같다.

$$37=2\times 16+5.$$

즉, 몫은 2이고 나머지는 5이다. 이를 일반화하면 $m=qn+r$일 때, 당연히 분모인 n은 0이 아니고 $r=0$이거나 $r<b$이다. 일반적인 정의를 다음에서 알아보자.

4.1 DEFINITION(Euclidean Domain)

D를 정역(integral domain)이라 하자. 0을 제외한 모든 원소에서 음이 아닌 정수집합으로 가는 함수 δ가 존재하여 다음 두 조건

(1) 임의의 D의 원소 a, $b\neq 0$에 대하여 q, $r\in D$가 존재하여 $a=qb+r$이고 $r=0$ 또는 $\delta(r)<\delta(b)$,

(2) 0이 아닌 두 원소 x, $y\in D$에 대하여 $\delta(xy)\geq\delta(x)$

를 만족할 때, 정역 D를 유클리디안 정역이라 한다.

다음 정리를 증명 없이 소개하자. 학부에서 사용한 대수교재에서 확인하기 바란다.

4.2 THEOREM

(1) Euclidean domain $\Rightarrow$ Principal ideal domain $\Rightarrow$ Unique factorization domain

(2) F가 체이면 다항식환 $F[x]$는 유클리디안 정역이다.

(3) Euclidean domain $\Rightarrow$ Principal ideal domain(PID). ■

두 정수계수 다항식에 몫과 나머지를 구하다 보면 계산 과정에서 종종 분수가 나온다. 그 이유를 다음 정리에서 알아보자. 먼저, 정역 R에서 집합 $A(\subset R)$로 생성된 이데알을 $< A >$로 표시하자. 따라서

$$<A> = \left\{ \sum_{i=1}^{n} a_i r_i \,|\, r_i \in R,\ a_i \in A; n = 1,\ 2,\ \cdots \right\} \tag{4-1}$$

이다. 본 교재에서 기호 $<>$는 생성된 이데알, 연분수(최소정사각형분할)에서 사용된다. 혼돈을 피하기 바란다.

4.3 THEOREM

$\mathbb{Z}[x]$는 PID가 아니고 따라서 유클리디안 정역이 아니다.

증명 정역 $\mathbb{Z}[x]$에서 2와 x로 생성된 이데알 $<2,\ x>$가 단항 이데알(principal ideal)이 아님을 보이자. 먼저, 집합적으로 식(4-1)에서

$$<2,\ x> = \{2f(x) + xg(x) \,|\, f,\ g \in \mathbb{Z}[x]\}$$

로 $<2,\ x>$의 원소는 상수항이 항상 2의 배수이다. $<2,\ x> = <\alpha(x)>$로 가정하자. 이때 $2 \in <\alpha(x)>$이므로 적당한 $p(x) \in \mathbb{Z}[x]$가 존재하여 $2 = \alpha(x)p(x)$이다. 한편,

$$\deg \alpha(x)p(x) = \deg \alpha(x) + \deg p(x)$$

이므로 $\alpha(x)$, $p(x)$는 모두 상수다항식이다. 그런데 2가 소수이므로

$$\alpha(x),\ p(x) \in \{\pm 1,\ \pm 2\}$$

이다. $\alpha(x) = \pm 1$이면 $<2,\ x> = \mathbb{Z}[x]$로 모순이고 $\alpha(x) = \pm 2$이면

$$x \in <\alpha(x)> = <2> = <-2>$$

이다. 이때 적당한 $q(x) \in \mathbb{Z}[x]$가 존재하여 $x = 2q(x)$가 되어 모순이다. 따라서 2와 x로 생성된 이데알 $<2,\ x>$는 단항 이데알이 될 수 없다. 즉 $\mathbb{Z}[x]$는 PID가 아니며, 몫과 나머지를 할 수 있는 유클리디안 정역이 아니다. ■

분할을 이용하여 연속되는 몫과 나머지(Euclidean algorithm)를 설명해 보고, 도미노와 타일을 사용하여 이해해보자. 먼저, 분할에 대하여 알아보자. 두 변의 길이가 각각 37, 16인 직사각형을 정사각형으로 분할해보자.

4.4 DEFINITION(최소정사각형분할)

변의 길이가 자연수인 직사각형 R을 변의 길이가 자연수인 정사각형 S_i로 분할하자. 즉,

(1) $R = \cup_{i=1}^{n} S_i$,

(2) $S_i \cap S_j = \varnothing \quad (i \neq j)$(disjoint).

특히, 분할에 사용된 정사각형의 개수를 최소로 하는 분할을 ‘최소정사각형분할’이라 한다. 최소정사각형분할에 사용된 정사각형의 개수를 큰 정사각형부터 순서대로

$$< a_0,\ a_1,\ a_2,\ \cdots,\ a_n >$$

으로 쓰기로 하자(박제남, 2006).

4.5 EXAMPLE

높이가 16이고 폭이 37인 직사각형을 최소정사각형분할을 해보자.

(1) 16을 한 변으로 하면 두 개의 정사각형이 먼저 만들어진다.

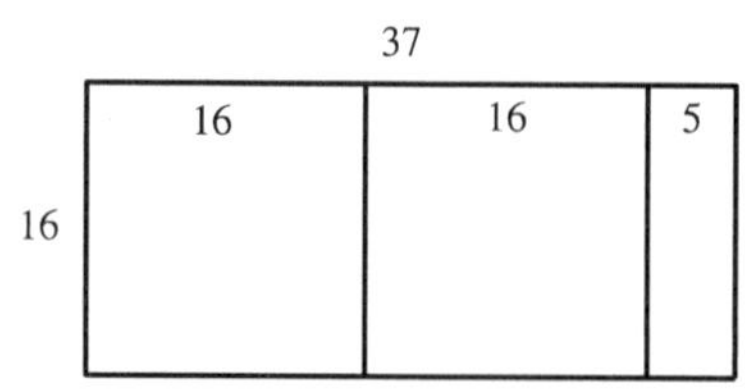

그리고 높이가 16이고 폭이 5인 직사각형이 남는다.

(2) 높이가 16이고 폭이 5인 직사각형에서 다시 한 변의 길이가 5인 정사각형을 3개를 만들 수 있다.

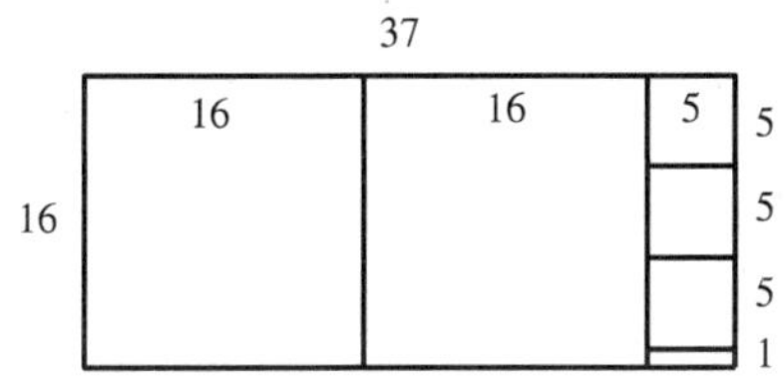

(3) 이때 오른쪽 아래 모서리에는 높이가 1이고 폭이 5인 직사각형이 남는다. 이 직사각형을 다섯 개의 단위 정사각형으로 나눈다.

따라서 두 변의 길이가 37, 16인 직사각형은 아래와 같은 최소정사각형분할을 얻는다.

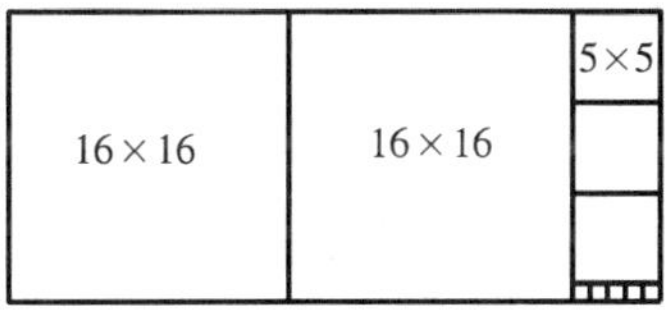

즉, 2개의 16×16, 3개의 5×5 그리고 5개의 1×1 정사각형을 얻는다. 이와 같이, 최소정사각형분할에서 얻는 정사각형의 개수를 큰 정사각형의 개수부터 $<2,\ 3,\ 5>$로 표시하기로 하였다. ■

상황을 바꾸어 두 정수 37, 16에 몫과 나머지를 거듭 시행하면

$$37 = 2\times16+5,$$
$$16 = 3\times5+1,$$
$$5 = 5\times1+0$$

이다. 이를 연속되는 곱의 형태로 하여 순서대로 위에서 내려오면 다음을 얻는다.

$$\begin{aligned}16\times37 &= 16\times(16+16+5)\\ &= (16\times16)+(16\times16)+16\times5\\ &= 2\times(16\times16)+(5+5+5+1)\times5\end{aligned}$$

$$= 2 \times (16 \times 16) + 3 \times (5 \times 5) + 1 \times 5$$
$$= 2 \times (16 \times 16) + 3 \times (5 \times 5) + 5 \times (1 \times 1).$$

즉, 연속된 몫과 나머지를 곱의 형태로 바꾸면 최소정사각형분할을 얻는다. 한편, 몫과 나머지를 분수형태로 하여 순서대로 위에서 내려오면

$$\frac{37}{16} = \frac{2 \times 16 + 5}{16} = 2 + \frac{5}{16}$$
$$= 2 + \cfrac{1}{\cfrac{16}{5}} = 2 + \cfrac{1}{\cfrac{3 \times 5 + 1}{5}}$$
$$= 2 + \cfrac{1}{3 + \cfrac{1}{5}}$$

인 연분수를 얻는다. 이 연분수(유한단순연분수)를 순서대로 $[2 ; 3, 5]$로 표시하자. 결론적으로 몫과 나머지는 최소정사각형분할

$$< a_0, a_1, a_2, \cdots, a_n >$$

과 유한단순연분수

$$[a_0 ; a_1, a_2, \cdots, a_n]$$

을 서로 관련 있게 한다.

4.6 EXAMPLE

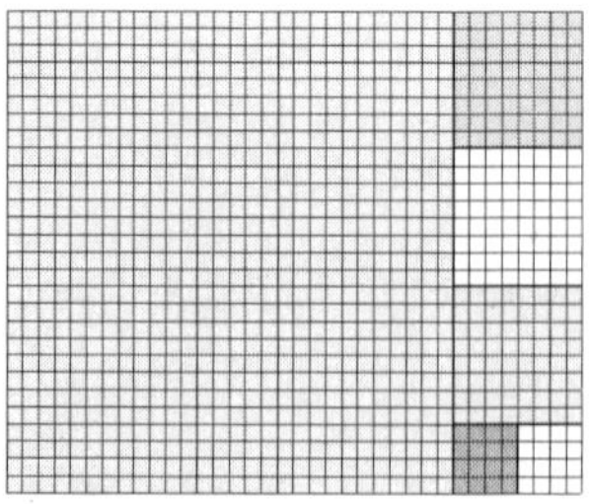

28×36인 사각형의 최소정사각형분할을 구해보자. 가장 작은 정사각형은 4×4로 두 개가 존재한다. 서로 다른 정사각형의 개수는 $< 1, 3, 2 >$이다. 즉

$$\frac{36}{28} = [1 ; 3, 2]$$

이다. ■

4.7 TEAM PROJECT

(1) 예제(4.6)에서 가장 작은 정사각형이 4×4인 이유는?

(2) 최소정사각형분할에 동원된 서로 다른 정사각형은 3가지가 존재하는데 매우 큰 수에서는 어떻게 이를 예측할 수 있을까? ■

지금까지 우리는 몫과 나머지를 최소정사각형분할과 연분수로 알아보았다. 이제 몫과 나머지를 도미노와 타일로 접근해보자.85)

정사각형타일을 타일이라 부르고 두 개의 타일을 붙여 놓은 것을 도미노라 부른다. 타일 쌓기의 규칙을 정해보자. 타일을 쌓기 위한 타일 크기의 받침대가 있고 받침대에는 왼쪽부터 번호를 0, 1, 2, 3, ⋯로 붙이며 각 번호에 해당하는 받침대를 $B_i(i=0,1,2,\cdots)$로 표시하자.

| 규칙1 각 받침대에는 최대 층수가 정해진다. 예를 들어, B_2의 최대 층수는 a_2로 표시한다.

| 규칙2 각 받침대는 타일이나 도미노로 채워야 하며 도미노는 1층에서만 사용하고, 도미노 위에는 타일을 놓을 수 없다.

먼저 받침대가 3개이고 각 받침대의 최대 층수는 $a_0=2$, $a_1=3$, $a_2=5$ 인 경우를 생각해보자.

(1) 타일만 사용할 때

각 받침대 1층에 적어도 하나의 타일이 있으면서 주어진 층수 아래서 놓는 모든 방법은 $2\times3\times5=30$ 가지

(2) 도미노를 사용할 경우

① B_0, B_1에 도미노를 놓으면 B_2에 타일을 놓는 경우의 수가 5이므로 5가지

② B_1, B_2에 도미노를 놓으면 B_0에 타일을 놓는 경우의 수가 2이므로 2가지

따라서 총 37가지이다. 다음 그림은 37가지 중에서 두 개의 예이다.

85) A. Benjamin and J. Quinn, Proofs that really count, The art of combinatorial proof, MAA, 2003.

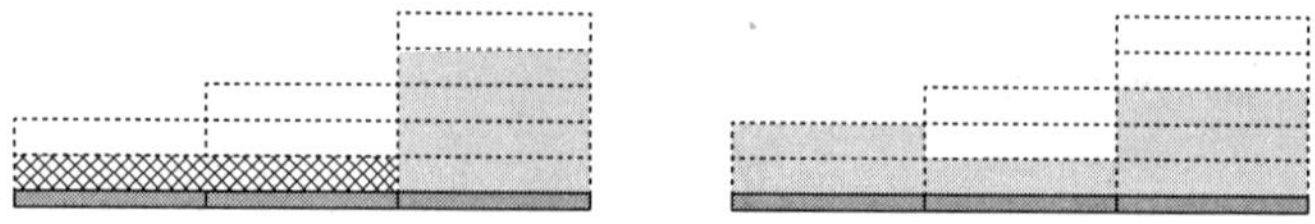

1개의 도미노와 4개의 타일　　　　6개의 타일

위 예에서 기호

$$P(a_0,\ a_1,\ a_2) = P(2,\ 3,\ 5) = 37$$

을 사용하고

$$Q(a_0,\ a_1.a_2) = P(a_1,\ a_2)$$

라 하자. 이때 $P(a_1,\ a_2) = P(3,\ 5) = 15 + 1 = 16$ 임을 알 수 있다. 일반적으로 다음을 정의하자.

(1) $P(a_0,\ a_1,\ a_2,\ \cdots,\ a_n)$이란 각 받침대에 최대 층수가 $a_0,\ a_1,\ \cdots,\ a_n$인 $(n+1)$개의 방에 (규칙1)과 (규칙2)에 따라 타일과 도미노를 사용하여 쌓는 가짓수이다.

(2) $Q(a_0,\ a_1,\ a_2,\ \cdots,\ a_n) = P(a_1,\ a_2,\ \cdots,\ a_n)$로 정의한다.

앞에서 알아본 비율 $\dfrac{P(a_0,\ a_1,\ a_2)}{P(a_1,\ a_2)} = \dfrac{37}{16}$에서 37, 16에 몫과 나머지를 거듭 시행하면 $[a_0\ ;\ a_1,\ a_2]$를 얻는다. 이를 일반적으로 살펴보자.

연속된 분수계산에 의하여

$$[a_0\ ;\ a_1,\ a_2,\ \cdots,\ a_n] = \frac{p(a_0,\ a_1,\ a_2,\ \cdots,\ a_n)}{q(a_0,\ a_1,\ a_2,\ \cdots,\ a_n)}$$

라 하면 다음을 얻는다.

(1) $$[a_0\ ;\ a_1,\ a_2,\ \cdots,\ a_n] = a_0 + \frac{1}{[a_1\ ;\ a_2,\ \cdots,\ a_n]}$$

$$= a_0 + \cfrac{1}{\cfrac{p(a_1,\ a_2,\ \cdots,\ a_n)}{q(a_1,\ a_2,\ \cdots,\ a_n)}}$$

$$= a_0 + \frac{q(a_1,\ a_2,\ \cdots,\ a_n)}{p(a_1,\ a_2,\ \cdots,\ a_n)}$$

$$= \frac{a_0 p(a_1,\ a_2,\ \cdots,\ a_n) + q(a_1,\ a_2,\ \cdots,\ a_n)}{p(a_1,\ a_2,\ \cdots,\ a_n)}.$$

(2) (1)에 의하여

$$p(a_0,\ a_1,\ a_2,\ \cdots,\ a_n) = a_0 p(a_1,\ a_2,\ \cdots,\ a_n) + q(a_1,\ a_2,\ \cdots,\ a_n),$$
$$q(a_0,\ a_1,\ a_2,\ \cdots,\ a_n) = p(a_1,\ a_2,\ \cdots,\ a_n).$$

앞에서 $P(a_0,\ a_1,\ a_2,\ \cdots,\ a_n)$이란 각 받침대에 최대 층수가 $a_0,\ a_1,\ \cdots,\ a_n$인 $(n+1)$개의 받침대에 【규칙1】과 【규칙2】에 따라 타일과 도미노를 사용하여 쌓는 가짓수이고

$$Q(a_0,\ a_1,\ a_2,\ \cdots,\ a_n) = P(a_1,\ a_2,\ \cdots,\ a_n)$$

로 정의하였다. 첫 번째 받침대의 최대 층수는 a_0이다. $P(a_0,\ a_1,\ a_2,\ \cdots,\ a_n)$은 다음 두 가지를 포함한다.

① 받침대 B_0에 도미노가 없다.

② 받침대 B_0에 도미노가 있다.

따라서

①은 $a_0 P(a_1,\ a_2,\ \cdots,\ a_n)$개의 쌓기를 결정하고,

②는 첫째 받침대와 둘째 받침대에 걸쳐 도미노가 있으므로 $P(a_2,\ a_3,\ \cdots,\ a_n)$개의 쌓기를 결정한다. 그러므로

$$\begin{aligned} P(a_0,\ a_1,\ a_2,\ \cdots,\ a_n) &= a_0 P(a_1,\ a_2,\ \cdots,\ a_n) + P(a_2,\ a_3,\ \cdots,\ a_n) \\ &= a_0 P(a_1,\ a_2,\ \cdots,\ a_n) + Q(a_1,\ a_2,\ \cdots,\ a_n) \end{aligned}$$

이다. 이를 종합하면 다음 정리를 얻는다.

4.8 THEOREM

양의 정수 $a_0,\ a_1,\ \cdots,\ a_n$에 대하여 $[a_0\ ;\ a_1,\ \cdots,\ a_n] = \dfrac{p_n}{q_n}$이라 하자.

(1) p_n은 최대 층수가 $a_0,\ a_1,\ \cdots,\ a_n$인 $(n+1)$개의 받침대에 타일과 도미노를 쌓는 가짓수이고

(2) q_n은 최대 층수가 $a_1,\ \cdots,\ a_n$인 n개의 받침대에 타일과 도미노를 쌓는 가짓수이다.

■

4.9 IN YOUR OWN WORDS

두 정수(예를 들어 37, 16을 마음 속에 고정해 놓고)에 대하여

(1) 유리수를 하나 결정한다(즉, 37/16).

(2) 두 정수의 몫과 나머지를 거듭 시행한다.

(3) 최소정사각형분할을 한다.

(4) 유한연분수로 본다.

(5) 받침대가 유한개인 도미노와 타일쌓기로 본다.

는 동일선상에 있다는 것을 지금까지 자세히 알아보았다. 수업을 위한 지도안을 작성해 보자. ■

한편, 유리수를 $\sqrt{2}$와 같은 무리수로 바꾸면 아래 표에서 (2), (3), (4), (5)는 어떻게 변할까 생각해 보자. 지금 이 순간 너무 행복하지 않은가?

	유리수	무리수
분류	유리수 37/16	무리수 $\sqrt{2}$
유클리디안 알고리즘	두 정수의 몫과 나머지	(2)
도형	분할	(3)
연분수	유한연분수	(4)
조합론	유한개의 방	(5)

이제 화제를 유리수 37/16에서 무리수 $\sqrt{2}$로 옮겨가 보자.

4.10 REMARK

수학③(근호를 포함한 식의 사칙계산)에서

$$\frac{1}{1+\sqrt{2}}\text{을 유리화하여라}$$

는 실제 다항식의 몫과 나머지와 맥을 같이한다. 학생들은 무리수 $\dfrac{1}{1+\sqrt{2}}$을 유리화하라는 문제를 만나면 다음과 같이 기계적으로 계산한다.

$$\frac{1}{\sqrt{2}+1}\times\frac{\sqrt{2}-1}{\sqrt{2}-1}=\frac{\sqrt{2}-1}{2-1}=\sqrt{2}-1$$

이제 유리화에 관한 다음 질문에 대하여 생각해 보자.

질문 10 유리화 $\dfrac{1}{1+\sqrt{2}}$의 계산에서 분자/분모에 곱한 $\sqrt{2}-1$은 어떻게 나온 것일까?

질문 11 $\dfrac{1}{1+\sqrt[5]{2}+\sqrt[5]{8}}$을 유리화 할 때, 분자/분모에 무엇을 곱해야하나?

질문 12 유리화 $\dfrac{1}{1+\sqrt{2}}$의 용도는 무엇인가?

질문 13 $\sqrt{2}$와 같이 π도 무리수이다. $\dfrac{1}{1+\pi}$을 유리화 할 수 있는가?

(1) 다항식 $p(x)=x^2-2$는 $\mathbb{Q}$ 위에서 기약다항식[86]이므로 x^2-2로 생성된 단항 이데알(principal ideal) $<x^2-2>$는 극대 이데알(maximal ideal)이다. 따라서 잉여환(factor ring)

$$\frac{\mathbb{Q}[x]}{<x^2-2>}\simeq\{a_0+a_1t\,|\,a_i\in\mathbb{Q},\ t^2=2\},$$

86) 기약다항식(irreducible polynomial) 판정법(Eisenstein's Criterion) : $p\in\mathbb{Z}$가 소수이고 $f(x)=x^n-a_{n-1}x^{n-1}+\cdots+a_1x+a_0\in\mathbb{Z}[x]$에 대하여 $p|a_i\,(i=0,1,\cdots,n-1)$이고 $p^2\nmid a_0$이면 $f(x)$는 $\mathbb{Q}[x]$에서 기약다항식이다.

$$a_0 + a_1 x + < x^2 - 2 > \leftrightarrow a_0 + a_1 t$$

는 체(field)이다. 한편, 두 다항식 $x^2 - 2$, $x+1$에 몫과 나머지를 적용하면

$$x^2 - 2 = (x+1)(x-1) - 1 \tag{4-2}$$

인데, 식(4-2)를 체 $\dfrac{\mathbb{Q}[x]}{< x^2 - 2 >}$에서 다시 쓰면,

$$0 = (t+1)(t-1) - 1 \text{ (여기서 } t = x + < x^2 - 2 > \text{(잉여류, coset))}$$

이므로

$$(t+1)(t-1) = 1 \text{ 또는 } (t+1)^{-1} = t - 1.$$

따라서 $\dfrac{1}{\sqrt{2}+1} = \sqrt{2} - 1$이다.

(2) 유리화를 바탕으로

$$\sqrt{2} = 1 + (\sqrt{2} - 1) = 1 + \frac{1}{\sqrt{2}+1}$$

이고

$$\frac{1}{\sqrt{2}+1} = \frac{1}{2 + (\sqrt{2} + 1 - 2)} = \frac{1}{2 + \dfrac{1}{\sqrt{2}+1}}$$

이므로 $\sqrt{2}$는 중복해서 표현되는 무한연분수 $\sqrt{2} = [1;2,\ 2,\ 2,\ \cdots]$로 표현된다. 한편, 무한연분수는 $\sqrt{2}$와 같은 일부 무리수(quadratic irrational number)를 완전히 결판낸다.87)

(3) (CAUTION !) $\dfrac{1}{1-\sqrt{2}} = -\sqrt{2} - 1$이므로 이 유리화를 거듭 사용하면

$$-\sqrt{2} - 1 = \frac{1}{1-\sqrt{2}} = \frac{1}{2 + (-\sqrt{2} - 1)} = \frac{1}{2 + \dfrac{1}{2 + \dfrac{1}{2 + \cdots}}}$$

---

87) · Ivan Niven, Herbert S. Zuckerman and Hugh L. Montgomery, An introduction to the theory of numbers, John Wiley & Sons, New York, 1991. (정리 7.7, 7.19 참고)
· 김응태, 박승안, 정수론, 4판, 경문사, 1997.

으로 (좌변) 끝은 음수이고 (우변) 끝은 양수인 모순을 얻기도 한다. 따라서, 연분수로 표현 한 후 결과를 꼭 검토해야 한다.[88) ■

4.11 SUMMING UP

'두 다항식 x^2-2, $x+1$의 몫과 나머지를 구한다'는 것은 무엇을 의미할까? 다음 연속된 9개의 문장은 모두 동일한 개념하에 있다.

(1) x^2-2를 $x+1$로 나눌 때, 몫과 나머지를 구하여라.

(2) $\dfrac{1}{\sqrt{2}+1}$을 유리화하여라.

(3) $1+\sqrt{2}$의 역원을 수집합 $\mathbb{Q}[\sqrt{2}]=\{a+b\sqrt{2}\,|\,a,\ b\in\mathbb{Q}\}$에서 구하여라.

(4) $\sqrt{2}$를 무한 단순연분수 $1+\cfrac{1}{2+\cfrac{1}{2+\cdots}}$(기호 $[1\,;\,2,\ 2,\ 2,\ 2\cdots]$)로 표시한다

(5) 연분수로 무리수 $\sqrt{2}$의 근삿값을 구한다.

(6) 근호를 포함한 수집합 $\mathbb{Q}[\sqrt{2}]=\{a+b\sqrt{2}\,|\,a,\ b\in\mathbb{Q}\}$는 체(field)이다.

(7) $\sqrt{2}$는 방정식 $x^2-2=0$의 근이다.

(8) $\sqrt{2}$는 대수적 무리수(algebraic number)이다.

(9) 잉여환 $\mathbb{Q}[x]/<x^2-2>$는 체이다. ■

유리화 $\dfrac{1}{\sqrt{2}+1}$의 문제에서 분모, 분자에 $\sqrt{2}-1$을 곱하기로 결정하는 것은 이론에 관계없이 쉬운 일이다. 그러나, 다음 예와 같이 형태가 복잡해지면 분자, 분모에 무엇을 곱할지 결정하기가 불가능해진다.

4.12 EXAMPLE

$\dfrac{1}{1+\sqrt[5]{2}+\sqrt[5]{8}}$을 유리화하여라.

---

88) 손재범, 큐-급수와 큐-연분수에 대한 소개, 과학과 지평, 고등과학원, 45 (**2011**) 8-12.

풀이 다항식 $p(x)=x^5-2$는 $\mathbb{Q}$ 상에서 기약다항식(irreducible polynomial)이므로 x^5-2로 생성된 단항 이데알(principal ideal) $<x^5-2>$는 극대 이데알(maximal ideal)이다. 따라서 환(factor ring)

$$\frac{\mathbb{Q}[x]}{<x^5-2>} \simeq \{a_0+a_1t+a_2t^2+a_3t^3+a_4t^4 \mid a_i \in \mathbb{Q},\ t^5=2\}$$

는 체(field)가 된다. 예를 들어, 곱셈을 하나 확인하면

$$t^4(t^3+1)=t^7+t^4=t^2t^5+t^4=2t^2+t^4$$

이다. 이제 $1+t+t^3$의 역원(inverse) $(1+t+t^3)^{-1}$을 구해보자. 먼저 x^5-2와 $1+x+x^3$에 몫과 나머지를 거듭 사용해 보자(Euclidean algorithm).

$$\begin{aligned} x^5-2 &= (x^3+x+1)(x^2-1)-(x^2-x+1), \\ x^3+x+1 &= (x^2-x+1)(x+1)+x, \\ x^2-x+1 &= x(x-1)+1. \end{aligned}$$

따라서 이 과정을 거꾸로 올라가면

$$\begin{aligned} 1 &= (x^2-x+1)-x(x-1) \\ &= (x^2-x+1)-[(x^3+x+1)-(x^2-x+1)(x+1)](x-1) \\ &= -(x-1)(x^3+x+1)+(x^2)(x^2-x+1) \\ &= -(x-1)(x^3+x+1)+x^2[(x^3+x+1)(x^2-1)-(x^5-2)] \\ &= (x^4-x^2-x+1)(x^3+x+1)+(-x^2)(x^5-2) \end{aligned}$$

이다. 마지막 식의 의미를 살펴보면, 두 다항식 $f(x)=x^5-2$와 $g(x)=x^3+x+1$에 대하여

① 다항식 $f(x)$, $g(x)$로 생성된 단항 이데알(principal ideal)의 합은 $\mathbb{Q}[x]$이다 :

$$f(x)\mathbb{Q}[x]+g(x)\mathbb{Q}[x]=\mathbb{Q}[x].$$

② 두 다항식 $f(x)=x^5-2$와 $g(x)=x^3+x+1$의 최대공약수로 단원(unit) 1을 택할 수 있다.

③ 단원 1은 $f(x)$, $g(x)$로 생성된 이데알에 속한다.

이제, $1=(x^4-x^2-x+1)(x^3+x+1)+(-x^2)(x^5-2)$을 체(field)

$$\frac{\mathbb{Q}[x]}{<x^5-2>} \simeq \{a_0 + a_1 t + a_2 t^2 + a_3 t^3 + a_4 t^4 | a_i \in \mathbb{Q},\ t^5 = 2\}$$

로 옮겨가 보면

$$1 = (t^4 - t^2 - t + 1)(t^3 + t + 1),\ t = x + <x^5 - 2>$$

이므로

$$(t^3 + t + 1)^{-1} = t^4 - t^2 - t + 1$$

이다. 그러므로 다음 유리화를 얻는다.

$$\frac{1}{1 + \sqrt[5]{2} + \sqrt[5]{8}} = \sqrt[5]{16} - \sqrt[5]{4} - \sqrt[5]{2} + 1$$

즉, $1 + \sqrt[5]{2} + \sqrt[5]{8}$ 의 역원을 $\mathbb{Q}[\sqrt[5]{2}]$에서 구한 것이다. ■

4.13 IN YOUR OWN WORDS

(1) $\dfrac{1}{1 - \sqrt[3]{2} + \sqrt[3]{4}}$ 을 유리화하여라. 즉, $1 - \sqrt[3]{2} + \sqrt[3]{4}$ 의 역원을 $\mathbb{Q}[\sqrt[3]{2}]$에서 구하여라.

(2) $\sqrt{2}$ 와 π는 모두 무리수이다. $\dfrac{1}{\sqrt{2}+1}$ 의 유리화처럼 $\dfrac{1}{\pi+1}$ 을 유리화할 수 있을까? 학생들이 질문한다면 독자는 어떻게 지도할까?

(3) 두 다항식의 유클리디안 알고리즘을 거꾸로 올라가 만든 식은 유리화와 관계가 있음을 알아보았다. 몫과 나머지는 차수(degree)가 낮은 다항식이 높은 다항식을 나누는 것이다. 거꾸로, 높은 차수의 다항식이 낮은 다항식을 나눈다는 것은 무엇을 의미할까? 이를 학생들에게 지도하여 보자. 예를 들어 x를 $1 - x - x^2$으로 나눌 때, 몫과 나머지를 연속하여 구해보자. 이때 함수 $f(x) = \dfrac{x}{1 - x - x^2}$ 를 피보나치 수열의 생성함수(generating function)[89]라 부른다.

89) 박제남, 사범대생을 위한 수리논술, 경문사, 2011(p. 137)
R. Lando, Lectures on generating functions, AMS, 2003.

독자들은 (4.9)의 표에서 (4)와 (5)에는 “유한” 대신 “무한”이 들어간다는 것을 알았다. 그리고 (2)는 “유리화”이다. 독자들은 “두 정수”가 “두 다항식”으로 변한다는 것을 알고 있다. 이제 문제는 (3)이다. 유한의 경우 분할이 가능하지만 무한을 어떻게 분할할 수 있겠는가? 이를 해결하기 위한 새로운 정의가 필요하다.

4.14 DEFINITION(박제남, 2006)[90]

두 정사각형을 변(모서리)끼리 붙여 직사각형을 만들자. 다음 그림은 두 번의 붙이기를 보여준다. 한 변의 길이가 n인 정사각형에 붙일 수 있는 정사각형은 크기가 같은 것 밖에 없다. 따라서 아래 마지막 그림에서와 같이, 두 번째 붙인 정사각형의 폭은 $2n$이다.

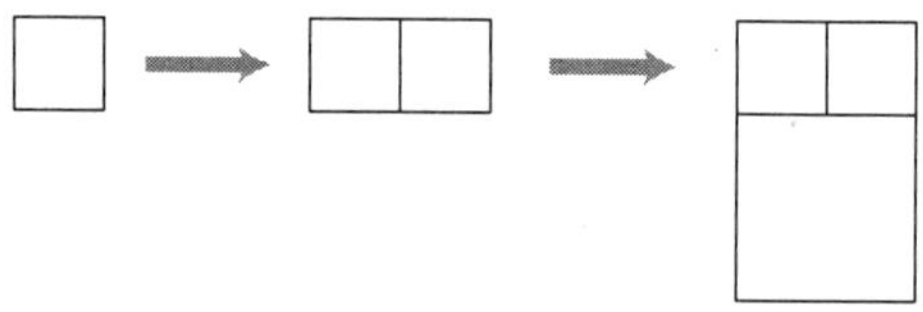

한편, 분할에서 사용한 기호를 마지막 사각형에 적용하면 < 1, 2 >이다.

다시 (4.9) IN YOUR OWN WORDS의 이야기로 돌아가자. 표에 (2)는 “붙이기”가 된다. 위 두 단계 붙이기에서 마지막 사각형은 < 1, 2 >이고, 이를 연분수로 바꾸면 $1+\frac{1}{2}$이다. 따라서 3번째 붙이기 결과가 < 1, 2, 2 >이고, 네 번째 붙이기 결과가 < 1, 2, 2, 2 >가 되도록 붙이면 된다. < 1, 2, 2 >를 그리면 오른쪽과 같다.

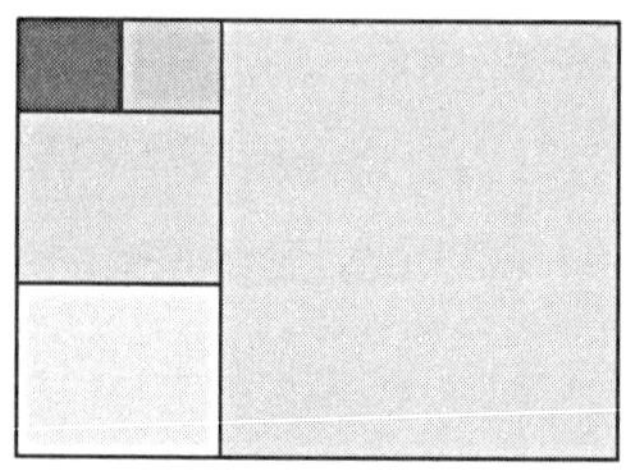

독자들은 < 1, 2, 2, 2 >를 쉽게 그릴 수 있다. 이와 같이 무한히 붙이기를 한 것이 무리수 $\sqrt{2}$ 이다. 다음 표를 홀가분하게 완성하자. 조합론(도미노와 타일)입장에서 무한개의 받침대의 최대 층수는 첫 번째 받침대부터 1, 2, 2, 2,⋯이다.

90) 필자가 본 정의를 도입하게 된 이유(motivation)는 피보나치 수열 도입에 있었다.

	유리수	무리수
예	유리수 37/16	무리수 $\sqrt{2}$
유클리디안 알고리즘	정수	다항식
도형	분할	붙이기
연분수	유한연분수	무한연분수
조합론	유한개의 방	무한개의 방

4.15 IN YOUR OWN WORDS(수학과 디자인지도)

다음 디자인을 정사각형 붙이기(정의(4.14))와 최소정사각형분할(정의(4.4))입장에서 지도안을 만들어 보자(Eric Baird, 2009).

지도방향	주제	몫과 나머지
	소재	피보나치 수열
	구성	점대칭

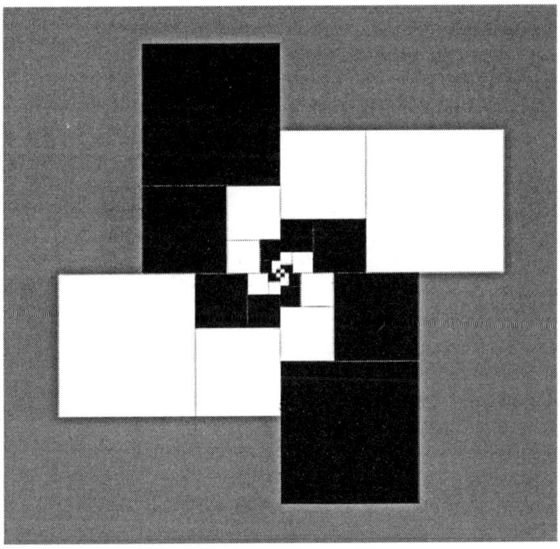

우리는 지금까지 $\sqrt{2}$를 연분수 입장에서 접근하였다. $\sqrt{2}$를 다음 입장에서 접해보자.

질문 14 $\sqrt{2}$에 대한 가장 오래된 기록은 고대 바빌로니아인들(B.C. 1900–B.C. 1600)이 만든 점토판에서 찾을 수 있다. 그들은 $\sqrt{2}$를 어떻게 인식하고 $\sqrt{2}$의 근삿값 $\dfrac{577}{408}$을 어떻게 구했을까?

질문 15 무리식의 계산 $\dfrac{x}{y} - \sqrt{N} = \dfrac{x - y\sqrt{N}}{y}$ (x, y, N은 양의 정수)의 용도는 무엇인가?

질문 16 수집합 $\{a + b\sqrt{2} \mid a, b \in \mathbb{Z}\}$는 곱셈에 대하여 닫혀있다. $\sqrt{2}$의 근삿값을 구하는 것과 어떻게 관련이 있는가?

4.16 $\sqrt{2}$의 근삿값

(1) 고대 바빌로니아(B.C. 1900–B.C. 1600)인들은 주로 60진법을 사용하였으며 기록(Tablet No. 7289)에 의하여 $\sqrt{2}$를

$$\sqrt{2} = 1 + \frac{24}{60} + \frac{51}{60^2} + \frac{10}{60^3}$$

로 사용하였다. 즉,

$$\sqrt{2} = 1 + \frac{24}{60} + \frac{51}{60^2} + \frac{10}{60^3} = \frac{577}{408}$$

Tablet No. 7289

그 이유에 대한 가장 신뢰성 높은 추정은 다음과 같은 두 단계 접근법에 두고 있다[91] (1999년).

(1) $x < \sqrt{2}$이면 $\dfrac{2}{x} > \sqrt{2}$이고

(2) 두 수 x와 $\dfrac{2}{x}$의 산술평균 $\dfrac{1}{2}\left(x + \dfrac{2}{x}\right)$은 x나 $\dfrac{2}{x}$보다 $\sqrt{2}$에 가깝다.

91) Ezra Brown, Square roots from 1; 24, 51, 10 to Dan Shanks, College Math. J. 30 (**1999**) 82-95. D. Fowler and E. Robson, Square root approximations in Old Babylonian mathematics : YBC 7289 in context, Historia Mathematica 25 (**1998**) 366-378.

따라서, 수열

$$x_{n+1} = \frac{1}{2}\left(x_n + \frac{2}{x_n}\right)(n = 1,\ 2,\ 3,\ \cdots) \tag{4-3}$$

을 얻는다. 이때 $x_1 = \frac{3}{2}$으로 시작할 때 $x_3 = 577/408$이다.

단계	x_i	$2/x_i$
1	3/2	4/3
2	17/12	24/17
3	577/408	816/577
4	665857/470832	941664/665857
5	886731088897/627013566048	

한편, $x_n > \sqrt{2}$이고 감소하는 수열 이다. 즉,

$$x_n - x_{n+1} > 0(n = 1,\ 2,\ 3,\ \cdots).$$

이다. 그 이유를 살펴보면 식(4-3)에서

① $\frac{1}{2}\left(x_n + \frac{2}{x_n}\right) > \sqrt{x_n \frac{2}{x_n}} = \sqrt{2}$ (산술평균과 기하평균의 비교),

② $x_n - x_{n+1} = x_n - \frac{1}{2}\left(x_n + \frac{2}{x_n}\right) = \frac{1}{2}\frac{(x_n^2 - 2)}{x_n}$,

③ $x_n^2 - (2x_{n+1})x_n + 2 = 0$

이다. 따라서 x_n은 이차방정식 $x_n^2 - (2x_{n+1})x_n + 2 = 0$의 실근이므로 판별식 $4x_{n+1}^2 - 8$은 항상 양의 실수이어야 한다. 즉,

$$x_{n+1}^2 \geq 2\ \ (n \geq 1)$$

이다. 그러므로

$$x_n - x_{n+1} = x_n - \frac{1}{2}\left(x_n + \frac{2}{x_n}\right) = \frac{1}{2}\frac{(x_n^2 - 2)}{x_n} \geq 0\ .$$

(2) (Āryabhata(476-550), Brahmagupta(598-665))[92] 방정식 $X^2 - NY^2 = m(m \neq 0)$

을 만족하는 양의 정수해를 $(x,\ y)$라 하자.

$$\begin{aligned}\frac{x}{y}-\sqrt{N}&=\frac{1}{y}\frac{(x-y\sqrt{N})(x+y\sqrt{N})}{x+y\sqrt{N}}\\&=\frac{1}{y}\frac{x^2-Ny^2}{x+y\sqrt{N}}=\frac{1}{y}\frac{m}{x+y\sqrt{N}}\end{aligned}$$

이다. 따라서 두 양의 정수 $x,\ y$가 m 보다 충분히 크면 클수록 유리수 $\frac{x}{y}$는 $\sqrt{N}$의 좋은 근삿값이 된다. 방정식 $x^2-2y^2=1$의 양의 정수해를 구하여보자. 먼저,

$$x^2-2y^2=(x+y\sqrt{2})(x-y\sqrt{2})$$

이고, 방정식 $x^2-2y^2=1$에서 양의 정수해 $(x,\ y)=(3,\ 2)$를 쉽게 구할 수 있다. 이때

$$1=3^2-2\cdot 2^2=(3+2\sqrt{2})(3-2\sqrt{2}).$$

양쪽 끝 변에 제곱을 시행하면

$$\begin{aligned}1=1^2&=(3+2\sqrt{2})^2(3-2\sqrt{2})^2=(17+12\sqrt{2})(17-12\sqrt{2})\\&=17^2-2\cdot 12^2.\end{aligned}$$

따라서 새로운 양의 정수해 $(x,\ y)=(17,\ 12)$를 얻는다. 이를 반복해 보자.

$$\begin{aligned}1=1^2&=(3+2\sqrt{2})^2(3-2\sqrt{2})^2\\&=(17+12\sqrt{2})(17-12\sqrt{2})\end{aligned}$$

이고

$$\begin{aligned}1=1^4&=(3+2\sqrt{2})^4(3-2\sqrt{2})^4\\&=(577+408\sqrt{2})(577-408\sqrt{2})\\&=577^2-2\cdot 408^2\end{aligned}$$

이다. 따라서 $\frac{577}{408}$은 $\sqrt{2}$의 (좋은) 근삿값이다.

(3) 수학②에서 학습량감축으로 근삿값을 다루지 않는다.

92) V.S. Varadarajan, Algebra in ancient and modern times, AMS, 1998(p. 17-20).

(2009 개정 교육과정) 현행 중학교 2학년의 근삿값 내용의 지도 목표는 눈금으로 읽거나 반올림하여 구한 값은 참값이 아니라는 것과 참값이 아닌 근삿값이 참값과 얼마나 가까운지, 근삿값의 숫자 중 믿을 수 있는 숫자는 무엇인지를 수학적으로 아는 능력을 기르는데 있다. 근삿값은 일상생활에서 쓰이는 내용임에도 불구하고 학생들은 근삿값을 계산하는 것에 치중하며 그 계산을 어려워하고 있는 실정이다. 중학교 과정에서 근삿값 내용은 다른 단원과 연계성이 부족하다. 또한, 현재 중학교 2학년에서 다루는 근삿값은 일상생활에서의 활용도와 거리가 멀고, 가르치기에 많은 어려움을 주는 단원이다.

$\sqrt{2}$의 근삿값을 어떻게 지도했는지 되돌아보자. 다른 단원과의 연계성이나 실생활에 활용은 미적분을 활용한 근삿값의 영역이다. 중학교에서 근삿값을 다룬다는 것은 미적분을 쓰지 않고 어떻게 근삿값을 다룰 것인가로 문제가 요약된다. 근삿값을 우리 인류는 어떻게 구했는지 알아보자. 이를 바탕으로 근삿값 지도 방법을 생각해 보자. 참고로《고급수학 II》에서 테일러 다항식을 이용하여 근삿값을 구한다.

4.17 EXERCISE

(1) $\frac{577}{408}$을 Newton's Method($f(x) = x^2 - 2,\ x_0 = \frac{3}{2}$)로 접근해보자.

(2) 두 수 577, 408에 몫과 나머지를 적용하여 577/408을 연분수로 나타내보자.

(3) 분모가 408인 유리수 중에서 $\sqrt{2}$와 제일 가까운 것은?

4.18 PROJECT

아르키메데스는 $\sqrt{3}$을 왜 만났고, 어떻게 근삿값 $\frac{265}{153} < \sqrt{3} < \frac{1351}{780}$을 구했는지 여러 가지 추측에 대하여 알아보자.[93]

93) T. L. Heath, The works of Archimedes, Dover, 2002(Chapter IV).

4.19 REMARK

근삿값이란 무리수를 유리수로 (충분히) 접근한 것을 말하는가? 수학자 아리스타르코스(Aristarchus, B.C 310-230, Samoa)는 저서 《On the sizes and distances of the sun and moon》에서 6개의 가설로 출발하여 18개의 명제를 제공하고 있다. 특히, 그의 연분수

$$\frac{7291}{4050} \fallingdotseq 1+\cfrac{1}{1+\cfrac{1}{21+\cfrac{1}{2}}}=\frac{88}{45}$$

$$\frac{71755875}{61735500}=\frac{21261}{18292} \fallingdotseq 1+\cfrac{1}{6+\cfrac{1}{6}}=\frac{43}{37}$$

의 사용을 볼 때, 당시 연분수의 어떻게 발전시켜야할지 알고 있었다고 추측된다.94)

"Proposition 15. 태양과 지구의 지름의 비율은 19/3보다 크고 43/6보다 작다"를 증명하는 과정에서 y를 태양반경과 지구반경의 비라고 하면

$$\frac{y}{y-1}>\frac{71755875}{61735500}$$

을 얻는다. Aristarchus는 여기서도 y의 범위를 구할 수 있지만

$$\frac{71755875}{61735500} \fallingdotseq \frac{43}{37}$$

로 근사하여 구한다. 따라서 부등식

$$\frac{y}{y-1}>\frac{43}{37} \text{ 또는 } 37y>43y-43$$

으로부터 $y<\frac{43}{6}$을 얻는다. 먼저 $\frac{71755875}{61735500}=\frac{21261}{18292}$이다. 이제 두 정수 21261, 18292에 몫과 나머지를 거듭시행(Euclidean algorithm)하면

94) I. Thomas, Greek mathematics II, Harvard Univ. Press, 1951(p. 14-15).

$$
\begin{aligned}
21261 &= 1 \times 18292 + 2969 \\
18292 &= 6 \times 2969 + 478 \\
2969 &= 6 \times 478 + 101 \\
478 &= 4 \times 101 + 74 \\
101 &= 1 \times 74 + 27 \\
74 &= 2 \times 27 + 20 \\
27 &= 1 \times 20 + 7 \\
20 &= 2 \times 7 + 6 \\
7 &= 1 \times 6 + 1 \\
6 &= 6 \times 1 + 0
\end{aligned}
$$

이다. 이를 연분수로 바꾸면

$$
\frac{21261}{18292} = 1 + \cfrac{1}{6 + \cfrac{1}{6 + \cfrac{1}{4 + \cfrac{1}{1 + \cfrac{1}{2 + \cfrac{1}{1 + \cfrac{1}{2 + \cfrac{1}{1 + \cfrac{1}{6}}}}}}}}}
$$

이다. Aristarchus는 이 연분수를

$$
1 + \cfrac{1}{6 + \cfrac{1}{6}} = \frac{43}{37}
$$

로 근사하여 사용하였다. ■

우리는 앞에서 매우 큰 두 수의 몫과 나머지를 시행하였다. 이는 주어진 두 수에 대하여 몫과 나머지의 횟수를 예측할 필요가 있다.

피보나치수열($F_0 = 1,\ F_1 = 1,\ F_{n+1} = F_n + F_{n-1}$)은 몫과 나머지의 횟수와 연관이 있다. 이를 자세히 알아보자.

4.20 THEOREM

(1) 피보나치수(Fibonacci number) $F_{n-1}(n \geq 3)$와 황금비 $\phi = \frac{1+\sqrt{5}}{2}$에 대하여

$$\phi^{n-2} < F_{n-1} < \phi^{n-1}(n \geq 3)$$

이 성립한다. 이를 수학적 귀납법을 이용하여 증명하여보자.

증명 $n=3$, 4일 때, 다음이 성립함을 알 수 있다.

$$n=3: \phi^{n-2} = \phi = \frac{1+\sqrt{5}}{2} < \frac{1+3}{2} = 2 = F_2,$$

$$n=4: \phi^{n-2} = \phi^2 = \left(\frac{1+\sqrt{5}}{2}\right)^2 < \frac{3+\sqrt{5}}{2} < \frac{3+3}{2} = 3 = F_3$$

이제 $n=3$, 4, $\cdots$ k일 때 정리가 성립한다고 가정하고 $n=k+1$일 때 성립함을 보이자(이때 $k \geq 3$). $\phi^2 = \phi + 1$이므로 양변에 ϕ^{k-1}을 곱하면

$$\phi^{n-2} = \phi^{k-1} = \phi^{k-2} + \phi^{k-3} < F_{k-1} + F_{k-2} = F_k$$

따라서 수학적 귀납법에 의하여

$$\phi^{n-2} < F_{n-1}(n \geq 3)$$

같은 방법으로

$$F_{n-1} < \phi^{n-1}(n \geq 3)$$

을 보일 수 있다.

(2) 두 정수 $a \geq b \geq 2$에 대하여 $a = r_0$, $b = r_1$이라 하면

$$\begin{aligned} r_0 &= r_1 q_1 + r_2, \quad 0 \leq r_2 < r_1 \\ r_1 &= r_2 q_2 + r_3, \quad 0 \leq r_3 < r_2 \\ &\cdots \\ r_{n-2} &= r_{n-1} q_{n-1} + r_n, \quad 0 \leq r_n < r_{n-1} \\ r_{n-1} &= r_n q_n \end{aligned}$$

따라서 나눗셈의 횟수는 n으로 $\gcd(a, b) = r_n$을 구할 수 있다. 그러면 나눗셈의 횟수 n과 a, b 사이에 어떤 관계가 있을까? ■

두 정수 $a \geq b \geq 2$에 대하여 나머지 횟수 n는 b 자리수의 5배 이하이다.

증명 $r_{i-1} > r_i$, $q_i \geq 1 (1 \leq i \leq n)$ 그리고 $r_{n-1} > r_n$, $q_n \geq 2$ 이고 $r_n \geq 1$이므로 다음을 얻는다.

$$\begin{aligned}
&r_{n-1} \geq 2 = F_2, \\
&r_{n-2} = r_{n-1}q_{n-1} + r_n \geq r_{n-1} + r_n \geq F_2 + 1 = F_2 + F_1 = F_3, \\
&r_{n-3} = r_{n-2}q_{n-2} + r_{n-1} \geq r_{n-2} + r_{n-1} \geq F_3 + F_2 = F_4, \\
&\cdots \\
&r_1 = r_2 q_2 + r_3 \geq r_2 + r_3 \geq F_{n-1} + F_{n-2} = F_n
\end{aligned}$$

즉,

$$r_1 = b \geq F_n > \phi^{n-1} (n \geq 3)$$

따라서

$$b > \phi^{n-1} \text{ 또는 } \log b > (n-1) \log \frac{1+\sqrt{5}}{2} \text{ (여기서 log는 상용로그)이다.}$$

계산기를 이용하면

$$\log \frac{1+\sqrt{5}}{2} \fallingdotseq 0.20898 > \frac{1}{5}$$

그러므로 b가 k자리수이면

$$b < 10^k \text{ 또는 } \log b < k$$

따라서

$$k > (n-1) \log \frac{1+\sqrt{5}}{2} > \frac{n-1}{5} \text{ 또는 } n \leq 5k$$

그러므로 나머지 횟수는 b의 자리수의 5배 이하이다. 한편,

$$\log b > (n-1)\log\frac{1+\sqrt{5}}{2} > \frac{n-1}{5}$$

에서 $1+5\log b > n$이고 $b \ge 2$이므로 $5\log b \ge 5\log 2 > 1$이다. 따라서

$$n < 1+5\log b < 5\log b + 5\log b = 10\log b$$

이므로

$$n < 10\log b$$

이다. ■

피타고라스 정리에서 가장 오래되고 중요한 결과는 $\sqrt{2}$가 유리수가 아니라는 것이다. 이는 히파수스(Hippasos)의 발견으로 여겨지며 이를 파타고라스 학파는 비밀로 하기로 했으나 히파수스는 이를 어기고 발설을 하였다. 히파수스에 변절 이후 Plato은 유리수가 아닌 수의 발견에 대한 중요성을 인지하고 곧 이를 "정사각형의 대각선과 변의 비가 유리수가 아니라는 것을 모르면 인간으로 불릴 자격이 없다"로 표현하였다. $\sqrt{2}$가 유리수가 아닌 것이 증명되고 나서

$$\sqrt{3},\ \sqrt{5},\ \sqrt{6},\ \sqrt{7},\ \sqrt{8},\ \sqrt{10},\ \sqrt{11},\ \sqrt{12},\ \sqrt{13},\ \sqrt{14},\ \sqrt{15},\ \sqrt{17}$$

이 무리수라는 증명을 플라톤의 스승인 Theodorus가 증명했다고 플라톤은 그의 저서 《Theaetetus》에서 언급하면서 왜 테오도로스가 $\sqrt{17}$까지만 보였는지 그 의문을 제기하였다.[95] 증명방법에 대하여는 알려지지 않고 있다.

4.21 PROJECT

(1) Theodorus의 디자인을 구현하자. 처음 직각삼각형의 빗변은 $\sqrt{2}$이고 다시 높이를 1로 하면 빗변이 $\sqrt{3}$인 직각삼각형이 작도된다. $\sqrt{18}$에서 겹치는 상황을 작도를 통하여 확인하고 이로부터 왜 Theodorus가 $\sqrt{3}$부터 $\sqrt{17}$까지(거급제곱 제외) 만을 유리수가 아니라는 것을 증명했는지 상상해보자.

95) 박제남, 2009 개정 교육과정에 따른 중학교 수학 교수법 및 수학이론, 인천광역시교육연수원, 2012 (인교연 2012-IV-90).
D. Burton, The history of mathematics, 6th. ed., McGraw-Hill, 2007.

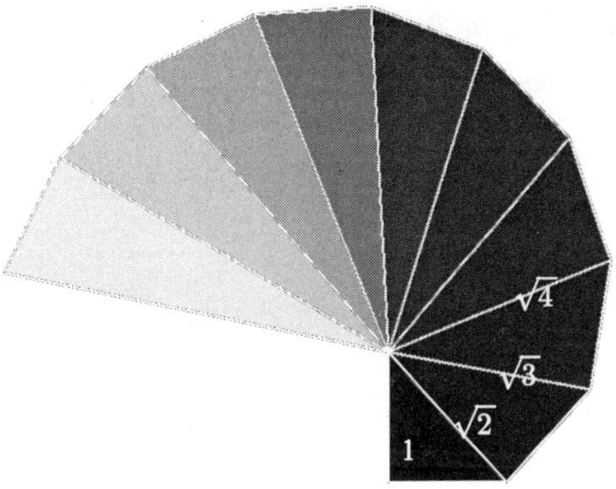

$\sqrt{18}$ 에서 겹치는 상황을 작도를 통하여 확인하자. 또한 겹친다고 하는 것을 수학적으로 좀 더 엄밀하게 표현하면 $\sum_{n=1}^{\infty}\tan^{-1}\left(\frac{1}{\sqrt{n}}\right)=\infty$ 이다. 삼각치환 적분

$$\int\frac{1}{x^2+1}dx=\tan^{-1}(x)+C$$

으로부터

$$\sum_{n=1}^{\infty}\tan^{-1}\left(\frac{1}{\sqrt{n}}\right)=\sum_{n=1}^{\infty}\int_0^{1/\sqrt{n}}\frac{1}{x^2+1}dx>\sum_{n=1}^{\infty}\frac{\sqrt{n}}{n+1}>\sum_{n=1}^{\infty}\frac{1}{n+1}=\infty$$

(2) Theodorus는 어떻게 증명했을까? 그 기록은 없지만 다음을 통하여 상상해 보자.

① $\sqrt{2}$ 가 유리수가 아님을 보이자. 먼저 서로소인 두 양의 정수 m, n에 대하여 $\sqrt{2}=m/n$이면 $m^2=2n^2$이다. 따라서 m은 짝수이므로 $m=2v$이고 이로부터 $2v^2=n^2$이다. 그러므로 n도 짝수이다. 이는 서로소의 모순이므로 $\sqrt{2}$ 는 유리수가 아니다.

② 이제 $\sqrt{3}$ 으로 옮겨가 보자. 먼저 서로소인 두 양의 정수 m, n에 대하여 $\sqrt{3}=m/n$이면 $m^2=3n^2$이다. n이 짝수라 가정하면 m^2이 짝수이므로 m도 짝수이다. 따라서 모순이 발생한다. m, n이 모두 홀수라 가정하자. 즉, $m=2v+1$, $n=2w+1$. 이때, $(2v+1)^2=3(2w+1)^2$ 또는

$$2v^2+2v=6w^2+6w+1$$

이다. 왼쪽은 짝수이고 오른쪽은 홀수이므로 모순이 발생한다.

③ 이제 $\sqrt{5}$ 로 넘어가 보자. 서로소인 두 양의 정수 m, n에 대하여 $\sqrt{5}=m/n$이면

$m^2=5n^2$이다. n이 짝수이면 m^2도 짝수이고 따라서 m은 짝수로 모순이 발생한다. 한편, m이 짝수이면 $5n^2$이 짝수이고 따라서 n이 짝수이므로 이 경우도 모순이 발생한다. 이제 m, n 모두 홀수라 가정하자. 즉, $m=2v+1$, $n=2w+1$. 이때, $(2v+1)^2=5(2w+1)^2$에서

$$v(v+1)=5w^2+5w+1$$

이다. 왼쪽은 짝수이고 오른쪽은 홀수임을 쉽게 확인할 수 있다. 따라서 $\sqrt{5}$는 유리수가 아니다.

④ 이제 여러분은 어떻게 하시겠습니까? 그 다음 수로 넘어갈까요? 아니면 이를 홀/짝으로 일반화하여 접근할까요?[96] 플라톤의 스승 Theodorus는 어떻게 증명했을까? 즐거운 상상을 해 보자. ■

4.22 REMARK(유리수인지 무리수인지 판정하지 못한 수)

(1) 실수 $\sqrt{2}^{\sqrt{2}^{\sqrt{2}}}$는 불행하게도 아직도 유리수인지 유리수가 아닌지를 모르고 있다.

(2) $\pi+e$는 유리수인지 무리수인지 판정하지 못한 수이다. 학교수학에서 두 무리수의 덧셈 $\sqrt{2}+(-\sqrt{2})$와 $\pi+e$는 각각 어떤 의미를 가지고 있는가?

(3) 유리수인지 무리수인지 판정하지 못한 매우 유명한 수와 그 근삿값을 소개해 보자.

① $\pi+e$

```
> evalf(exp(1)+Pi, 101);
5.85987448204883847382293085463216538195441649307506539594191222003189303663
97565931994170038672834954
```

② 오일러 상수 $\gamma=\lim_{n\to\infty}(\sum_{k=1}^{n}\frac{1}{k}-\log n)$

```
> evalf(sum(1/k, k=1..10^100000)-ln(10^100000), 101);
0.57721566490153286060651209008240243104215933593992359880576723488486772677
76646709369470632917 5
```

96) M. Misiurewicz, Irrational square roots, College Math. J. 44(1) (2013) 53-55.

③ $\frac{1}{1^5}+\frac{1}{2^5}+\frac{1}{3^5}+\cdots=\zeta(5)$

```
> evalf(Zeta(5), 101);
1.0369277551433699263313654864570341680570809195019128119741926779038035897862814845600431065571333364
```
■

4.23 REMARK(최근 결과)

참고로 $\frac{1}{1^3}+\frac{1}{2^3}+\frac{1}{3^3}+\cdots=\zeta(3)$은 유리수가 아님을 1978년에 Apery가 증명하였다. 또한, $\zeta(5)$, $\zeta(7)$, $\zeta(9)$, $\zeta(11)$ 중에서 적어도 하나는 유리수가 아니다(Rival and Zudilin, 2001). ■

4.24 TEAM PROJECT

(1) $\sqrt{2}$가 유리수가 아니라는 증명은 20가지 정도로 알려져 있다. 중·고교에서 사용할 수 있는 증명 방법을 찾아보고, 이를 학교수학에서 활용해 보자.

(2) e와 π가 유리수가 아님을 문헌을 통하여 알아보자. 초월수와 관련된 역사에 대하여 알아보자. e가 무리수라는 증명은 연분수를 통한 실질적인 최초는 오일러로 받아들이고 있다.[97] ■

4.25 REMARKE

2009 개정 수학과 교육과정《수학 II》에서 "그 내용이 참인지 거짓인지를 명확하게 판별할 수 있는 문장이나 식"을 명제라 한다. 대학 집합론에서는 흔히 명제[98]를 "명제는

97) C. E. Sandifer, How Euler did it, MAA, 2007.

98) 명제라는 말의 의미는 어떤 뜻으로 쳐도 기호라고 할 수 있는 대상에 한해, 참이거나 거짓을 판정할

참, 거짓 중 어느 한 경우이되 동시에 양쪽은 아닌 서술문"으로 정의한다.[99] 흔히 명제의 참 거짓은 곧바로 정할 수 있으나 경우에 따라서는 다소 힘든 경우가 있고 지금 결론을 내릴 수 없을 때도 있다. 다음 질문을 학생이 했을 때, 교과서의 정의에 따라 어떻게 설명할 것인가?

질문1 : 문장 "$\pi+e$는 무리수이다"는 명제인가?

질문2 : 문장 "화성에는 생명체가 존재한다"는 명제인가?[100]

물론 대학 집합론에서는 명제이다.

4.26 IN YOUR OWN WORDS(집합론[101])

다음을 중심으로 집합론을 접하는 계기를 마련하자. 《수학 II》에서 집합을 강의하는 데 많은 도움이 된다고 판단한다.

(1) (The Russell Paradox) 집합을 정의할 수 있는가?

(2) 무한집합의 정의는 무엇인가?

(3) (Cantor-Bernstein Theorem) 집합 A에서 집합 B의 부분집합으로 bijective map이 존재하고, 집합 B에서 집합 A의 부분집합으로 bijective map이 존재할 때, A에서 B로 bijective map이 존재하는가? 즉,

$$card A \le card B,\ card B \le card A \text{ 이면 } card A = card B\text{인가?}$$

(4) (연속체 가설, D. Hilbert, 1900) $\aleph_0 < x < 2^{\aleph_0}$를 만족하는 cardinal number x는 존재하는가?

(5) (Axiom of Choice) 공집합이 아닌 집합으로 이루어진 집합족(family)에서 원소를 한 개씩 꺼낼 수 있는가? 예를 들어 ⓐ 과일가게에서 각 과일 바구니에서 과일을 한 개

수 있는 기호에 한해 주어지는 것이라고 믿는다. 단순한 공식 "$(a+b)^2 = a^2+2ab+b^2$"은 명제가 아니다(버트런드 러셀(임정대 옮김), 수리철학의 기초, 경문사, 2009)

99) Y. Lin and S. Lin(이홍천 옮김), 집합론, 경문사, 2005.

100) 2009 개정 수학과 교육과정에서 명제는 수학적인 문장을 이해하는 수준에서 다룬다.

101) Y. Lin and S. Lin(이홍천 옮김), 집합론, 경문사(2005).
버트런드 러셀(임정대 옮김), 수리철학의 기초, 경문사(2009).

씩 꺼낼 수 있는가? ⓑ onto인 함수에서 치역(codomain)을 그대로 두고 함수를 일대일로 만들 수 있는가?

(6) 다음은 동치관계이다.

ⓐ Axiom of Choice, ⓑ Hausdorff Maximal Principal,

ⓒ Zorn's Lemma, ⓓ Well-Ordering Principal.

4.27 REMARK

2009 개정 교육과정에 따른 수학과 교육과정에서 집합을 삭제하였다.

> **(2009 개정 교육과정)** 현행 중학교 교육과정에서 다루는 집합내용은 집합의 뜻과 표현, 집합의 분류, 부분집합, 집합의 연산(교집합, 합집합, 여집합, 차집합), 유한집합의 원소의 개수 등이다. 특히, 중학교 1학년 집합 내용이 이후의 중학교 수학의 전 교육과정에 걸쳐 연계성을 갖지 못하고 있다는 점은 많은 연구에서 지적되어 왔다. 이러한 점을 고려하여 개정안에서는 학습량 경감과 국제 동향을 반영하여 중학교에서 집합개념을 삭제하고 고등학교로 이동하여 다루도록 한다.

우리는 집합을 어떻게 지도했는지 생각해 보고 다음 질문을 해보자.

질문 : (1) 다음을 집합에서 다루어도 되는가?

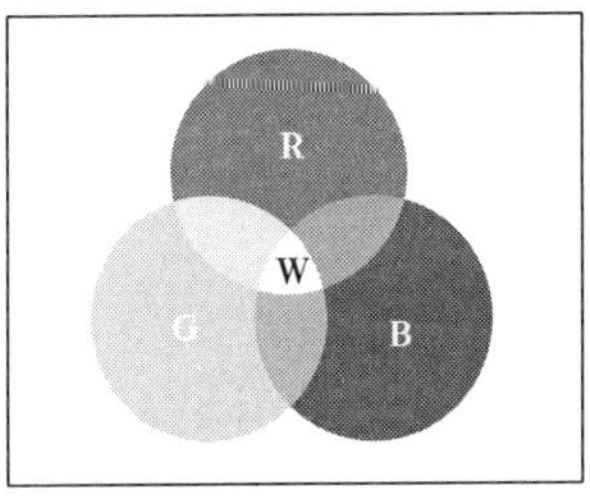

(2) "무리수 더하기 무리수는 무리수이다"는 명제인가?

제 5 장

복소수체
(Complex Field)

교육과정이 개편되면서 복소수를 다루는 범위도 달라졌다. 6차 교육과정에서는 《공통수학》에서 복소수의 기본성질, 그리고 《수학 II》에서 복소평면, 복소수의 극형식, 드 무와브르의 식을 다룬다. 특히 복소수는 《수학 II》에서 삼각함수와 같은 단원에 위치하는데, 그 이유는 복소수를 극형식으로 나타내어 곱을 시행할 때, 삼각함수의 덧셈정리를 사용하기 때문이다. 제7차 교육과정에서는 《10-가》의 수와 연산 단원에서 복소수의 뜻, 연산, 기본성질을 다루고, 그리고 문자와 식 단원에서 복소수를 다룬다. 《10-나》를 보면, 원과 직선의 위치관계, 이차함수의 그래프와 직선의 위치관계에서 복소수를 응용하게 된다. 방정식의 실근은 방정식을 함수로 보아 수직선 위에 근을 표시할 수 있고, 이로부터 부등식의 해를 쉽게 구할 수 있다. 그러나 복소근의 표시는 다루지 않는다. 한편, 개정교육과정에서는 7차와 같이 10학년 《수학》에서 같은 내용을 다루며, 2009 개정 교육과정에 따른 수학과 교육과정에서는 《수학 I》에서 복소수와 이차방정식, 그리고 《고급수학 II》에서 복소수와 극좌표(극형식, 극좌표, 극방정식)을 다룬다. 한편, 《고급수학 II》에서 다루는 미분방장식은 $y' = ky$, $y'' = -y$의 꼴의 미분방정식을 다루는데 이는 이차방정식 $\lambda^2 + 1 = 0$의 복소근과 관계가 있다.

<table>
<tr><td rowspan="2">제6차 교육과정</td><td>공통수학</td><td>• 실수와 복소수(복소수의 연산)</td></tr>
<tr><td>수학 II</td><td>• 복소평면
• 극형식 $z = r(\cos\theta + i\sin\theta)$
• 편각 $\arg z$, $\arg(z_1 z_2) = \arg(z_1) + \arg(z_2)$
• 드 무아브르의 정리</td></tr>
</table>

<table>
<tr><td rowspan="3">2009 개정 교육과정에 따른 수학과 교육과정</td><td>수학 I</td><td>• 복소수와 이차방정식(사칙연산)</td></tr>
<tr><td rowspan="2">고급수학 II</td><td>• 복소평면
• 극형식 $z = r(\cos\theta + i\sin\theta)$
• 편각 $\arg z$, $\arg(z_1 z_2) = \arg(z_1) + \arg(z_2)$
• 드 무아브르의 정리</td></tr>
<tr><td>• 미분방정식
• 테일러 급수
• l'Hospital's Rule
• 편미분</td></tr>
</table>

한편, 《고급수학 II》에서 다루는 주요 용어는 다음과 같다.

영역	주요 용어와 기호
복소수와 극좌표	복소평면, 극형식, 편각, $e^{i\theta}$, 드 무아브르의 정리, 극좌표
미적분의 활용	로피탈 정리, 테일러 다항식, 미분방정식
편미분	편미분계수, 편도함수

다음 질문을 바탕으로 복소수에 대하여 생각해 보자. 특히 첫 번째 질문은 (1.17) 삼차 방정식(카르다노, 봄벨리)을 다시 참고하여 보자.

질문 17 복소수는 수인가? 언제부터 수로 자리 잡았나?

질문 18 복소수의 가치는 무엇인가?

질문 19 복소수체보다 더 큰 수체계는 있는가?

다음을 참고하여 복소근을 갖는 이차함수를 지도하여 보자(《고급수학 II》).

5.1 IN YOUR OWN WORDS(Shaun Pieper, 1997)

이차함수의 일반형 $y=a(x-b)^2+c(a>0)$이 복소근을 가질 때, 두 복소근 $x=b\pm i\sqrt{\dfrac{c}{a}}$을 직교좌표에 표시하자.

【1단계】 함수 $y=a(x-b)^2+c$의 그래프를 꼭짓점에서 x축에 수평으로 만든 직선 $y=c$에 대칭시킨다.

【2단계】 대칭이동한 그래프의 식은 $y=-a(x-b)^2+c$이다. 이 그래프와 x축과의 교점의 x좌표는 $-a(x-b)^2+c=0$으로부터 $x=b+\sqrt{\dfrac{c}{a}}$, $x=b-\sqrt{\dfrac{c}{a}}$이다.

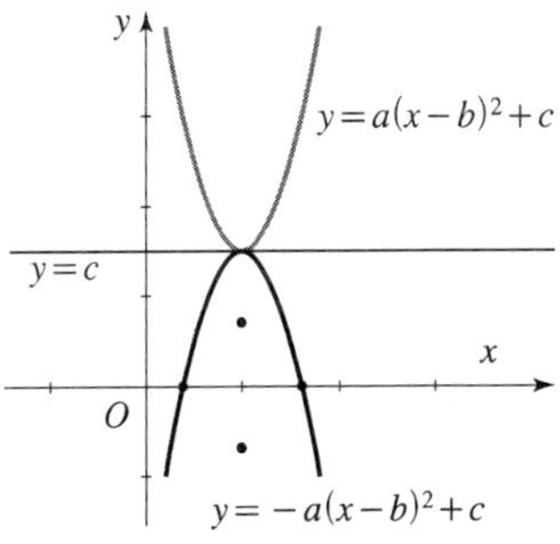

【3단계】 이제, 두 점 $(b+\sqrt{\dfrac{c}{a}},\ 0)$과 $(b-\sqrt{\dfrac{c}{a}},\ 0)$의 중점을 중심으로 90° 회전하면 복소근 $b\pm i\sqrt{\dfrac{c}{a}}$가 표시된다. 이를 그림으로 그리면 오른쪽과 같다. ■

복소수가 왜 필요한지 필자의 시각에서 4가지를 제시하였다. 시각은 사람마다 다소 차이는 있겠지만, 중등교육과정과 대학수학과정을 고려하여 복소수의 필요성을

① 함수 선택의 수월성,

② 미적분의 수월성,

③ 삼각비의 수월성,

④ 행렬의 도입

으로 보았다. 이를 자세히 알아보자.

5.2 EFFICIENCY 1. 함수 선택의 수월성

설명 실변수지수함수 e^x를 복소지수함수 $f(z)$로 확장하는 출발점은

$$f(x+i0)=e^x$$

이고, 복소미분 $f'(z)=f(z)$, $z=x+iy$에 두고 있다. 따라서

$$f(z)=u(x,\ y)+iv(x,\ y)$$

에서 복소미분법[102]

$$f'(z)=u_x(x,\ y)+iv_x(x,\ y)=-iu_y(x,\ y)+v_y(x,\ y)$$

를 감안하면

$$f(z)=e^x(\cos y+i\sin y)$$

로 정의할 수 있다. 이를 e^z 또는 $\exp(z)$로 나타내자. 따라서 임의의 복소수 $z=x+iy$에 대하여 $e^z=e^x(\cos y+i\sin y)$로 정의된다. 특히, 실수부분이 없는 복소수 $z=i\theta$에 대하여

$$e^{i\theta}=\cos\theta+i\sin\theta \qquad \text{(오일러식, Euler's formula)}$$

102) • J. Brown and R. Churchill, Complex variables and applications, 6th. ed., McGraw-Hill, New York, 1996(p. 43-54).

• $f'(z_0)=\lim_{\Delta z\to 0}\dfrac{f(z_0+\Delta z)-f(z_0)}{\Delta z}$, • Cauchy-Riemann equations : $u_x=v_y,\ u_y=-v_x$참고

이고(Euler, 1737년)[103](《고급수학 II》), $z = e^{i\theta} = \cos\theta + i\sin\theta$일 때,

$$(\cos\theta + i\sin\theta)^n = \cos n\theta + i\sin n\theta \ (n = 0, \pm 1, \pm 2, \cdots) \tag{5-1}$$

를 드 무아브르의 식(de Moivre's formula)이라 부른다(《고급수학 II》). 좀 더 자세한 내용은 Remark(5.13)에서 다시 다룬다. 제6차 교육과정에서 수학적 귀납법과 복소수 유리화를 사용하여 드 무아브르의 식을 증명한다. 복소수 i가 무리수 $\sqrt{2}$처럼 대수적수(algebraic number)이기 때문이다.

실변수 세계에서 삼각함수와 지수함수는 완전히 성격이 다르다. 전자는 진동이나 주기적인 움직임과 관계가 있고, 후자는 개체수의 증감과 관계가 있다. 그러나 복소지수함수로 오면 식 $e^{i\theta} = \cos\theta + i\sin\theta$에서 $e^{-i\theta} = \cos\theta - i\sin\theta$ 이므로

$$\cos\theta = \frac{e^{i\theta} + e^{-i\theta}}{2}, \quad \sin\theta = \frac{e^{i\theta} - e^{-i\theta}}{2i}$$

이 되어 삼각함수는 복소지수함수의 특별한 형태가 된다. 환원하면, 복소벡터공간($\mathbb{C}$-vector space)에서는 복소지수함수 $e^{i\theta}$와 $e^{-i\theta}$에 의하여 $\sin\theta$와 $\cos\theta$가 만들어진다. 따라서, 우리 눈앞에 일어나는 어떤 현상을 표현하는 함수가 다항함수가 아니라는 확신이 있으면 그 현상을 복소지수함수로 접근하면 된다. 예를 들면, 공기저항을 무시한 용수철의 상하운동에서 만들어지는 미분방정식(《고급수학 II》)

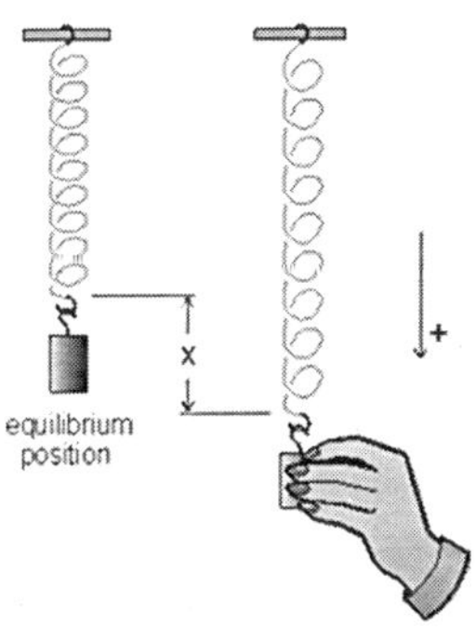

$$y'' + y = 0$$

(추의 질량 $m = 1$, 용수철상수 $k = 1$)

의 해를 구하려면, 추의 운동이 다항함수를 따르지 않기 때문에, 공식처럼 $y(t) = e^{\lambda t}$를 미분방정식에 대입하면 된다. 이 방정식을 풀면

$$\lambda^2 e^{\lambda t} + e^{\lambda t} = 0 \ \text{또는}\ (\lambda^2 + 1)e^{\lambda t} = 0$$

에서 $\lambda = \pm i$를 얻는다. 그러므로 이차미분방정식 $y'' + y = 0$을 만족하는 함수 $y_1 = e^{it}$,

103) 식을 발견하는데 숙독한 책은 "Roger Cotes and Abraham de Moivre, Miscellanca analytica, 1730"으로 추정된다.

$y_2 = e^{-it}$를 구할 수 있다. 앞에서 알아본 바와 같이 일반해

$$y(t) = a\sin t + b\cos t\,(a,\ b \in \mathbb{R})$$

를 구할 수 있다. 언급한 내용을 간략히 정리하면 다음과 같다. ■

	$\mathbb{R}$의 세계	$\mathbb{C}$의 세계
세상을 보는 시각	다항함수, 지수함수, 삼각함수	다항함수, 지수함수
지수함수의 특징	① 일대일 함수 ② 양의 값만 가짐	① 일대일이 아닌 주기함수 ② 음의 값도 가짐

5.3 EFFICIENCY 2. 미적분의 수월성

설명 (1) RLC-회로에서 외부기전력(external force)이 $E_0 \sin \omega t$로 주어진 미분방정식

$$LI'' + RI' + \frac{1}{C}I = E_0 w \cos \omega t$$

에서 특이해(particular solution) I_p를

$$I_p = K_1 \cos wt + K_2 \sin wt$$

로 하면, 우리는 두 상수 $K_1 K_2$를 결정해야 한다. 이제 미분방정식을 복소수 범위로 옮겨가면

$$LI' + RI' + \frac{1}{C}I = E_0 w e^{iwt}.$$

이때 특이해는 $I_p = Ke^{iwt}$로 우리는 상수K 하나만 결정하면 된다. 실제

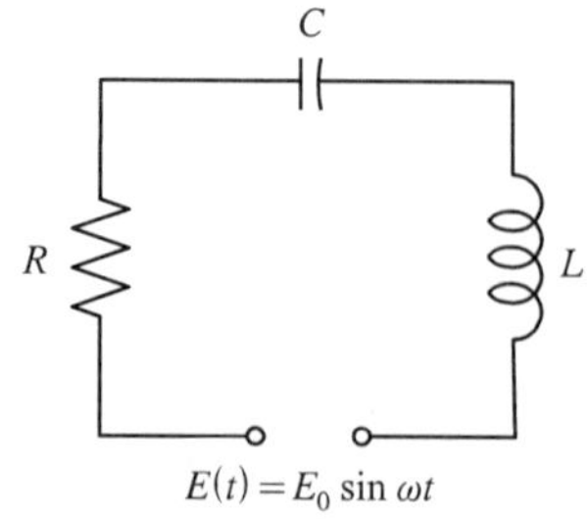

$$\left(-w^2 L + iwR + \frac{1}{C}\right)Ke^{iwt} = E_0 we^{iwt}$$

이고 따라서

$$K = \frac{E_0}{-\left(wL - \frac{1}{wC}\right) + iR}$$

를 손쉽게 구할 수 있다.

(2) 적분의 경우를 예로 들어 보자.

$$\int e^x \sin(x) dx$$

와 같은 꼴의 적분은 부분적분법(integration by part)을 두 번 사용해야 그 결과를 얻을 수 있다. 그러나 복소지수함수를 이용하면

$$\begin{aligned}\int e^x e^{ix} dx &= \int e^{(1+i)x} dx \\ &= \frac{1}{1+i} e^{(1+i)x} \\ &= \left(\frac{1}{2} - \frac{i}{2}\right) e^x (\cos x + i \sin x)\end{aligned}$$

이다. 따라서 복소부분(imaginary part)을 택하면 다음과 같이 간단하게 $\int e^x \sin(x) dx$ 와 같은 꼴의 적분을 얻을 수 있다.

$$\begin{aligned}\int e^x \sin(x) dx &= \left[\left(\frac{1}{2} - \frac{i}{2}\right) e^x (\cos x + i \sin x)\right] \\ &= \frac{1}{2} e^x (\sin(x) - \cos(x))\end{aligned}$$

■

5.4 EFFICIENCY 3. 삼각비의 수월성(계산기 활용 교수법)(《고급수학 II》)

설명 (1) 가우스(Gauss)가 시작한 복소수를 이용한 수치해석 방법[104](Birch, 1946)에 대하여 알아보자. 임의의 정수 a, b, c, d $(c^2 + d^2 \neq 0)$에 대하여

104) R.H. Birch, An algorithm for the construction of arctangent relations, J. London Math. Soc. 21 (**1946**) 499-501.

$$a+bi=(c+di)\times(\mathrm{a}+\mathrm{bi})(\mathrm{c}-\mathrm{di})\times\frac{1}{\mathrm{c}^2+\mathrm{d}^2}$$

이고 복소수의 편각은

$$\arg(z_1 \cdot z_2)=\arg(z_1)+\arg(z_2)$$

를 만족함으로

$$\arg(a+bi)=\arg(c+di)+\arg((a+bi)(c-di)).$$

$a=b=1$, $c=10$, $d=1$로 택하면 다음과 같다.

$$\begin{aligned}\arg(1+i)&=\arg(10+i)+\arg((1+i)(10-i))\\&=\arg(10+i)+\arg(11+9i).\end{aligned}$$

한편 $\arg(11+9i)$에서 $a=11$, $b=9$인데 이 때, $c=10$, $d=1$로 택하면

$$\begin{aligned}\arg(11+9i)&=\arg(10+i)+\arg((11+9i)(10-i))\\&=\arg(10+i)+\arg(119+79i)\end{aligned}$$

따라서

$$\arg(1+i)=2\arg(10+i)+\arg(119+79i)$$

을 얻는다. $\arg(119+79i)$에 위 과정을 다시 적용하면

$$\arg(1+i)=3\arg(10+i)+\arg(1269+671i)$$

연속하여 다음을 얻는다.

$$\begin{aligned}\arg(1+i)&=3\arg(10+i)+\arg(1269+671i)\\&=4\arg(10+i)+\arg(13361+5441i)\\&=5\arg(10+i)+\arg(139051+41049i)\\&=6\arg(10+i)+\arg(1431559+271439i)\\&=7\arg(10+i)+\arg(14587029+1282831i)\\&=8\arg(10+i)+\arg(147153121-1758719i)\end{aligned}$$

한편 $\arg(147153121-1758719i)$에서 $c=10^2$, $d=-1$로 택하면

$$
\begin{aligned}
&\arg(147153121-1758719i)\\
&\quad=\arg(100-i)+\arg((147153121-1758719i)(100+i))\\
&\quad=\arg(100-i)+\arg(14717070819-28718779i)
\end{aligned}
$$

이므로 다음을 얻는다.

$$\arg(1+i)=\ 8\arg(10+i)+\arg(100-i)+\arg(14717070819-28718779i).$$

이번에는 $c=10^3$, $d=-1$로 택하면

$$
\begin{aligned}
\arg(1+i)=8\arg(10+i)+\arg(100-i)+\arg(1000-i)\\
+\arg(14717099537779-14001708181i)
\end{aligned}
$$

다시 $\arg(1471709953779-14001708181i)$에서 $c=10^3$, $d=-1$로 택하면

$$
\begin{aligned}
&\arg(1471709953779-14001708181i)\\
&\quad=\arg(1000-i)+\arg((14717099537779-14001708181i)(1000+i))
\end{aligned}
$$

이므로

$$
\begin{aligned}
\arg(1+i)=8\arg(10+i)+\arg(100-i)+2\arg(1000-i)\\
+\arg(14717113539487181+715391356779i)
\end{aligned}
$$

이제 이 식을 각으로 옮겨 표현하면 다음 등식을 얻는다.

$$
\begin{aligned}
\frac{1}{4}\pi=8\tan^{-1}\left(\frac{1}{10}\right)-\tan^{-1}\left(\frac{1}{100}\right)-2\tan^{-1}\left(\frac{1}{1000}\right)\\
+\tan^{-1}(0.00004860948819)
\end{aligned}
$$

걸과적으로 시105)

---

105) $\dfrac{1}{1+t^2}=1-t^2+t^4-t^6+\cdots+(-1)^n t^{2n}+(-1)^{n+1}\dfrac{t^{2n+2}}{1+t^2}$에서 양변을 적분하면

$$\int_0^x \frac{1}{1+t^2}\,dt=\int_0^x\left[1-t^2+t^4-t^6+\cdots+(-1)^n t^{2n}+(-1)^{n+1}\frac{t^{2n+2}}{1+t^2}\right]dt$$

이므로 $\arctan x$의 Taylor 전개식(그레고리 급수)

$$\tan^{-1}x=x-\frac{x^3}{3}+\frac{x^5}{5}-\frac{x^7}{7}+\cdots+(-1)^n\frac{x^{2n+1}}{2n+1}+R_{2n+1}(x)$$

을 얻는다. 여기서 $R_{2n+1}(x)$은 나머지 항들을 나타내며 부등식

$$\tan^{-1}x = x - \frac{x^3}{3} + \frac{x^5}{5} - \frac{x^7}{7} + \cdots + (-1)^n \frac{x^{2n+1}}{2n+1} + R_{2n+1}(x)$$

에서 $n=4$로 하여 풀면

$$0.78539816340466002709601930459 2$$

을 얻는다. 실제 $\frac{1}{4}\pi$의 값은

$$0.785398163397448309615660845820 \ \cdots$$

이므로 우리는 소수점 아래 9째 자리까지 정확한 값을 구할 수 있다.

(2) 2009 개정 수학과 교육과정 《수학I》(복소수의 덧셈과 곱셈)에서

"$(2+i)(3+i)$를 계산하여 $a+bi$로 나타내어라"

를 (1)의 내용을 사용하여 여러 각도로 조명하면 다음과 같다(《고급수학 II》).

① $(2+i)(3+i) = 5+5i$.

② $\arg(2+i) + \arg(3+i) = \arg(5+5i)$.

③ $\tan^{-1}\left(\frac{1}{2}\right) + \tan^{-1}\left(\frac{1}{3}\right) = \frac{\pi}{4}$.

④ $\frac{\pi}{4} \fallingdotseq \left[\frac{1}{2} - \frac{1}{3}\left(\frac{1}{2}\right)^3 + \frac{1}{5}\left(\frac{1}{2}\right)^5\right] + \left[\frac{1}{3} - \frac{1}{3}\left(\frac{1}{3}\right)^3 + \frac{1}{5}\left(\frac{1}{3}\right)^5\right]$.

⑤ $\pi \fallingdotseq 3.14557613169$.

(3) 피보나치 수열 $f_0 = 1,\ f_1 = 1,\ 2,\ 3,\ 5,\ 8,\ 13,\ \cdots$에 복소수의 곱을 적용해 보자.

① 먼저, 등식

$$f_{n-1}f_{n+2} = f_n f_{n+1} + (-1)^{n+1} (n = 1,\ 2,\ 3,\ \cdots)$$

이 성립함을 독자는 보이기 바란다. 특히, n이 홀수인 경우는

$$f_{n-1}f_{n+2} = f_n f_{n+1} + 1 \tag{5-2}$$

특히, $n = 1,\ 3,\ 5,\ ..$로 n이 홀수일 때, $(f_n,\ f_{n+1},\ f_{n+2})$로 세 개씩 묶으면 $(1,\ 2,\ 3)$,

---

$$\left|R_{2n+1}(x)\right| = \left|\int_0^x \frac{t^{2n+2}}{1+t^2}\,dt\right| \leq \left|\int_0^x t^{2n+2}dt\right| = \frac{|x|^{2n+3}}{2n+3}$$

을 만족한다.

(3, 5, 8), (8, 13, 21), $\cdots$이다. 이를 $(a,\ b,\ a+b=c)$로 나타내자. 예를 들면 $n=1$이면 $a=1$이고, 세 피보나치수 1, 2, 3에서

$$(2+i)(3+i)=5+5i$$

이므로 이를 편각으로 옮겨가면

$$\tan^{-1}(1)=\tan^{-1}\left(\frac{1}{2}\right)+\tan^{-1}\left(\frac{1}{3}\right)$$

이다(독자는 세 피보나치수 1, 2, 3이 어디에 숨어 있는지 찾아보자). 일반적으로

$$(b+i)(c+i)=(ab+b^2-1)+(a+2b)i.$$

이를 편각으로 다시 쓰면,

$$\tan^{-1}\left(\frac{1}{b}\right)+\tan^{-1}\left(\frac{1}{c}\right)=\arg((b+i)(c+i))=\tan^{-1}\left(\frac{a+2b}{ab+b^2-1}\right).$$

한편, $\dfrac{a+2b}{ab+b^2-1}=\dfrac{1}{a}$일 필요충분조건은 $(b-a)(a+b)=ab+1$이다. 따라서 식(5-2)에 의하여 n이 홀수인 경우, 즉 a가 $f_1,\ f_3,\ f_5,\ \cdots$ 일 때,

$$\tan^{-1}\left(\frac{1}{b}\right)+\tan^{-1}\left(\frac{1}{c}\right)=\arg((b+i)(c+i))=\tan^{-1}\left(\frac{1}{a}\right)$$

예를 들어 $a=f_1=1$이면

$$\frac{\pi}{4}=\tan^{-1}(1)=\tan^{-1}\left(\frac{1}{2}\right)+\tan^{-1}\left(\frac{1}{3}\right).$$

연이어서 $a=f_3=3$이면

$$\tan^{-1}\left(\frac{1}{3}\right)=\tan^{-1}\left(\frac{1}{5}\right)+\tan^{-1}\left(\frac{1}{8}\right).$$

따라서 a가 1, 3, 8, 34, $\cdots$일 때, 끝말 이어가기를 하면 다음을 얻는다.

$$\frac{\pi}{4}=\tan^{-1}(1)=\tan^{-1}\left(\frac{1}{2}\right)+\tan^{-1}\left(\frac{1}{5}\right)+\tan^{-1}\left(\frac{1}{13}\right)+\cdots.$$

② a가 $f_1,\ f_3,\ f_5,\ \cdots$ 일 때, $(b-a)(a+b)=ab+1$이 성립하므로 분수식

$$\frac{1}{a} = \frac{(1/b)+(1/c)}{1-(1/b)(1/c)}$$

을 얻는다. 따라서 탄제트함수의 덧셈정리에 의하여 다음이 성립한다.

$$\tan^{-1}\left(\frac{1}{a}\right) = \tan^{-1}\left(\frac{1}{b}\right) + \tan^{-1}\left(\frac{1}{c}\right).$$

③ 등식 $f_{n-1}f_{n+2} = f_n f_{n+1} + (-1)^{n+1}(n = 1,\ 2,\ 3,\ \cdots)$을 퍼즐로 접근한 교수법에 대하여 알아보자.106)(H. Langman, P. Curry) ■

5.5 EFFICIENCY 4. 행렬의 도입

설명 행렬환은 대표적인 비가환이며, 행렬환의 태동은 1843년 Hamilton이 비가환체(division algebra)의 예로 처음 고안한 사차원수(the quaternions)

$$\mathbb{H} = \{a + bi + cj + dk \mid a,\ b,\ c,\ d \in \mathbb{R}\},$$

(여기서 $i^2 = j^2 = k^2 = -1,\ \ ij = k,\ jk = i,\ ki = j,\ ji = -k,\ kj = -i,\ ik = -j$)에서 찾을 수 있다. 이때 사차원수의 합과 곱의 연산을 살펴보면

$$p = a_0 + a_1 i + a_2 j + a_3 k,\ \ q = b_0 + b_1 i + b_2 j + b_3 k \in \mathbb{H}$$

에 대하여107)

$$\begin{aligned} p+q &= (a_0+b_0)+(a_1+b_1)i+(a_2+b_2)j+(a_3+b_3)k, \\ pq &= (a_0b_0-a_1b_1-a_2b_2-a_3b_3)+(a_0b_1+a_1b_0+a_2b_3-a_3b_2)i \\ &\quad +(a_0b_2+a_2b_0+a_3b_1-a_1b_3)j+(a_0b_3+a_3b_0+a_1b_2-a_2b_1)k \end{aligned}$$

이다. 처음 Hamilton의 의도는 무엇이었을까? 두 복소수의 곱

$$z_1 \cdot z_2 = (a,\ b) \cdot (x,\ y) = (ax - by,\ ay + bx)$$

은 평면상에서 회전의 합성이다. 즉,

---

106) 박제남, 수학과 방과후 활동지도, 경문사, 2010(p. 109-113)

107) $a_0 + a_1 i + a_2 j + a_3 k = (a_0,\ a_1,\ a_2,\ a_3)$로도 표시한다.

$$\arg(z_1 \cdot z_2) = \arg(z_1) + \arg(z_2)$$

이다. 예를 들면, 단위원 상의 두 복소수

$$z_1 = (\cos\theta_1,\ \sin\theta_1),\ \ z_2 = (\cos\theta_2,\ \sin\theta_2)$$

의 곱은

$$z_1 \cdot z_2 = (\cos\theta_1 \cos\theta_2 - \sin\theta_1 \sin\theta_2,\ \ \cos\theta_1 \sin\theta_2 + \sin\theta_1 \cos\theta_2)$$

이고 삼각함수의 덧셈정리를 사용하면

$$z_1 \cdot z_2 = (\cos(\theta_1 + \theta_2),\ \sin(\theta_1 + \theta_2))$$

이므로 복소수의 곱은 평면상에서 회전의 합성을 의미한다. ■

5.6 CAUTION

회전의 합성이 성립하므로 삼각함수의 덧셈정리가 성립한다고 말하면 안된다.

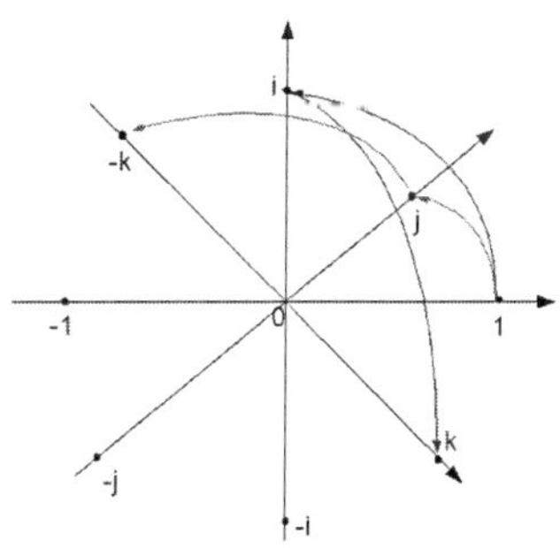

Graphical representation of quaternion units product as 90°-rotation in 4D-space

Hamilton은 이와 같은 상황(회전의 합성)을 공간에서 시도하였다. 이 시도는 실패하였고 실수체의 네 짝을 생각하다가 (5.5)에서 언급한 사차원수를 정의하게 되었다(1843년).[108] 물론 두 사차원수 $(a_0,\ a_1,\ 0,\ 0)$와 $(b_0,\ b_1,\ 0,\ 0)$의 곱

$$(a_0,\ a_1,\ 0,\ 0)(b_0,\ b_1,\ 0,\ 0) = (a_0 b_0 - a_1 b_1,\ a_0 b_1 + a_1 b_0,\ 0,\ 0)$$

은 복소수의 곱을 보존한다.

이를 계기로 1890년대에 Car tan, Molien, Frobenius, 그리고 1907년 Wedderburn에 의하여 행렬이 최종 정립되었다. 즉 실수, 복소수, 사차원수는 행렬이라는 것이다. 예를

108) J. Suzuki, A history of mathematics, Prentice Hall, 2002(p. 703-705).

들면, 복소수체

$$\mathbb{C} = \{a+bi \mid a,\ b \in \mathbb{R}\}$$

는 실수에서 정의된 행렬환 $Mat_{2\times 2}(\mathbb{R})$의 부분체(subfield)

$$\left\{ \begin{bmatrix} a & -b \\ b & a \end{bmatrix} \mid a,\ b\text{는 실수} \right\}$$

이다. 그 이유는 함수

$$\psi : \mathbb{C} = \{a+bi \mid a,\ b \in \mathbb{R}\} \to Mat_{2\times 2}(\mathbb{R}),\ \psi(a+bi) = \begin{bmatrix} a & -b \\ b & a \end{bmatrix} \tag{5-3}$$

는 환(ring)에의 일대일 준동형사상(homomorphism)이기 때문이다. 특히

$$1 \equiv \begin{bmatrix} 1 & 0 \\ 0 & 1 \end{bmatrix},\ i \equiv \begin{bmatrix} 0 & -1 \\ 1 & 0 \end{bmatrix},\ \cos\theta + i\sin\theta \equiv \begin{bmatrix} \cos\theta & -\sin\theta \\ \sin\theta & \cos\theta \end{bmatrix}$$

로 동질화(identify)되며, 우리가 사용하는 공액복소수는 행렬의 세계에서 표현하면 전치행렬이다. 따라서 우리는 다음 줄 세우기

$$\{1,\ 2,\ 3,\ \cdots\} \subset \mathbb{Z} \subset \mathbb{Q} \subset \mathbb{R} \subset \mathbb{C} \subset Mat_{2\times 2}(\mathbb{R}) \tag{5-4}$$

을 얻으며, 위에서 언급한 사차원수

$$\mathbb{H} = \{a+bi+cj+dk \mid a,\ b,\ c,\ d \in \mathbb{R}\}$$

에서 함수

$$\psi : \mathbb{H} \to Mat_{4\times 4}(\mathbb{R}),\ \psi(a+bi+cj+dk) = \begin{bmatrix} a & -b & -c & -d \\ b & a & -d & c \\ c & d & a & -b \\ d & -c & b & a \end{bmatrix}$$

는 환에서의 일대일 준동형사상이다. 그러므로 $i,\ j,\ k$ 는

$$i \equiv \begin{bmatrix} 0 & -1 & 0 & 0 \\ 1 & 0 & 0 & 0 \\ 0 & 0 & 0 & -1 \\ 0 & 0 & 1 & 0 \end{bmatrix},\ j \equiv \begin{bmatrix} 0 & 0 & -1 & 0 \\ 0 & 0 & 0 & 1 \\ 1 & 0 & 0 & 0 \\ 0 & -1 & 0 & 0 \end{bmatrix},\ k \equiv \begin{bmatrix} 0 & 0 & 0 & -1 \\ 0 & 0 & -1 & 0 \\ 0 & 1 & 0 & 0 \\ 1 & 0 & 0 & 0 \end{bmatrix}$$

로 동질화된다. 즉, 사차원수 $\mathbb{H}$는 행렬환 $Mat_{4\times 4}(\mathbb{R})$에 부분환이다. ■

한편, 식(5-4)를 따라서

$$e^2,\ e^{\frac{1}{2}}e^{\sqrt{2}},\ e^{1+2i},\ e^{\begin{vmatrix}1&2\\3&4\end{vmatrix}}$$

등의 정의가 요구된다. 행렬의 지수에 대하여는 다음에서 알아보고 다시 복소수로 돌아오자.

5.7 EXAMPLE

정사각형 행렬 A와 변수 x에 대하여 행렬 xA가 정의된다. 따라서

$$e^{xA} = I + xA + \frac{x^2A^2}{2!} + \frac{x^3A^3}{3!} + \cdots \tag{5-5}$$

이다. 물론 독자들은 등식

$$e^{(x+y)A} = e^{xA}e^{yA}$$

를 예측하고 증명할 수 있다. 한편, $A^n = 0$ ($n > 1$인 정수)를 만족하는 행렬 A(우리는 이와 같은 행렬을 nilpotent라 부른다)를 사용하면 식(5-5)의 항을 유한개로 할 수 있다. 예를 들어보자.[109]

(1) $A = \begin{bmatrix} a-b & -2a & a+b \\ -b & 0 & b \\ -a-b & 2a & -a+b \end{bmatrix}$라 하자. 이때

$$A^2 = \begin{bmatrix} -2ab & 4ab & -2ab \\ 2ab & 4ab & -2ab \\ -2ab & 4ab & -2ab \end{bmatrix},\ A^3 = 0.$$

이므로

$$e^{xA} = I + xA + \frac{x^2A^2}{2!}.$$

구체적인 예로 $a = b = 1$로 택하면

109) M. Khan, A class of exponential matrices, College math. J. 34(3) (**2003**) 194-195.

$$e^{xA}=I+xA+\frac{x^2A^2}{2!}=\begin{bmatrix}1-x^2 & 2x(x-1) & x(2-x)\\ -x(x+1) & 2x^2+1 & x(1-x)\\ -x(x+2) & 2x(x+1) & 1-x^2\end{bmatrix}.$$

이는 행렬의 곱으로 등식 $e^{(x+y)A}=e^{xA}e^{yA}$을 만족한다. 한편,

$$e^{3A}=\begin{bmatrix}-8 & 12 & -3\\ -12 & 19 & -6\\ -15 & 24 & -8\end{bmatrix}$$

이고 $e^{0A}=I$이므로 행렬 e^{3A}의 역행렬은 다음과 같다.

$$(e^{3A})^{-1}=e^{-3A}=\begin{bmatrix}-8 & 24 & -15\\ -6 & 19 & -12\\ -3 & 12 & -8\end{bmatrix}.$$

(2) 행렬 $B=\begin{bmatrix}7 & -10 & 7 & -4\\ 4 & -1 & -8 & 5\\ 1 & -4 & 1 & 2\\ 4 & -13 & 16 & -7\end{bmatrix}$는 $B^4=0$인 nilpotent이다. 따라서

$$e^{xB}=I+xB+\frac{x^2B^2}{2!}+\frac{x^3B^3}{3!}.$$

한편, $e^{(x+y)B}=e^{xB}e^{yB}$이므로 특히, $(e^{xB})^{-1}=e^{-xB}$를 얻는다. ■

5.8 DEFINITION(행렬의 미적분)

행렬 $A(x)=[a_{ij}(x)]_{n\times n}$에 대하여 적분과 미분을 각각

$$\int_0^x A(s)ds=\left[\int_0^x a_{ij}(s)ds\right]_{n\times n},\quad \frac{d}{dt}A(x)=\left[\frac{d}{dt}a_{ij}(x)\right]_{n\times n}$$

로 정의하자.[110]

110) J. Liu, A remark on the chain rule for exponential matrix functions, College Math. J. 34(2) **(2003)** 141-143.

5.9 REMARK(Chain Rule은 성립하지 않는다)

(함수)행렬 $A(x)$가 상수행렬일 때, 즉 $A(x)=A$이면

$$e^{\int_0^x A(s)ds} = e^{xA}$$

이고 식(5-5)와 미분의 정의를 사용하면

$$\frac{d}{dx}e^{xA} = Ae^{xA} = e^{xA}A$$

를 보일 수 있다. 따라서 함수 e^{xA}에 대한 Chain Rule이 성립함을 알 수 있다. 그러나

$$\frac{d}{dx}\exp\left(\int_0^x A(s)ds\right) \neq \left[\exp\left(\int_0^x A(s)ds\right)\right]A(x), \tag{5-6}$$

$$\frac{d}{dx}\exp\left(\int_0^x A(s)ds\right) \neq A(x)\left[\exp\left(\int_0^x A(s)ds\right)\right]. \tag{5-7}$$

예를 들이 $A(x)=\begin{bmatrix} x & 1 \\ 0 & 0 \end{bmatrix}$, $(-\infty < x < \infty)$에서

$$\begin{aligned}
\exp\left(\int_0^x A(s)ds\right) &= \exp\begin{bmatrix} x^2/2 & x \\ 0 & 0 \end{bmatrix} \\
&= \begin{bmatrix} 1 & 0 \\ 0 & 1 \end{bmatrix} + \begin{bmatrix} x^2/2 & x \\ 0 & 0 \end{bmatrix} + \frac{1}{2!}\begin{bmatrix} x^2/2 & x \\ 0 & 0 \end{bmatrix}^2 + \frac{1}{3!}\begin{bmatrix} x^2/2 & x \\ 0 & 0 \end{bmatrix}^3 + \cdots \\
&= \begin{bmatrix} 1 & 0 \\ 0 & 1 \end{bmatrix} + \begin{bmatrix} x^2/2 & x \\ 0 & 0 \end{bmatrix} + \frac{1}{2!}\begin{bmatrix} \left(\frac{x^2}{2}\right)^2 & \frac{x^2}{2}x \\ 0 & 0 \end{bmatrix} + \frac{1}{3!}\begin{bmatrix} \left(\frac{x^2}{2}\right)^3 & \left(\frac{x^2}{2}\right)^2 x \\ 0 & 0 \end{bmatrix} + \cdots .
\end{aligned}$$

1행 2열을 보면

$$\begin{aligned}
& x + \frac{1}{2!}\frac{x^2}{2}x + \frac{1}{3!}\left(\frac{x^2}{2}\right)^2 x + \frac{1}{4!}\left(\frac{x^2}{2}\right)^3 x + \cdots \\
&= \frac{2}{x}\left[\frac{x^2}{2} + \frac{1}{2!}\left(\frac{x^2}{2}\right)^2 + \frac{1}{3!}\left(\frac{x^2}{2}\right)^3 + \frac{1}{4!}\left(\frac{x^2}{2}\right)^4 + \cdots\right] \\
&= \frac{2}{x}\left[e^{x^2/2} - 1\right]
\end{aligned}$$

이므로

$$\exp\left(\int_0^x A(s)ds\right) = \exp\begin{bmatrix} x^2/2 & x \\ 0 & 0 \end{bmatrix} = \begin{bmatrix} e^{x^2/2} & \frac{2}{x}\left[e^{x^2/2}-1\right] \\ 0 & 1 \end{bmatrix}.$$

이제 위 식이 Chain Rule을 만족한다고 가정하고 1행 2열을 확인해 보자. 먼저,

$$g(x) = \frac{2}{x}\left(e^{x^2/2}-1\right)$$

에 대하여 $g'(x) = [x1]\begin{bmatrix} g(x) \\ 1 \end{bmatrix} = xg(x)+1$인데,

$$g'(x) = \frac{-2}{x^2}\left(e^{x^2/2}-1\right) + 2e^{x^2/2}$$

로 식(5-7)을 확인할 수 있다. 식(5-6)을 확인하자. $\frac{d}{dx}exp\left(\int_0^x A(s)ds\right)$의 1행 2열은

$$\frac{d}{dx}\left(\frac{2}{x}\left[e^{x^2/2}-1\right]\right) = \frac{-2}{x^2}\left(e^{x^2/2}-1\right) + 2e^{x^2/2}$$

인 것에 반하여 $\left[\exp\left(\int_0^x A(s)ds\right)\right]A(x)$의 1행 2열은 다음과 같다.

$$\left[e^{x^2/2},\ \frac{2}{x}\left(e^{x^2/2}-1\right)\right]\begin{bmatrix} 1 \\ 0 \end{bmatrix} = e^{x^2/2}.$$

■

5.10 REMARK

복소수의 교수학습의 장점은 다음 두 가지로 말할 수 있다.

(1) 복소수를 벡터로 인식할 수 있다.

(2) 회전을 잘 표현한다.

■

지금까지 복소수의 효용성에 대하여 4가지로 알아보았다.

5.11 REMARK

(1) $2+3i$, $2-3i$를 켤레복소수라한다. 일반적인 대수적 확대체(algebraic extension)에서 켤레(conjugacy)의 정의와 의미에 대하여 알아보자. 먼저 체 F 그리고 α, β를 F 상에서 대수적이라 하자. 만일 α, β가 동일한 기약다항식의 근일 때, 두 원소 α, β를 켤레(conjugacy)라 부른다. 중등교과서에서 사용하는 켤레복소수란 "conjugate over $\mathbb{R}$"을 뜻한다. 예를 들어 체 $\mathbb{Q}$에서 기약다항식 x^2-2의 두 근 $\sqrt{2}$, $-\sqrt{2}$는 켤레이다.

(2) 체 F 그리고 α, β를 F 상에서 대수적이라 하고 α가 n차 기약다항식의 근이라 하자. 두 원소 α, β가 켤레수이면

$$\Psi_{\alpha,\,\beta} : F(\alpha) \to F(\beta),$$
$$\Psi_{\alpha,\,\beta}(c_0 + c_1\alpha + \cdots + c_{n-1}\alpha^{n-1}) = c_0 + c_1\beta + \cdots + c_{n-1}\beta^{n-1},$$

는 체에서 정의된 동형사상(isomorphism)이다. 이를 기반으로 예를 들면

$$Gal_{\mathbb{Q}}\,\mathbb{Q}(\sqrt{2}) = \{1,\ \sigma\}$$

여기서 $\sigma : \mathbb{Q}(\sqrt{2}) \to \mathbb{Q}(\sqrt{2})$, $\sigma(a+b\sqrt{2}) = a-b\sqrt{2}$이다.

(3) 켤레복소수의 용도에 대하여 좀 더 복잡한 다른 예를 살펴보자. 기약다항식 $x^3-2 \in \mathbb{Q}[x]$의 근은 $\sqrt[3]{2}$, $\rho\sqrt[3]{2}$, $\rho^2\sqrt[3]{2}$ $\left(\text{여기서 } \rho = \dfrac{-1+\sqrt{-3}}{2}\right)$이고 따라서 이들은 켤레이다. 다시 말하면 $\sqrt[3]{2}$와 $\rho\sqrt[3]{2}$는 켤레복소수이다. 중등수학에서처럼 단순히 부호를 바꾸는 것이 아니다. 갈루아 군을 구하려면 이들 켤레의 대응을 생각하면 된다. 한편 분해체(Splitting field)는 $\mathbb{Q}(\sqrt[2]{3},\ \rho)$이고 $Gal_{\mathbb{Q}}\,\mathbb{Q}(\sqrt[2]{3},\ \rho)$를 구하려면 켤레복소수들 간의 대응

$$\begin{cases} \sqrt[3]{2} \to \sqrt[3]{2} \\ \rho \to \rho \end{cases},\ \begin{cases} \sqrt[3]{2} \to \rho^2\sqrt[3]{2} \\ \rho \to \rho \end{cases},\ \begin{cases} \sqrt[3]{2} \to \rho^2\sqrt[2]{3} \\ \rho \to \rho^2 \end{cases},\ \begin{cases} \sqrt[2]{3} \to \rho\sqrt[2]{3} \\ \rho \to \rho^2 \end{cases}$$

을 기반으로

$$Gal_{\mathbb{Q}}\,\mathbb{Q}(\sqrt[3]{2},\ \rho) \simeq S_3$$

을 보일 수 있다. ■

다음 문제는 1.21에서 만났다. 복소지수함수와 켤레의 개념을 음미하면서 문제를 해결해 보자.

5.12 TEAM PROJECT

$my'' + cy' + ky = 0$, $y(0) = 0.15$, $y'(0) = 0$, $m = 9.082$, c, $k = 890$을 해석하고 다음을 확인하자.

(1) $c = 200$일 때는 $y(t) = 0.2463e^{-6.190t} - 0.0963e^{-15.83t}$

(2) $c = 100$로 줄이면 $y(t) = e^{-5.50611t}(0.1500\cos 8.227t + 0.1004\sin 8.227t)$

(3) 중근을 갖게 하기 위해 $c = 179.8$로 설정하고 초기조건을 이용하면 해

$$y(t) = (0.150 + 1.485t)e^{-9.899t}$$

를 얻는다. 이들의 그래프를 함께 그려보기 바란다. ■

다음 질문을 토대로 중등수학과 관련된 복소수의 이론을 즐겨보자.

질문 20 $3^{\frac{1}{2}}$과 $\sqrt{3}$는 같은가? $(-3)^{\frac{1}{2}}$과 $\sqrt{-3}$은 같은가? 기호의 차이점은 무엇인가?

질문 21 학생이 다음 풀이를 가져와 질문한다면 어떻게 답변하겠는가?

$$-2 = (-8)^{\frac{1}{3}} = (-8)^{\frac{2}{6}} = [(-8)^2]^{\frac{1}{6}} = (64)^{\frac{1}{6}} = 2$$

질문 22 (제6차 교육과정) 드 무와브르의 식에서

$$(\cos\theta + i\sin\theta)^{\frac{1}{3}} = (\cos\frac{1}{3}\theta + i\sin\frac{1}{3}\theta)$$

이 성립하는가(《수학 II》, 6차 교과서, (교학사) p. 87)

질문 23 (개정교육과정) 대학 선형대수 시간이 아닌 상황에서 일차변환 f, g, $f\circ g$를 나타내는 행렬을 이용하여 삼각함수의 덧셈정리를 증명할 수 있는가? (《기하와 벡터》 익힘책 (두산동아, 지학사))

5.13 REMARK(드 무아브르의 식과 복소수의 n차근)

복소지수함수는 실변수지수함수의 확장이지만 실변수에서는 상상할 수 없던 일들이 벌어진다. 예를 들면 지수함수 $\exp(z)$는 $e^{z+2\pi i}=e^z e^{2\pi i}$이고 $e^{2\pi i}=1$이므로

$$\exp(z+2\pi i)=\exp(z)$$

인 주기가 $2\pi i$인 주기함수이다. 또, $e^z=-1$과 같이 음의 값을 갖기도 한다. 이를 주기함수와 관련하여 해석하면 덧셈군 $(\mathbb{R}, +)$에서 곱셈군 $G=\{z\in\mathbb{C} \mid |z|=1\}$[111]으로의 함수

$$g: \mathbb{R}\to G,\ g(t)=\cos t+i\sin t$$

는 group epimorphism이다. 좀 더 자세히 표현하면, g는 준동형(homomorphism) 즉, 임의의 $t_1,\ t_2\in\mathbb{R}$에 대하여

$$g(t_1+t_2)=\cos(t_1+t_2)+i\sin(t_1+t_2)=g(t_1)g(t_2)$$

을 만족하고 전사(onto map)이다. 이때 $(\mathbb{R}, +)$의 부분군

$$\ker(g)=\{t\in\mathbb{R} \mid g(t)=\cos t+i\sin t=1\}=\{2\pi n \mid n\in\mathbb{Z}\}$$

이 주기를 결정하며 제1동형정리(First Isomorphism Theorem)에 의하여

$$\mathbb{R}/\ker(g)\simeq G$$

이다.

(1) 드 무와브르의 식$(\cos\theta+i\sin\theta)^n=(\cos n\theta+i\sin n\theta)$에서 정수 n을 유리수나 실수로 확장할 수 있는가?

복소수 $z=r(\cos\theta+i\sin\theta)$에서 $w^n=z$를 만족하는 w를 z의 n차근(nth root of z)이라 부르고 이러한 n차근들의 모임을 $z^{1/n}$로 표시한다. z의 한 n차근을

$$w=R(\cos\phi+i\sin\phi)$$

라 하면

111) 복소평면에서 단위원이다.

$$w^n = z,\ R^n(\cos n\phi + i\sin n\phi) = r(\cos\theta + i\sin\theta)$$

이므로 $R^n = r$, $n\phi = \theta + 2k\pi (k = 0, 1, 2, \cdots, n-1)$이다. 즉, 집합 $z^{1/n}$은 n개의 모임

$$z^{1/n} = \left\{ r^{1/n}\left(\cos\frac{\theta+2k\pi}{n} + i\sin\frac{\theta+2k\pi}{n}\right) \middle| k = 0, 1, 2, \cdots, n-1 \right\}$$

이다. 예를 들어 기호 $(\cos\theta + i\sin\theta)^{1/n}$는 n개의 원소로 이루어진 해집합

$$(\cos\theta + i\sin\theta)^{1/n} = \left\{ \cos\frac{\theta+2k\pi}{n} + i\sin\frac{\theta+2k\pi}{n} \middle| k = 0, 1, 2, \cdots, n-1 \right\}.$$

따라서 드 무아브르의 식에서 n은 정수에만 국한되며 유리수 또는 실수로 확장한다는 말을 사용하면 안 된다. 일반적으로 두 서로소(relative prime) p와 $q > 0$에 대하여

$$z^{\frac{p}{q}} = (z^{\frac{1}{q}})^p \tag{5-8}$$

로 정의한다. 즉,

$$z^{\frac{p}{q}} = r^{\frac{p}{q}}\left[\cos\frac{p}{q}(\theta+2k\pi) + i\sin\frac{p}{q}(\theta+2k\pi)\right]\ (k = 0, 1, 2, \cdots, q-1)$$

이다. 두 정수 m, n이 서로소가 아니면 $z^{\frac{m}{n}} = (z^{\frac{1}{n}})^m$ 은 서로 다른 $\dfrac{n}{\gcd(m, n)}$개의 원소로 이루어진다.

(2) 2009 개정 수학과 교육과정에서 본 드 무와브르의 식의 올바른 이해.

현행 교과서에서 행렬의 곱을 회전의 합성이라고 설명한 후 이를 토대로 삼각함수의 덧셈정리를 증명(《기하와 벡터》 익힘책(두산동아 p. 24, 지학사 p. 25))하고 있다. 독자들은 교과서의 부족한 설명을 보완하여 학생들을 지도해야 한다. 복소수 $A = \cos\theta + i\sin\theta$를 행렬로 말하면 $A = \begin{bmatrix}\cos\theta & -\sin\theta \\ \sin\theta & \cos\theta\end{bmatrix}$이다(식(4-4) 참고). 선형변환으로 말하면 함수

$$A = \begin{bmatrix}\cos\theta & -\sin\theta \\ \sin\theta & \cos\theta\end{bmatrix} : \mathbb{R} \to \mathbb{R},\ A\begin{bmatrix}x \\ y\end{bmatrix} = \begin{bmatrix}x\cos\theta - y\sin\theta \\ x\sin\theta + y\cos\theta\end{bmatrix}$$

이다.[112)]

① 이때 직접계산에 의하여 독자는

112) 행렬에서 역행렬이 존재한다는 것은 함수로 말하면 일대일 함수이다.

$$A^2\begin{bmatrix}x\\y\end{bmatrix}=(A\circ A)\begin{bmatrix}x\\y\end{bmatrix}=A\left(A\begin{bmatrix}x\\y\end{bmatrix}\right) \tag{5-9}$$

을 보일 수 있다. 식(5-11)에서 직접 계산으로부터 두 함수 A^2과 $A\circ A$가 같다. 이를 거듭 시행하면

$$A^n = A\circ A\circ\cdots\circ A \ (n\text{번 시행})$$

을 얻는다. 즉, 행렬의 곱은 함수로서 합성함수이다.

② 함수

$$A=\begin{bmatrix}\cos\theta & -\sin\theta\\ \sin\theta & \cos\theta\end{bmatrix}:\mathbb{R}\to\mathbb{R},\ A\begin{bmatrix}x\\y\end{bmatrix}=\begin{bmatrix}x\cos\theta-y\sin\theta\\ x\sin\theta+y\cos\theta\end{bmatrix}$$

는 원점을 중심으로 θ만큼 회전하는 선형변환임을 보여야한다. 그러므로 $A=\begin{bmatrix}\cos\theta & -\sin\theta\\ \sin\theta & \cos\theta\end{bmatrix}$에 대하여 $A\circ A$는 원점을 중심으로 2θ만큼 회전한 변환이므로 $A\circ A=\begin{bmatrix}\cos 2\theta & -\sin 2\theta\\ \sin 2\theta & \cos 2\theta\end{bmatrix}$이다.

③ 결론적으로 A^2과 $A\circ A$이 같으므로

$$\begin{bmatrix}\cos\theta & -\sin\theta\\ \sin\theta & \cos\theta\end{bmatrix}^2=\begin{bmatrix}\cos 2\theta & -\sin 2\theta\\ \sin 2\theta & \cos 2\theta\end{bmatrix}$$

을 얻고 행렬의 상등조건에서 삼각함수의 덧셈정리를 얻는다.

(3) $(1+i)^i$의 정의.

드 무와브르의 식에서 사용되는 식 $\cos\theta+i\sin\theta$가 복소지수함수 $\exp(i\theta)$이다. 학교수학에서 다루고 있는 지수함수는 먼저 정적분 $\int_1^x \frac{1}{t}dt\,(x>0)$를 자연로그 $\ln x$로 정의하고, 자연로그함수의 역함수를 실변수 지수함수 e^x로 정의한 것이다. 그리고 일반적인 지수함수는

$$a^x = e^{x\ln a}\,(a>0,\ x\in\mathbb{R})$$

로 정의한다. 예를 들어 $\pi^\pi = e^{\pi\ln\pi}$, $2^{\sqrt{3}}=e^{\sqrt{3}\ln 2}$이다. 지수함수 e^x가 가지고 있는 성질 $\frac{d}{dx}e^x=e^x$를 기본으로 하여 복소수 범위로 확대한 복소지수함수 $e^z=e^x(\cos y+i\sin y)$를 정의하고 최종적으로 복소 log 함수를 도입하여 복소지수함수 $z^\alpha=e^{\alpha\log z}$를 정의한다.[113] 몇 개를 살펴보면,

113) • J. Brown and R. Churchill, Complex variables and applications, 6th. ed., McGraw-Hill, New

$$(i)^{-2i} = e^{-2i\log i} = e^{(4n+1)\pi} \quad (n=0,\ \pm 1,\ \pm 2,\ \cdots),$$

$$(1+i)^i = e^{i\log(1+i)} = e^{i\ln\sqrt{2} + i[(\pi/4)+2n\pi]}$$

$$= e^{-[(\pi/4)+2n\pi]} e^{i\ln\sqrt{2}} \quad (n=0,\ \pm 1,\ \pm 2,\ \cdots).$$

(4) $-2 = (-8)^{\frac{1}{3}} = (-8)^{\frac{2}{6}} = \left[(-8)^2\right]^{\frac{1}{6}} = (64)^{\frac{1}{6}} = 2$의 오해.

기호 $(-8)^{1/3}$은 세제곱근의 집합을 의미한다. $-8<0$ 이므로 이는 실변수지수함수와 관계가 없다. 한편,

$$(-8)^{\frac{1}{3}} = e^{\frac{1}{3}\log(-8)}$$

이고

$$\log(-8) = \ln 8 + i(\pi + 2n\pi) \ (n=0,\ \pm 1,\ \pm 2,\ \cdots).$$

이제

$$(-8)^{\frac{1}{3}} = e^{\frac{1}{3}\log(-8)} = e^{\frac{1}{3}\ln 8} e^{i\left(\frac{2n+1}{3}\right)\pi}$$

$$= 2\left(\cos\left(\frac{2n+1}{3}\pi\right) + i\sin\left(\frac{2n+1}{3}\pi\right)\right) \ (n=0,\ \pm 1,\ \pm 2,\ \cdots)$$

이므로 집합으로 나타내면

$$(-8)^{1/3} = \{-2,\ 1+i\sqrt{3},\ 1-i\sqrt{3}\}.$$

한편, 두 등식 $(-8)^{2/6} = ((-8)^2)^{1/6} = (64)^{1/6}$의 성립여부를 생각해보자. 첫 번째 등식은 식(5-8)에 위배됨을 쉽게 알 수 있다. $(64)^{\frac{1}{6}} = e^{\frac{1}{6}\log(64)}$에서

$$\frac{1}{6}\log(64) = \ln 2 + i\left(\frac{n}{3}\pi\right)(n=0,\ \pm 1,\ \pm 2,\ \cdots)$$

이므로 $(64)^{1/6}$은 6개의 근을 갖는다. 즉, 집합으로서

$$(-8)^{1/3} \neq ((-8)^2)^{1/6}.$$

York, 1996(p. 81).

- $w \neq 0$일 때, 등식 $e^z = w$의 해집합(solution set)은 $\log w = \{\ln|w| + i(\arg w + 2k\pi) \mid k \in \mathbb{Z}\}$이다.

이다. 그러나 $(-8)^{1/3} = (-8)^{2/6} = [(-8)^{1/6}]^2$은 참이다. 실제 집합 $(-8)^{1/6}$은 6개로 이루어졌지만 드 무와브르의 식을 써서 $[(-8)^{1/6}]^2$을 구하면 서로 다른 것은 3개밖에 없고 집합 $(-8)^{1/3}$과 일치한다. 한편, 두 집합 $[(-8)^{1/6}]^2$, $[(-8)^2]^{1/6}$은 서로 다르며, 일반적으로 두 집합 $(z^{1/n})^m$, $(z^m)^{1/n}$이 일치할 필요충분조건은 $\gcd(n, m) = 1$이다. 이제 다음 세 개의 집합을 음미해보자.

$$(-8)^{1/3},\ [(-8)^2]^{1/6},\ [(-8)^{1/6}]^2.$$

실변수지수함수 $a^x = e^{x \ln a}(a > 0,\ x \in \mathbb{R})$는 일대일 대응이지만 복소지수함수는 일대일이 아닌 주기함수이기 때문에 이와 같은 혼란이 오는 것이다. ■

우리가 사용하고 있는 드 무와브르의 식의 원래의 형태(the origin of de Moivre's formular)에 대하여 다시 알아보자.

5.14 REMARK(드 무아브르의 식의 원래형태)

(1) 우리가 흔히 부르고 있는 "드 무와브르의 식" $(\cos\theta + i\sin\theta)^n = (\cos n\theta + i\sin n\theta)$은 오일러의 업적이다(1748).[114)]

(2) 드 무와브르의 식의 원래의 형태(1730)는 REMARK(1.24)에서 함수

$$f_n(x) = \sum_{k=0}^{[n/2]} (-1)^k \frac{n}{n-k} \binom{n-k}{k} x^{n-2k},$$

$\left(\text{여기서 } [n/2] \text{는 } n/2\text{를 넘지 않는 최대 정수, 그리고 } \binom{n-k}{k} = \frac{(n-k)!}{k!(n-2k)}\right)$

와 관련하여

$$\sqrt[n]{\cos n\alpha \pm \sqrt{-1}\sin n\alpha} = \cos\alpha \pm \sqrt{-1}\sin\alpha$$

로 설명하였다. ■

114) O. Neumann, Cyclotomy : From Euler through Vandermond to Gauss, Leonhard Euler : Life, Work and Legacy, R. Bradley and C. Sandifer(Editors), Elsevier, (**2007**) 323-362.

5.15 TEAM PROJECT

(1) 독자들은 수학③(제곱근의 성질)에서

$$\text{“}a \geq 0\text{일 때, } (\sqrt[n]{a})^n = a\text{가 성립한다”}$$

를 음미해보자.

(2) 이차방정식

$$az^2 + bz + c = 0 \ (a \neq 0)$$

의 계수 a, b, c가 복소수일 때, 근의 공식

$$z = \frac{-b + (b^2 - 4ac)^{\frac{1}{2}}}{2a}$$

을 유도하고 실계수 방정식일 때와 표현의 차이를 확인하기 바란다. ±기호를 사용 안 한 이유를 설명해 보자. ■

5.16 TEAM PROJECT

(1) $3^2 = 9$일 때, 3을 9의 거듭제곱근이라 한다. 마찬가지로 행렬에서

$$S = \begin{pmatrix} 1 & -1 \\ 0 & 2 \end{pmatrix}, \ W = \begin{pmatrix} 1 & -3 \\ 0 & 4 \end{pmatrix}$$

에 대하여 $S^2 = W$이므로 S는 W의 제곱근이다(S is the square root of W). 만일 $S^n = A$를 만족하는 자연수 $n \geq 2$이 존재하지 않을 때, A는 거듭제곱근을 갖지 못한다(rootless)고 말한다.[115] 행렬 $A = \begin{pmatrix} 0 & 1 \\ 0 & 0 \end{pmatrix}$가 rootless임을 보이자.

(2) $3^{\sqrt{2}}$를 현행 교과서에서 어떻게 정의하고 지도하는지 알아보자. 대학 수준(실해석학 개론)에서 $3^{\sqrt{2}}$의 정의를 자세히 알아보자. ■

---

115) B. Yood, Rootless matrices, Math. Mag. 75(3) (**2002**) 219-223.

5.17 IN YOUR OWN WORDS

고1 수업 중에 학생이 복소수가 왜 필요한가를 물었을 때, 어떻게 설명할 것인가? ■

다음 장에서 교과서 2009 개정 수학과 교육과정 《미적분 II》에서 다루는 적분에 대하여 그 의미와 취지를 여러 예를 통하여 알아 보자.

제 6 장

내적
(Inner Product)

본 장에서는 지수함수 등을 일, 이차다항함수로 표현하거나, 또는 불연속 주기함수를 sine, cosine함수로 나타내는 방법을 알아보았다. 즉, 정적분을 내적의 예로 바라보았다. 학교수학에서 내적이 무엇인지 교과서 《기하와 벡터》를 통하여 알아보자. 2009 개정 수학과 교육과정에서 다루는 《기하와 벡터》의 내용은 다음과 같다.

영역	내용
평면 곡선	이차곡선
	평면 곡선의 접선
평면벡터	벡터의 연산
	평면벡터의 성분과 내적
	평면 운동
공간도형과 공간벡터	공간도형
	공간좌표
	공간벡터

먼저 $\mathbb{R}$-벡터공간 V에서 내적의 정의를 살펴보자. 평면을 벡터공간으로 다루는 교과서에서 사용하는 내적은 무엇이며, 어떤 의미를 가지고 있는지 알아보고 함수로 이루어진 벡터공간에서 사용되는 내적은 어떤 역할을 하는지 연속하여 알아보자. 먼저, 내적의 용도는 다음과 같다.

(교과서 《기하와 벡터》에서의 용도) : 내적은

① 정사영,

② 물리학의 일,

③ 삼각형의 넓이,

④ 벡터를 이용한 삼수선 정리의 증명,

⑤ 평면에서 점과 직선사이의 거리

를 구현하는 데 필요한 도구이다.

(선형대수학, 공학에서의 주요 용도) : 내적은

① 지수함수 등의 어려운 함수들을 일, 이차다항식으로 접근,

② 불연속 주기함수를 매끄럽게 하고,

③ 해가 존재하지 않는 연립방정식이 해를 갖도록

하는 데 필요한 도구이다.

본 장에서는 선형대수입장에서 정적분을 다룬다. 먼저, 벡터공간의 정의를 알아보자.

6.1 DEFINITION

$(V, +)$는 덧셈에 대한 아벨군(additive abelian group)이고 $k, l \in \mathbb{R}$, $u, v \in V$이다. 스칼라곱 $\mathbb{R} \times V \to V$에 대하여

(1) $k(u+v) = ku + kv$,

(2) $(k+l)u = ku + lu$,

(3) $k(lu) = (kl)u$,

(4) $1u = u$

를 만족할 때, V를 $\mathbb{R}$-벡터공간이라 하고 V의 원소를 벡터, 실수를 스칼라라 부른다.

중등과정에서 다루는 벡터공간의 예는 평면이나 공간이다. 평면의 경우를 알아보자.

6.2 EXAMPLE

$V = \mathbb{R} \times \mathbb{R} = \mathbb{R}^2$ 에서 두 연산은 다음과 같다.

(1) $(x_1, y_1) + (x_2, y_2) = (x_1 + x_2, y_1 + y_2)$,

(2) $k(x, y) = (kx, ky)$.

특히, (1)은 기하적으로 평행사변형을 만들기 때문에 흔히 "평행사변형법"이라 부르고 (2)에서 정의한 스칼라배는 기하적으로 k배 늘리거나 줄이는(음인 경우는 반대방향) 것을 의미한다. ■

다음 예는 중등수학에서 자주 사용하는 다항식, 수집합, 복소수, 행렬, 고차도함수 등을 벡터공간으로 바라본 것이다.

6.3 EXAMPLE

(1) 이차 이하 다항식의 모임

$$P_2 = \{a + bx + cx^2 | a,\ b,\ c \in \mathbb{R}\}$$

은 다항식 간의 일반적인 합과 스칼라연산 $k(a+bx+cx^2) = ka + kbx + kcx^2$에 의하여 $\mathbb{R}$-벡터공간이고 $\{1,\ x,\ x^2\}$은 기저이다. 따라서 P_2는 삼차원 $\mathbb{R}$-벡터공간이다.

(2) 다항환 $\mathbb{R}[x]$는 $\mathbb{R}$-벡터공간이고 기저는 $\{1,\ x,\ x^2,\ x^3,\ \cdots\}$이므로 무한차원이다.

(3) 복소수체 $\mathbb{C}$는 $\mathbb{R}$-벡터공간이고 기저는 $\{1,\ i\}$이므로 이차원이다.

(4) $\{a + b\sqrt{2} | a,\ b \in \mathbb{Q}\}$는 체 $\mathbb{Q}(\sqrt{2})$이고 $\mathbb{Q}$-벡터공간이다. $\{1,\ \sqrt{2}\}$가 한 기저이므로 이차원이다.

(5) 덧셈에 관한 아벨군 $\mathbb{Q}[\sqrt{2},\ \sqrt{3}] = \{a + b\sqrt{2} + c\sqrt{3} | a,\ b,\ c \in \mathbb{Q}\}$은 $\mathbb{Q}$-벡터공간이다. 이때 $\{1,\ \sqrt{2},\ \sqrt{3}\}$이 한 기저이므로 삼차원이다.

(6) $\{y | y'' + y = 0\}$은 2차원 $\mathbb{R}$-백터공간으로 $\{\sin x,\ \cos x\}$가 기저이다. ■

6.4 EXAMPLE

크기가 2×2인 행렬의 모임 $\left\{\begin{bmatrix} a & b \\ c & d \end{bmatrix} \middle| a,\ b,\ c,\ d \in \mathbb{R}\right\}$은 두 행렬의 합과 스카라연산 $k\begin{bmatrix} a & b \\ c & d \end{bmatrix} = \begin{bmatrix} ka & kb \\ kc & kd \end{bmatrix}$에 의하여 사차원 $\mathbb{R}$-벡터 공간이다.

$$\left\{\begin{bmatrix} 1 & 0 \\ 0 & 0 \end{bmatrix},\ \begin{bmatrix} 0 & 1 \\ 0 & 0 \end{bmatrix},\ \begin{bmatrix} 0 & 0 \\ 1 & 0 \end{bmatrix},\ \begin{bmatrix} 0 & 0 \\ 0 & 1 \end{bmatrix}\right\}$$

는 한 기저이다. ■

6.5 EXERCISE(피보나치 수열)

$V = \{(c_0,\ c_1,\ c_2,\ c_3,\ \cdots) | c_i \in \mathbb{R},\ c_{n+2} = c_n + c_{n+1}\}$라 하자.

(1) 덧셈(항별)과 스칼라곱(항별)에 대하여 V는 실수벡터공간이다.

(2) c_0와 c_1은 다른 모든 항을 결정한다.

(3) V의 임의의 원소는 $(1, 0, \cdots)$와 $(0, 1, \cdots)$의 선형결합으로 표현된다..

(4) $\dim_{\mathbb{R}} V=2$이다.

(6) t를 방정식 $x^2-x-1=0$의 근이라 하자. 이때 $(1, t, t^2, t^3, \cdots)\in V$.

(7) s와 t를 $x^2-x-1=0$의 두 근이라 하자. V의 임의의 원소는 $(1, s, s^2, s^3, \cdots)$와 $(1, t, t^2, t^3, \cdots)$의 선형결합으로 표현된다.

(8) $c_n(n=0, 1, 2, \cdots)$을 구하여라. 여기서 $c_{n+1}=c_n+c_{n-1}$, $c_0=0$, $c_1=1$. ■

다음 예는 유한개의 벡터로 이루어진 벡터공간이다. 이어서 제공하는 신문기사를 수업에 활용해 보자.

6.6 EXAMPLE

부호

전 문	부 호
동	00000
서	01101
남	10110
북	11011

는 원소$\{0, 1\}$로 이루어진 유한체 F_2(흔히 $\mathbb{Z}_2$를 사용하기도 한다.)에서

$$V=F_2\times\cdots\times F_2=(F_2)^5$$

는 좌표가 5개로 이루어진 5차원 F_2-벡터공간이다.

(1) $V=(F_2)^5$의 원소의 개수는 $2^5=32$이고 원소 $(1, 0, 1, 0, 1)\in V$를 괄호 없이 간단히 10101로 사용한다. 부호 $C=\{00000, 01101, 10110, 11011\}$는 벡터공간 $(F_2)^5$의 부분공간이다. 특히, 부분공간 C는 두 원소 10110, 01101에 의하여 생성된다. 즉,

11011=10110 + 01101. 따라서 부호 C는 이차원 벡터공간이다.

(2) 수색대가 받은 수신벡터 $w = 11110$을 복호하여 보자.

풀이 $w = 11110$에 대하여 잉여류 $w + C = \{11110,\ 10011,\ 01000,\ 00101\} \in V/C$ (잉여군)이고 0이 제일 많은 것(coset leader)은 01000이므로

$$w + C = \{11110,\ 10011,\ 01000,\ 00101\} = 01000 + C$$

이다. 따라서 $w = 11110$는

$$w - 01000 = 11110 - 01000 = 10110 = \text{남}$$

으로 복호된다.

(3) 다음 기사를 수업에 활용해 보자. (2)에서 소개한 복호 방법을 강조해 보자.

화성 탐사선은 지구와 어떻게 통신할까(이지영, 2012. 08. 14, 엔터프라이즈)

우주는 진공 공간이다. 보통 대부분의 파동은 매질이 있어야 전송된다. 이 논리에 따르면 진공 공간인 우주에서는 전파가 전달되지 않아 통신이 되지 않을 것으로 보인다. 그러나 우린 미국항공우주국(NASA)에서 우주로 쏘아올린 각종 탐사선들이 보내온 정보들을 NASA 홈페이지를 통해 보고 있다. NASA가 지난 8월6일 화성에 쏘아 올린 탐사 로봇 '큐리오시티'의 활약상을 큐리오시티 전용 웹사이트를 통해 보고 있는 것처럼 말이다.

큐리오시티는 화성에 미생물이 존재했는지 등 화성에서의 인류 생존 가능성을 평가하기 위해 NASA가 쏘아 올린 탐사 로봇이다. 길이 3m, 무게 900kg으로 경차 1대 크기다. 큐리오시티는 화성 표면에 무사히 안착하기 무섭게 사진과 동영상 등 각종 정보를 지구로 전달하고 있다. 대체 어떻게 지구로 정보를 전달하고 있는 것일까.

"전파는 다른 매질이 없어도 전송할 수 있습니다. 대기중이든 진공인 공간에서든 상관 없습니다. 우주 공간에서도 통신이 가능하다는 얘기지요."

이성팔 한국전자통신연구원 위성시스템팀 책임연구원은 우주와 지구 간 통신에는 라디오나 텔레비전 같은 방송기기나 휴대폰 같은 통신기기에 사용되는 전파가 사용된다고 설명했다. 탐사 로봇이 수집한 데이터를 지구로 전송하는 통신 원리가 지구에서 텔레비전 영상과 음향을 송수신하는 원리와 크게 다르지 않다는 얘기다.

차이가 있다면 우주에서 사용하는 주파수들은 지상과 비교했을 때 먼 거리를 다니다보니 전파 세기가 강한 높은 주파수 대역을 사용한다. 이렇게 주파수가 높아지면 직진성이 강해서 장애물이 있거나 비가 올 때 세기가 약해지는 감쇠 현상이 두드러지진다. 매질이 없는 우주 공간에서 방향

만 잘 맞춘다면 거의 일직선으로 주파수가 지구에 전송돼 정보를 받을 수 있다.

“우주에서 사용하는 주파수 대역은 1GHz에서 30GHz 사이입니다. 라디오가 700MHz를 수준의 주파수를 사용한다는 점에 비쳐봤을 때 약 1천배 이상 높은 주파수를 사용하고 있는 셈이지요. 지상에서 사용하는 텔레비전과 라디오 주파수 대역이 나뉘어 있는 것처럼 우주에서 사용하는 주파수 대역이 나뉘어 있습니다.”

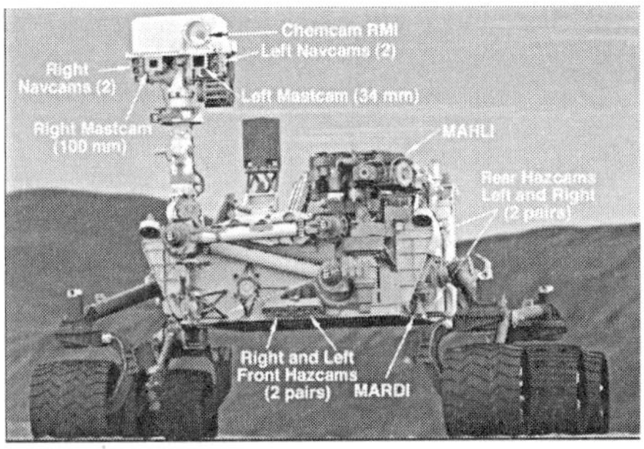

큐리오시티에는 하루에 두 번 극초단파(UHF) 주파수를 통해 정보를 보낸다. 내장된 3개의 안테나는 이때 사용된다. 큐리오시티가 보낸 데이터가 지구에 도달하기까지는 약 15분이 걸린다.

지구와 화성 간 거리는 2억5천만km다. 여기에 큐리오시티가 지구의 공전과 자전을 염두에 두고 주파수를 지구에 보내기 때문에 전송 시간 차이가 발생한다. 우주와 지구 간 실시간 통신은 거의 불가능하다.

그렇다 보니 NASA는 조금이라도 정보를 전달 받는데 걸리는 시간을 줄이고자, 인공위성 오디세이를 활용한다. 2001년 발사돼 화성 궤도를 돌고 있는 오디세이는 화성 탐사 로봇의 데이터 대부분을 화성과 지구 사이에서 중개하고 있다. 오디세이가 탐사로봇 큐리오시티와 통신하고 이를 지구로 다시 전송하는 셈이다. 화성 궤도를 돌고 있는 또 다른 위성 화성 궤도 정찰위성(MRO)과 유럽 화성 익스프레스(EME)도 큐리오시티로부터 정보를 전달받아 지구로 전송하는 중개 역할을 담당하고 있다.

예를 들어 큐리오시티가 화성 표면에서 찍은 사진을 지구로 전송하는 경우 이 사진은 15분이나 지나서야 지구에 도착한다. 사진은 그것을 구성하는 무수히 많은 점으로 분해돼 전기 신호로 변환된 뒤 전파에 담아 인공위성에 전송하고, 인공위성은 이 신호를 받아 다시 지구로 전송한다. 이 과정에서 각각의 점들은 밝기에 따라 전기 신호로 변환된다.

아무리 높은 주파수를 사용해도 지상과 달리 우주 공간에서의 통신은 수신신호가 약한 탓에 방해 신호가 섞일 수 있다. 지구에서는 이 전파를 받아 원래의 과정을 되감기하는 식으로 다시 전기 신호로 바꾸고 신호에 섞여 들어온 잡음을 제거한다. 그 다음에야 겨우 큐리오시티 같은 탐사선이 우주에서 보낸 사진을 받아볼 수 있다.

정보를 수신하기 위해 지구에서는 접시형의 거대한 전파망원경 여러 대를 동원한다. 전파망원경은 전파를 반사해 한 곳에 모을 수 있는 구조로 되어 있기에 아주 약한 전파라도 탐지할 수 있어 우주탐사선과의 교신에 사용된다.

NASA는 이렇게 큐리오시티로부터 받은 정보를 클라우드에 저장한 다음 웹사이트로 사용자들과 공유하고 있다. NASA 산하 제트 추진 연구소(JPL)은 아마존웹서비스(AWS)의 서비스를 도입해 큐리오시티가 수집한 이미지와 메타데이터를 실시간 비디오 스트리밍으로 서비스 중이다. 이를 위해 AWS의 가상서버, 데이터베이스(DB), 스토리지(S3), 라우팅, 콘텐츠딜리버리서비스(CDN) 등을 도입했다.

주어진 벡터공간 내에서 정의되는 내적에 대하여 알아보자. 먼저, 다음 질문을 생각해 본 후, 내적의 정의를 알아보자.

질문 24 정사영이란 무엇인가? (기하와 벡터)

질문 25 내적은 왜 정의하는가?

질문 26 정적분 $\int_{-1}^{1} x^2 e^x \, dx$ 또는 $\int_{0}^{2\pi} x \sin x \, dx$는 왜 계산하는가? (미적분 II)

6.7 DEFINITION

V가 $\mathbb{R}$-벡터공간일 때, u, v, $w \in V$, 실수 r에 대하여 다음 4개의 조건을 만족하는 함수

$$<, > \ : V \times V \rightarrow \mathbb{R}$$

을 V에서의 내적(inner product)이라 한다.

(1) $< u, v > = < v, u >$.

(2) $< u+v, w > = < u, w > + < v, w >$.

(3) $< ru, v > = r < u, v >$.

(4) $< u, u > \geq 0$이고, $< u, u \geq 0 \Leftrightarrow u = 0$. ■

이제 학교수학에서 다루는 내적의 예를 알아보자.

6.8 REMARK(정사영)

교과서 《기하와 벡터》에서 다루는 다음 그림을 살펴보자.

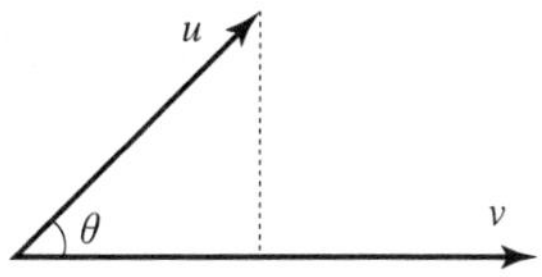

사잇각이 θ인 두 벡터 $\boldsymbol{u}$, $\boldsymbol{v}$가 있다. 벡터 $\boldsymbol{u}$를 벡터 $\boldsymbol{v}$에 수직으로 내려 보자. 먼저 수직으로 내린 선분의 길이는 $|\boldsymbol{u}|\cos(\theta)$이다. 여기서 $|\boldsymbol{u}|$는 벡터 $\boldsymbol{u}$의 길이(크기)이다. 한편, 벡터 $\boldsymbol{v}$ 방향의 단위 벡터는 $\frac{\boldsymbol{v}}{|\boldsymbol{v}|}$이므로 벡터 $\boldsymbol{u}$를 벡터 $\boldsymbol{v}$에 수직으로 내린 벡터는

$$|\boldsymbol{u}|\cos(\theta)\frac{\boldsymbol{v}}{|\boldsymbol{v}|}$$

이다. 흔히 "수직으로 내린다"를 "정사영(projection)시키다"로 쓰고 있다. 이를 기호 $proj_{\boldsymbol{v}}\boldsymbol{u}$로 쓰기로 하자. 따라서

$$proj_{\boldsymbol{v}}\boldsymbol{u}=\frac{|\boldsymbol{u}||\boldsymbol{v}|\cos(\theta)}{|\boldsymbol{v}|^2}\boldsymbol{v}$$

이다. 특히, $|\boldsymbol{u}||\boldsymbol{v}|\cos(\theta)$를 $\boldsymbol{u}\cdot\boldsymbol{v}$로 표시하자. 즉,

$$\boldsymbol{u}\cdot\boldsymbol{v}=|\boldsymbol{u}||\boldsymbol{v}|\cos(\theta)$$

두 벡터의 좌표를 $\boldsymbol{u}=(x_1,\ y_1)$, $\boldsymbol{v}=(x_2,\ y_2)$로 설정하고 다음 직교좌표계로 가보자.

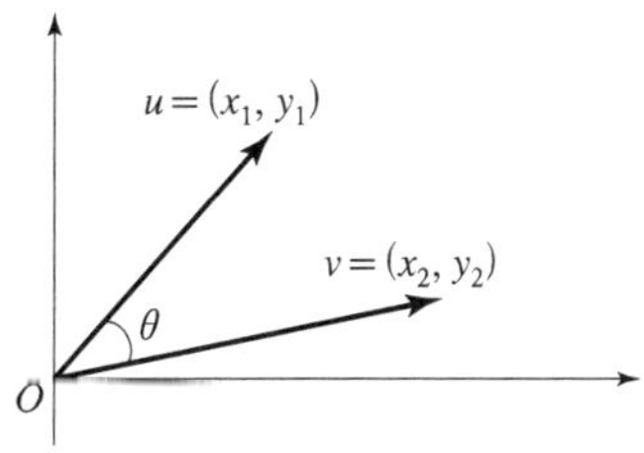

위 그림에서 $|\boldsymbol{u}||\boldsymbol{v}|\cos(\theta)=\sqrt{x_1^2+y_1^2}\sqrt{x_2^2+y_2^2}\cos(\theta)$이고 두 벡터에 의하여 만들어지는 삼각형에 코사인법칙을 적용하면

$$|\boldsymbol{u}-\boldsymbol{v}|^2=|\boldsymbol{u}|^2+|\boldsymbol{v}|^2-2|\boldsymbol{u}||\boldsymbol{v}|\cos(\theta).$$

한편 $\boldsymbol{u}-\boldsymbol{v}=(x_1-x_2,\ y_1-y_2)$ 이므로

$$|\boldsymbol{u}-\boldsymbol{v}|^2 = (x_1 - x_2)^2 + (y_1 - y_2)^2.$$

이때

$$|\boldsymbol{u}|^2 + |\boldsymbol{v}|^2 - 2|\boldsymbol{u}||\boldsymbol{v}|\cos(\theta) = (x_1^2 + y_1^2) + (x_2^2 + y_2^2) - 2|\boldsymbol{u}||\boldsymbol{v}|\cos(\theta)$$

이므로

$$(x_1 - x_2)^2 + (y_1 - y_2)^2 = (x_1^2 + y_1^2) + (x_2^2 + y_2^2) - 2|\boldsymbol{u}||\boldsymbol{v}|\cos(\theta).$$

따라서

$$x_1 x_2 + y_1 y_2 = |\boldsymbol{u}||\boldsymbol{v}|\cos(\theta)$$

를 얻는다. 따라서 교과서 《기하와 벡터》에서 두 벡터 $\boldsymbol{u}=(x_1, y_1)$, $\boldsymbol{v}=(x_2, y_2)$의 내적을 다음과 같이 정의한다.

$$\boldsymbol{u} \cdot \boldsymbol{v} = x_1 x_2 + y_1 y_2 = |\boldsymbol{u}||\boldsymbol{v}|\cos(\theta)$$ ■

내적의 용도는 벡터 $\boldsymbol{u}$를 벡터 $\boldsymbol{v}$에 수직으로 내릴 때 나타나는 벡터 $proj_v\boldsymbol{u}$를 구하는 데 있다. 즉,

$$proj_v\boldsymbol{u} = \frac{\boldsymbol{u} \cdot \boldsymbol{v}}{|\boldsymbol{v}|^2}\boldsymbol{v}.$$

물론 이 정도의 벡터를 구하기 위하여 법석을 떠는 것은 아니다. 이제 의미를 생각해보자. 벡터 $\boldsymbol{v}$는 우리가 잘 아는 (일차원) 벡터공간을 대변하고 이 벡터공간에 있지 않은 미지의 벡터가 $\boldsymbol{u}$이다. 따라서, 잘 모르는 벡터를 우리가 잘 알고 있는 벡터공간에서 근사적으로 표현한 것이 $proj_v\boldsymbol{u} = \frac{\boldsymbol{u} \cdot \boldsymbol{v}}{|\boldsymbol{v}|^2}\boldsymbol{v}$이다. 환원하면, $\boldsymbol{v}$가 생성하는 일차원 벡터공간에 있는 모든 벡터 중에서 $proj_v\boldsymbol{u}$가 벡터 $\boldsymbol{u}$에 제일 가깝다.

6.9 SUMMING UP

다음 내용은 동일한 개념하에 있다.

(1) 그림처럼 아래 직선에 수선을 긋자

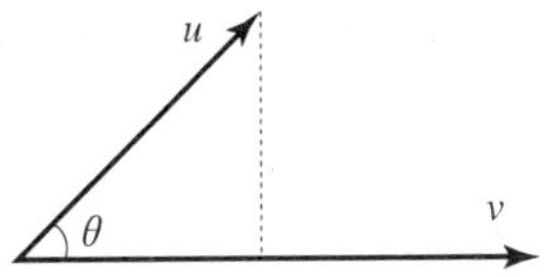

(2) $|\boldsymbol{u}||\boldsymbol{v}|\cos(\theta)$를 내적으로 사용한다.

(3) 벡터 $\boldsymbol{v}$로 생성된 일차원공간(즉, 원점을 지나고 $\boldsymbol{v}$와 평행한 직선)에 있는 벡터로서 $\boldsymbol{u}$와 가장 가까운 것은 $proj_v\boldsymbol{u}$이다.

(4) 벡터 $\boldsymbol{u}$는 우리가 잘 모르는 대상이다. 우리가 잘 알고 있는 벡터 $\boldsymbol{v}$를 사용하여 벡터 $\boldsymbol{u}$를 이해(aproximate)하자.

(5) 두 벡터 $\{u, v\}$에 대하여 직교하는 두 벡터 $\{u - proj_v u, v\}$를 만든다.

(6) $< u - proj_v u, v > = 0$.

6.10 EXAMPLE

식 $\boldsymbol{u} \cdot \boldsymbol{v} = x_1x_2 + y_1y_2$는 내적의 정의를 만족한다. 교과서 《기하와 벡터》에서 사용하는 내적이다. 주어진 벡터공간에서 내적은 많이 존재한다. 행렬과 함수에서 대표적으로 사용하는 내적은 다음과 같다. 정의(6.7)의 네 개의 조건을 만족하는지 확인하기 바란다.

(1) $< A, B > = trAB^T$[116].

(2) $< f, g > = \int_a^b f(x)g(x)dx$. ■

중등과정에서 사용하는 절댓값 | |과 피타고라스 정리로부터 정의된 두 점 사이의 거리가 선형대수 입장에서 어떻게 만들어지는지 알아보자.

일반적으로 n-차원 $\mathbb{R}$-벡터공간(n-dimensional $\mathbb{R}$-vector space) V는 내적 $<, >$을 요구하며, $v \in V$에 대하여

$$\| v \| = \sqrt{< v, v >}$$

116) T는 전치행렬(행과 열을 바꿈)을 표시하고, tr은 대각선(trace) 상의 원소를 모두 합하는 것이다.

를 벡터 v의 노름(norm)이라 부른다. 한편, $\| \ \|$ 은 두 벡터 간의 거리

$$d(u,\ v) = \| u - v \|$$

를 결정한다. 특히 $\{x \in V \mid \| x \| = 1\}$을 단위원이라 부른다. 우리가 사용하는 $\mathbb{R}$-벡터공간 V는 연속적으로

$$(V,\ +,\ \mathbb{R},\ <,\ >,\ \| \ \|,\ d)$$

를 내포하고 있다. 따라서 우리가 벡터공간에서 사용하는 두 벡터가 "멀다" 또는 "가깝다"는 내적에서 연유된 거리(distance)에 의해서 결정된다. 벡터공간 $V = \mathbb{R}$은 일차원 $\mathbb{R}$-벡터공간이다. 두 실수 $x,\ y$에 대하여

$$< x,\ y >= xy$$

는 정의(6.7)을 만족함으로 $V = \mathbb{R}$에서의 한 내적이다. 따라서 이때 노름은

$$\| x \| = \sqrt{< x,\ x >} = \sqrt{xx} = \sqrt{x^2}$$

이다. 한편, $\sqrt{x^2} = |x|$이므로 우리가 상용하는 절댓값은 일차원 $\mathbb{R}$-벡터공간 $\mathbb{R}$에서의 내적 $< x,\ y >= xy$에서 연유된 노름이다. 그리고 두 벡터(실수) 사이의 거리는

$$d(x,\ y) = \| x - y \| = |x - y|$$

이다. 벡터공간 $V = \mathbb{R}^2$은 이차원 $\mathbb{R}$-벡터공간이다. 두 벡터(점) $u = (x_1,\ y_1)$, $v = (x_2,\ y_2)$에 대하여 $< u,\ v >= x_1x_2 + y_1y_2$는 정의(6.1)을 만족한다. 따라서 두 벡터(점)사이의 거리는 다음과 같다.

$$\begin{aligned} d(u,\ v) &= \| (x_1,\ y_1) - (x_2,\ y_2) \| = \| (x_1 - x_2,\ y_1 - y_2) \| \\ &= < (x_1 - x_2,\ y_1 - y_2),\ (x_1 - x_2,\ y_1 - y_2) >^{1/2} \\ &= [(x_1 - x_2)^2 + (y_1 - y_2)^2]^{1/2}. \end{aligned}$$

$C[a,\ b]$를 구간 $[a,\ b]$에서 정의된 모든 실수값 연속함수의 모임이라 하면, $C[a,\ b]$는 무한차원 실수-벡터공간(infinite dimensional $\mathbb{R}$-vector space)이다. 두 벡터 $f,\ g \in V$에 대하여

$$< f,\ g >= \int_a^b f(x)g(x)dx$$

로 정의하자. 이 정의는 정의(6.7)을 만족하므로 V에서 정의된 한 내적이며, 두 벡터 f, g 사이의 거리는

$$\| f-g \| = \left[\int_a^b [f(x)-g(x)]^2 dx \right]^{\frac{1}{2}}$$

이다. 특히,

$$\| f-g \|^2 = \int_a^b [f(x)-g(x)]^2 dx$$

을 평균제곱오차(mean square error)라 부른다((6.16)EXAMPLE 참고).

내적의 활용으로 적분을 깊이 있게 다루어 보자. 유한차원 벡터공간에서 직교기저(orthogonal basis)를 구하는 방법을 Gram-Schmidt 방법[117]이라 부른다.

6.11 THE GRAM-SCHMIDT ORTHOGONALIZATION PROCESS

주어진 벡터 $\{u_1, u_2, \cdots, u_r\}$로부터 서로 직교(내적이 0)인 벡터를 만드는 방법은

① $v_1 = u_1$로 한다.

② $v_2 = u_2 - proj_{v_1} u_2 = u_2 - \dfrac{< v_1, u_2 >}{\| v_1 \|^2} v_1$,

③ $v_3 = u_3 - proj_{v_1} u_3 - proj_{v_2} u_3$

$$= u_3 - \frac{< u_3, v_1 >}{\| v_1 \|^2} v_1 - \frac{< u_3, v_2 >}{\| v_2 \|^2} v_2$$

등으로 차례로 진행한다. ■

다음에서 $r=2$인 경우를 살펴보자.

117) H. Anton, Elementary linear algebra, 8e, John Wiley ε Sons, 2000(p. 303-305).

6.12 EXAMPLE

주어진 두 벡터 $\{u, v\}$에 대하여 두 벡터 $\{u - proj_v u, v\}$는 직교한다. 즉, 내적이 0이다($< u - proj_v u, v >= 0$). 다음 그림을 참고하자.

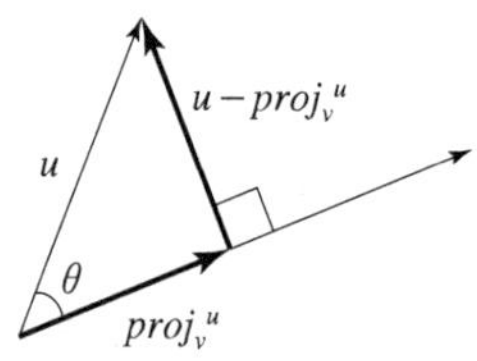

■

W를 벡터공간 V의 부분공간(subspace)이라하고 $\{g_1, g_2, \cdots, g_r\}$을 W의 단위직교기저[118]라 하자. $f \in V$에 대하여 W에 속한 벡터로서 벡터 f에 가장 가까운 벡터 $g \in W$는 각 기저의 정사영

$$proj_{g_i} f = \frac{< f, g_i >}{\| g_i \|^2} g_i \text{ (이때, 단위직교기저의 정의에 의하여 } \| g_i \| = 1)$$

의 합

$$g = proj_W f = < f, g_1 > g_1 + < f, g_2 > g_2 + \cdots + < f, g_r > g_r \qquad (6\text{-}1)$$

로 결정된다. 이를 그림으로 그리면 다음과 같다.

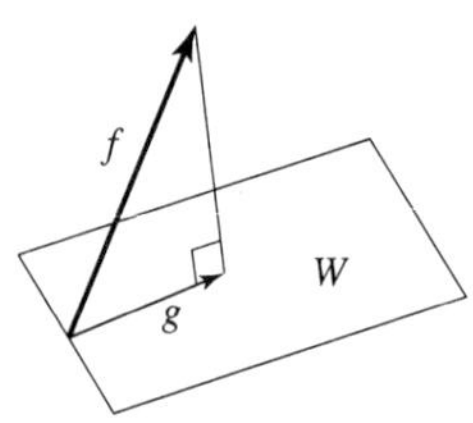

위 그림을 예로 들면, 연속함수로 이루어진(또는 생성된) r-차원 $\mathbb{R}$-벡터공간 W는 우리가 매우 잘 알고 있는 세계이다. 한편, 우리가 잘 모르는(또는 너무 복잡하거나 불연속

118) $\{g_1, g_2, \cdots, g_r\}$은 W의 기저(basis)이고, 각 i에 대하여 $\| g_i \| = 1$이고 $i \neq j$이면 $< g_i, g_j > = 0$이다.

함수처럼 문제를 안고 있는) 함수 f가 있을 때, "가깝다", "멀다"의 거리 개념의 입장에서 제일 가까운 함수를 벡터공간 W에서 구하여 이를 함수 f대신 사용하겠다는 것이다. 실제 예를 들어보자.

폐구간 $[-1,\ 1]$에서 연속인 모든 함수를 $C[-1,\ 1]$로 표시하자. $f,\ g \in C[-1,\ 1]$에 대하여 정적분

$$< f,\ g >= \int_{-1}^{1} f(x)g(x)dx$$

는 내적이다. 한편, $\{1,\ x,\ x^2\}$으로 생성된 $C[-1,\ 1]$의 3차원 부분공간을 P_2라 하자.

6.13 EXAMPLE(내적의 용도1)

지수함수 $e^x \in C[-1,\ 1]$를 이차다항식으로 접근하여 보자.

풀이 먼저 $\{1,\ x,\ x^2\}$으로 생성된 $C[-1,\ 1]$의 3차원 부분공간

$$P_2 = \{a + bx + cx^2 \mid a,\ b,\ c \in \mathbb{R}\}$$

와 $C[-1,\ 1]$에서 정의된 내적

$$< f,\ g >= \int_{-1}^{1} f(x)g(x)dx$$

에 대하여 Gram-Schmidt방법(6.11)을 이용하여 P_2의 직교기저를 구해보자.

(1) 먼저,

① $v_1 = 1$

으로 시작하면

② $v_2 = x - \dfrac{\int_{-1}^{1} xdx}{\int_{-1}^{1} dx} 1 = x,$

③ $v_3 = x^2 - \dfrac{\int_{-1}^{1} x^2 dx}{\int_{-1}^{1} dx} 1 - \dfrac{\int_{-1}^{1} x^3 dx}{\int_{-1}^{1} x^2 dx} x = x^2 - \dfrac{1}{3}$

을 얻는다. 직교기저 $\left\{1,\ x,\ x^2 - \dfrac{1}{3}\right\}$을 각 길이가 1인 단위직교기저로 만들면

$$\left\{\frac{1}{\sqrt{2}},\ \sqrt{\frac{3}{2}}\,x,\ \frac{3}{2}\sqrt{\frac{5}{2}}\left(x^2 - \frac{1}{3}\right)\right\} \tag{6-2}$$

이고, 따라서 다음을 얻는다.

$$\left\langle e^x,\ \frac{1}{\sqrt{2}}\right\rangle = \int_{-1}^{1} e^x \frac{1}{\sqrt{2}} dx = \frac{1}{\sqrt{2}}(e - e^{-1}),$$

$$\left\langle e^x,\ \sqrt{\frac{3}{2}}\,x\right\rangle = \int_{-1}^{1} e^x \sqrt{\frac{3}{2}}\,x\,dx = \sqrt{6}\,e^{-1},$$

$$\left\langle e^x,\ \frac{1}{2}\sqrt{\frac{5}{2}}(3x^2 - 1)\right\rangle = \int_{-1}^{1} e^x \frac{1}{2}\sqrt{\frac{5}{2}}(3x^2 - 1)dx = \sqrt{\frac{5}{2}}(e - 7e^{-1}).$$

(2) 벡터 e^x는 P_2의 원소가 아니며 식(6-1), 식(6-2)로부터 벡터

$$\left(\frac{33}{4}e^{-1} - \frac{3}{4}e\right) + 3e^{-1}x + \frac{15}{4}(e - 7e^{-1})x^2$$

는 P_2의 원소로 e^x와 가장 가까운 벡터이다. ■

이 두 그래프를 Maple을 이용하여 가까운 정도를 눈으로 확인하자.

```
> f(x):=exp(x);
        f(x) := exp(x)
> g(x):=(33/4*exp(-1)-3/4*exp(1)) +3*exp(-1)*x + 15/4*(exp(1)-7*exp(-1))*x^2;
        g(x):= 33/4exp(-1)-3/4exp(1)+ 3exp(-1) x + 15/4(exp(1)-7exp(-1))x^2
> plot({f(x), g(x)}, x=-1..1);
```

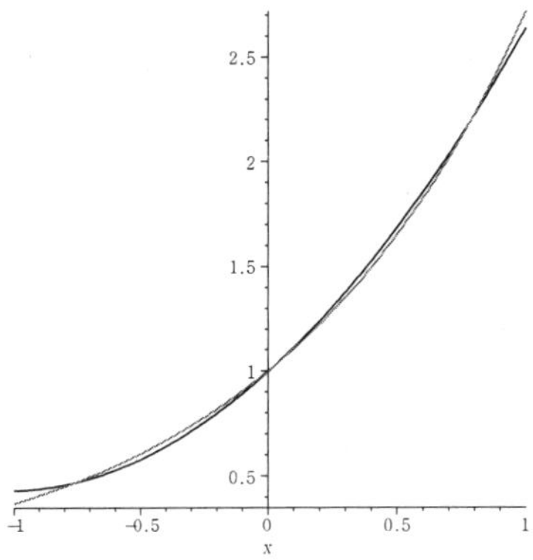

같은 방법으로 집합 $P_1 = \{a + bx \mid a,\ b \in \mathbb{R}\}$은 $\{1,\ x\}$를 기저(basis)로 하는 $C[-1,\ 1]$의 이차원 부분공간이다. 이때 벡터(일차함수)

$$(4e-10)+(18-6e)x \in P_1$$

은 벡터 e^x에 가장 가까운 벡터임을 보일 수 있다. 이를 자세히 확인하기 바란다.

6.14 EXAMPLE(내적의 응용2)

주기가 2π인 함수 $f(x)=x$로 만들어지는 톱니함수(sawtooth function)를 삼각함수로 접근하여 보자.

풀이 구간 $[0,\ 2\pi]$에서 연속인 모든 함수들을 $C[0,\ 2\pi]$라 하고

$$\{1,\ \sin x,\ \cdots,\ \sin 4x,\ \cos x,\ \cdots,\ \cos 4x\}$$

으로 생성된 $C[0,\ 2\pi]$의 9차원 부분공간에서 벡터 $f(x)=x$와 가장 가까운 벡터 $g(x)$를 구해보자.

(1) 기저

$$\{1,\ \sin x,\ \cdots,\ \sin 4x,\ \cos x,\ \cdots,\ \cos 4x\}$$

는 행복하게도 직교기저이다. 그 이유는 독자들이 현행《적분과 통계》에서 지도하는 정적분

$$< \cos mx,\ \cos nx >= \int_0^{2\pi} \cos mx \cos nx \, dx = 0 \ (n \neq m),$$

$$< \sin mx,\ \sin nx >= \int_0^{2\pi} \sin mx \sin nx \, dx = 0 \ (n \neq m),$$

$$< \cos mx,\ \sin nx >= \int_0^{2\pi} \cos mx \sin nx \, dx = 0$$

에서 찾을 수 있다. 단위직교기저로 바꾸면

$$\left\{\frac{1}{\sqrt{2\pi}},\ \frac{1}{\sqrt{\pi}}\sin x,\ \cdots,\ \frac{1}{\sqrt{\pi}}\sin 4x,\ \frac{1}{\sqrt{\pi}}\cos x,\ \cdots,\ \frac{1}{\sqrt{\pi}}\cos 4x\right\} \tag{6-3}$$

(2) 한편 $k=1,\ 2,\ 3,\ 4$에 대하여

$$\int_0^{2\pi} x \sin kx \, dx = -\frac{2\pi}{k},\ \int_0^{2\pi} x \cos kx \, dx = 0$$

이므로 식(6-1)과 식(6-3)으로부터

$$g(x) := \pi - 2\left(\sin x + \frac{\sin 2x}{2} + \frac{\sin 3x}{3} + \frac{\sin 4x}{4}\right) \text{ (Fourier series of } g(x))$$

이다. 이 과정은 주기가 2π인 주기함수 $f(x)=x$를 sine과 cosine으로 이루어진 주기함수 $g(x)$(푸리에 급수)로 근사한 것이다. ■

두 그래프를 비교해보자.

```
> with(plots):
> P_1:=plot(2*Pi+x, x=-2*Pi..0):
> P_2:=plot(x, x=0..2*Pi):
> P_3:=plot(-2*Pi + x, x=2*Pi..4*Pi):
> P_4:=plot(Pi-2*(sin(x)+1/2*sin(2*x)+1/3*sin(3*x)+1/4*sin(4*x)), x=-2*Pi..4*Pi):
> display({P_1, P_2, P_3, P_4});
```

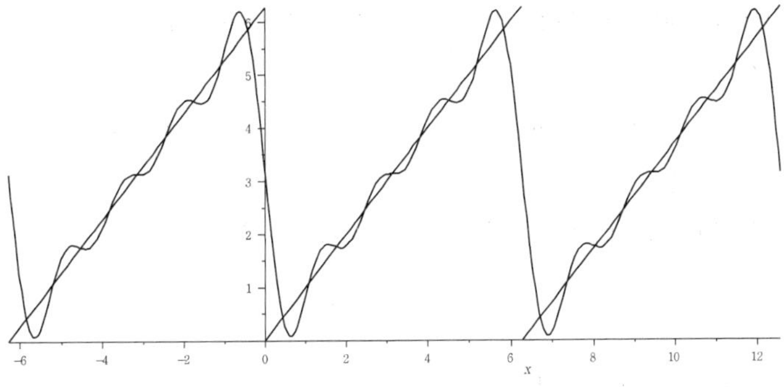

행렬에 정의 된 내적을 예제(6.10)에서 $<A, B>= trAB^T$로 소개하였다. 본 내적이 미분을 활용한 최솟값 결정과 어떤 유사성이 있는지 알아보자. 교육과정으로 보면《고급수학 II》에서 다루는 편도함수를 이용한 이변수함수의 최대-최솟값 문제이다.

6.15 REMARK(푸리에 급수)

1800년대 초에 푸리에(Joseph Fourier, 1768~1830, 프랑스)는 유한 폐구간에서 정의된 적당한 조건을 만족하는 함수[119]는 사인과 코사인 함수의 무한합(삼각급수)으로 표현될 수 있다는 매우 놀라운 주장을 하였다. 그는 열전도에 대한 연구를 하다가 이 사실을 발견하였다. 당시 몇몇 함수들이 이런 삼각급수에 의하여 표현될 수 있음이 이미 알려져 있었으나 푸리에는 $[-\pi, \pi]$에서 정의된 이와 같은 함수는 그와 같이 표현될 수 있다는 것을 밝힌 것이다. 열전도, 신호와 같은 현상은 대체로 주기를 갖는다. 이 현상을 나타내는 편미분방정식에서 흔히 나타나는 (연속이 아닌) 주기함수를 다루기 위해서는 이 함수를 사인, 코사인 함수로 근사하는 것이 필요하다. 다음과 같이 삼각함수가 아닌 주기함수

$$y(x) = x^2 \quad (-\pi \le x \le \pi), \quad y(x+2\pi) = y(x)$$

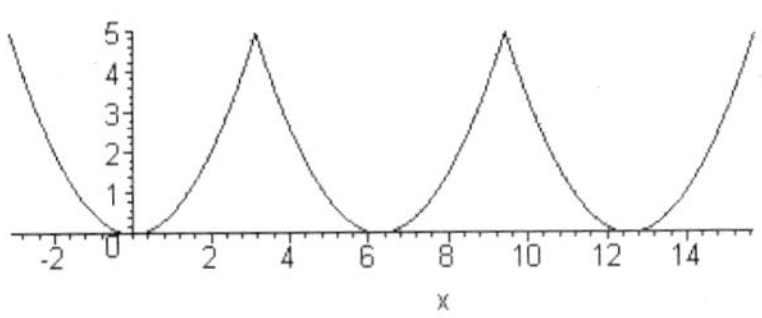

119) W. Kaplan, Advaced Calculus, 3rd. ed. Addison Wesley, NewYork, 1984(p. 472).

는 수 없이 많이 존재한다. 어떤 함수 $f(x)$의 주기가 2π일 때,

$$f(x) = a_0 + \sum_{n=1}^{\infty} (a_n \cos(nx) + b_n \sin(nx))$$

로 나타내는 것이다. 본 문제는 무한급수에 있는 각 계수

$$a_0,\ a_n,\ b_n\ (n = 1,\ 2,\ 3,\ \cdots)$$

를 어떻게 구할 것인가에 귀착된다. 먼저 a_0를 구해보자. 양변을 $-\pi$부터 π까지 적분하면

$$\int_{-\pi}^{\pi} f(x)dx = \int_{-\pi}^{\pi} \left[a_0 + \sum_{n=1}^{\infty} (a_n \cos(nx) + b_n \sin(nx))\right] dx$$

이고 항별적분에 의하여

$$\int_{-\pi}^{\pi} f(x)dx = a_0 \int_{-\pi}^{\pi} dx + \sum_{n=1}^{\infty} \left(a_n \int_{-\pi}^{\pi} \cos(nx)dx + b_n \int_{-\pi}^{\pi} \sin(nx)dx\right)$$

이때 사인과 코사인이 들어간 오른쪽 항을 정적분하면 모두 0이므로

$$\int_{-\pi}^{\pi} f(x)dx = a_0 \int_{-\pi}^{\pi} dx = 2\pi a_0$$

따라서

$$a_0 = \frac{1}{2\pi} \int_{-\pi}^{\pi} f(x)dx$$

한편 a_m을 구하려면 $f(x)$ 양변에 $\cos(mx)$를 곱한 후 $-\pi$부터 π까지 적분하면

$$a_m = \frac{1}{\pi} \int_{-\pi}^{\pi} f(x) \cos(mx)dx \quad (m = 1,\ 2,\ 3,\ \cdots)$$

을 얻으며 마찬가지로 b_m을 구하려면 $f(x)$ 양변에 $\sin(mx)$를 곱한 후 $-\pi$ 부터 π 까지 적분하면

$$b_m = \frac{1}{\pi} \int_{-\pi}^{\pi} f(x) \sin(mx)dx \ (m = 1,\ 2,\ 3,\ \cdots)$$

을 얻는다. 일반적으로 함수 $f(x)$의 주기가 $p=2L$일 때,

$$f(x)=a_0+\sum_{n=1}^{\infty}(a_n\cos\frac{n\pi}{L}x+b_n\sin\frac{n\pi}{L}x)$$

를 푸리에 급수(Fourier series)라 한다. 이때, 각 계수는 다음과 같이 구할 수 있다.

$$a_0=\frac{1}{2L}\int_{-L}^{L}f(x)dx,$$

$$a_n=\frac{1}{L}\int_{-L}^{L}f(x)\cos\frac{n\pi x}{L}dx \quad (n=1,\ 2,\ 3,\ \cdots),$$

$$b_n=\frac{1}{L}\int_{-L}^{L}f(x)\sin\frac{n\pi x}{L}dx \quad (n=1,\ 2,\ 3,\ \cdots).$$

주기함수

$$f(x)=x,\ (-\pi\le x\le\pi),\ f(x+2\pi)=f(x)$$

의 푸리에 급수를 구하면

$$a_0=\frac{1}{2\pi}\int_{-\pi}^{\pi}x\,dx=\frac{1}{4\pi}x^2\Big|_{-\pi}^{\pi}=0$$

이고 $n=1,\ 2,\ 3,\ \cdots$에 대하여

$$a_n=\frac{1}{\pi}\int_{-\pi}^{\pi}x\cos nx\,dx$$

$$=\frac{1}{n^2\pi}\cos(nx)+\frac{x}{n\pi}\sin(nx)\Big|_{-\pi}^{\pi}=0,$$

$$b_n=\frac{2}{\pi}\int_{0}^{\pi}x\sin nx\,dx$$

$$=\frac{2}{\pi}\left(\frac{-x\cos nx}{n}\Big|_{0}^{\pi}+\frac{1}{n}\int_{0}^{\pi}\cos nx\,dx\right)$$

$$=\frac{2}{n}(-1)^{n+1}$$

이다. 즉,

$$b_1 = 2, \quad b_2 =-\frac{2}{2},\ b_3 = \frac{2}{3},\ b_4 =-\frac{2}{4}, \cdots$$

로부터

$$\begin{aligned} f(x) &= 2\sin x - \sin 2x + \frac{2}{3}\sin 3x - \frac{2}{4}\sin 4x \pm \cdots \\ &= 2\left(\sin x - \frac{\sin 2x}{2} + \frac{\sin 3x}{3} - \frac{\sin 4x}{4} \pm \cdots\right) \\ &= \sum_{n=1}^{\infty} 2(-1)^{n+1}\frac{\sin(nx)}{n} \end{aligned}$$

따라서 $x = \pi/2$를 대입하면

$$\frac{\pi}{2} = 2\left(1 - \frac{1}{3} + \frac{1}{5} - \frac{1}{7} \pm \cdots\right)$$

이므로 $\pi/4$를 주어로 쓰면

$$\frac{\pi}{4} = 1 - \frac{1}{3} + \frac{1}{5} - \frac{1}{7} \pm \cdots$$

한편, 주기함수

$$f(x) = x, \quad (-\pi \le x \le \pi), \quad f(x+2\pi) = f(x)$$

를 $n=5$로 하여 합각함수의 합으로 하면

$$f(x) \simeq 2\left(\sin x - \frac{\sin 2x}{2} + \frac{\sin 3x}{3} - \frac{\sin 4x}{4} + \frac{\sin 5x}{5}\right)$$

이다. ■

그림으로 비교하면 다음과 같다.

```
with(plots):
> P_1:=plot(x,x=-Pi..Pi):
> P_2:=plot(x-2*Pi,x=Pi..3*Pi):
> P_3:=plot(-4*Pi + x, x=3*Pi..5*Pi):
> P_4:=plot(2*sin(x)-sin(2*x)+2/3*sin(3*x)-1/2*sin(4*x)+2/5*sin(5*x),x=-Pi..5*Pi):
```

```
> display({P_1,P_2,P_3,P_4});
```

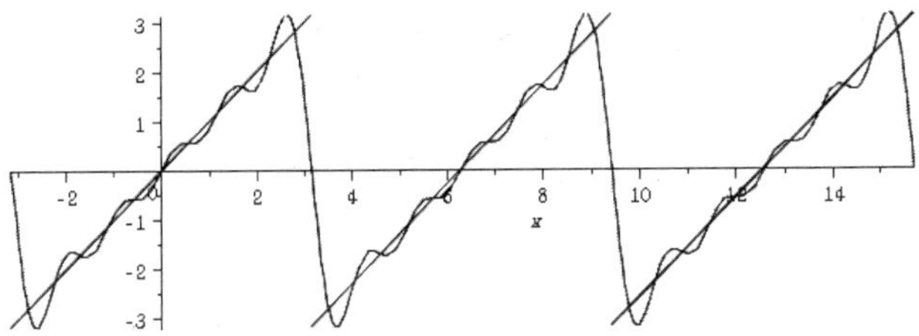

■

6.16 EXAMPLE(내적의 용도3)

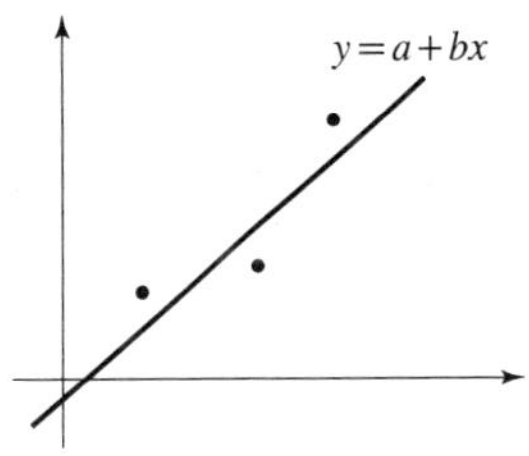

현상으로부터 만들어진 연립방정식의 해는 일반적으로 존재하지 않는다. 예를 들어, 실험값이 $(x_1,\ y_1)$, $(x_2,\ y_2)$, $(x_3,\ y_3)$일 때, 이를 대변하는 직선 $y=a+bx$를 결정해보자(등속운동의 속도, 저항체의 저항, 용수철의 용수철계수 등(수학①). 물론 실험에서 얻은 데이터 $(x_1,\ y_1)$, $(x_2,\ y_2)$, $(x_3,\ y_3)$은 일반적으로 동일 직선 위에 있지 않다.

(1) 따라서 이들 점을 대변할 직선 $y=a+bx$를 결정해야 하는데 직선에서 떨어진 각 점들의 거리의 제곱의 합을 하여 이를 최소화하자. 즉,

$$L(a,\ b)=\sum_{i=1}^{3}(y_i-(a+bx_i))^2$$

의 최솟값을 구해보자(《고급수학 II》). 변수 a, b에 대하여 $L(a,\ b)$의 값이 최소이려면

$$\begin{cases} \dfrac{\partial L}{\partial a}=-2\displaystyle\sum_{i=1}^{3}(y_i-a-bx_i)=0 \\ \dfrac{\partial L}{\partial b}=-2\displaystyle\sum_{i=1}^{3}x_i(y_i-a-bx_i)=0 \end{cases}$$

이다. 따라서 연립방정식

$$\begin{cases} a3+b\sum x_i = \sum y_i \\ a\sum x_i + b\sum x_i^2 = \sum x_i y_i \end{cases}$$

을 얻는다. 이 연립방정식 모양을 행렬형태로 표현하면 다음과 같다.

$$\begin{bmatrix} 3 & \sum x_i \\ \sum x_i & \sum x_i^2 \end{bmatrix} \begin{bmatrix} a \\ b \end{bmatrix} = \begin{bmatrix} \sum y_i \\ \sum x_i y_i \end{bmatrix}.$$

이를 더 자세히 행렬로 풀어 써보자. 먼저 행렬 $A = \begin{bmatrix} 1 & x_1 \\ 1 & x_2 \\ 1 & x_3 \end{bmatrix}$에 대하여 전치행렬은 $A^T = \begin{bmatrix} 1 & 1 & 1 \\ x_1 & x_2 & x_3 \end{bmatrix}$이다. 이때,

$$\begin{bmatrix} 3 & \sum x_i \\ \sum x_i & \sum x_i^2 \end{bmatrix} = A^T A, \quad \begin{bmatrix} \sum y_i \\ \sum x_i y_i \end{bmatrix} = A^T \begin{bmatrix} y_1 \\ y_2 \\ y_3 \end{bmatrix}$$

로 표현된다. 따라서 연립방정식은 다음과 같이 변형된다.

$$A^T A \begin{bmatrix} a \\ b \end{bmatrix} = A^T \begin{bmatrix} y_1 \\ y_2 \\ y_3 \end{bmatrix}, \text{ 또는 } \begin{bmatrix} a \\ b \end{bmatrix} = (A^T A)^{-1} A^T \begin{bmatrix} y_1 \\ y_2 \\ y_3 \end{bmatrix}$$

(2) 직선 $y = a + bx$에 세 점 $(x_1,\ y_1)$, $(x_2,\ y_2)$, $(x_3,\ y_3)$을 대입하면 연립방정식

$$\begin{cases} y_1 = a + bx_1 \\ y_2 = a + bx_2 \\ y_3 = a + bx_3 \end{cases} \tag{6-4}$$

을 얻는다. 연립방정식을 행렬로 나타내면

$$\begin{bmatrix} 1 & x_1 \\ 1 & x_2 \\ 1 & x_3 \end{bmatrix} \begin{bmatrix} a \\ b \end{bmatrix} = \begin{bmatrix} y_1 \\ y_2 \\ y_3 \end{bmatrix} \text{ 또는 } a\begin{bmatrix} 1 \\ 1 \\ 1 \end{bmatrix} + b\begin{bmatrix} x_1 \\ x_2 \\ x_3 \end{bmatrix} = \begin{bmatrix} y_1 \\ y_2 \\ y_3 \end{bmatrix}.$$

따라서 식(6-4)의 해가 존재하지 못한다는 이야기는 벡터 $f = \begin{bmatrix} y_1 \\ y_2 \\ y_3 \end{bmatrix}$는 두 벡터 $\begin{bmatrix} 1 \\ 1 \\ 1 \end{bmatrix}$, $\begin{bmatrix} x_1 \\ x_2 \\ x_3 \end{bmatrix}$로 생성된 벡터공간($W$라 하자)에 존재하지 않는다는 것이다. 따라서 $g = proj_W f$

라 하면 다음 그림을 얻는다.

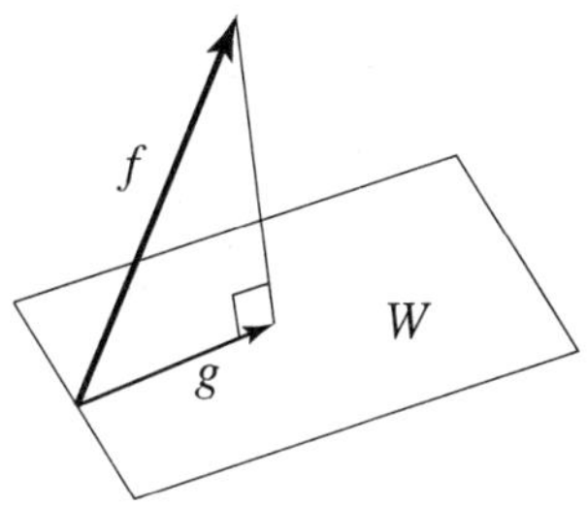

연립방정식 식(6-4)의 해를 갖게하려면 $A=\begin{bmatrix}1 & x_1\\1 & x_2\\1 & x_3\end{bmatrix}$에 대하여

$$A\begin{bmatrix}a\\b\end{bmatrix}=proj_W f$$

로 하는 것이 최선의 선택이다. 한편, 벡터 $f-proj_W f$는 정의에 의하여 벡터공간 W에 수직이므로 따라서 W의 원소와의 내적은 0이다. 즉,

$$A^T(f-proj_W f)=0$$

이다. 우리의 최선의 선택 $A\begin{bmatrix}a\\b\end{bmatrix}=proj_W f$를 사용하면

$$A^T\left(f-A\begin{bmatrix}a\\b\end{bmatrix}\right)=0 \text{ 또는 } A^TA\begin{bmatrix}a\\b\end{bmatrix}=A^Tf.$$

미분을 사용하여 얻은 식

$$\begin{bmatrix}a\\b\end{bmatrix}=(A^TA)^{-1}A^T\begin{bmatrix}y_1\\y_2\\y_3\end{bmatrix}$$

를 다시 얻는다. 잠시 후 제7장에서 이에 대한 구체적인 예를 들어보겠다. ■

6.17 REMARK

내적은 최적의 백터를 구하는 데 있어 미분과 동일한 역할을 한다. 즉, 선형대수학에서 $A\begin{bmatrix} a \\ b \end{bmatrix} = proj_W f$와 미적분에서 $\frac{\partial L}{\partial a} = \frac{\partial L}{\partial b} = 0$(《고급수학 II》)은 같은 맥락이다. 두 예제(6.14)과 예제(6.16)는 우리가 대하는 함수란 일, 이차 정도의 다항함수, 그리고 일반적인 주기함수는 삼각함수임을 뜻한다. 특히 우리가 정적분을 할 수 있는 함수의 대상은 기껏해야 일, 이차다항함수 정도이다. 예를 들어, 초등학교 6학년에서 개념으로 접하는 분수함수 $y = 1/x$에 대한 정적분 $\int_1^2 \frac{1}{x} dx$ 조차도 인간은 구할 수 없다.

6.18 TEAM PROJECT

우리는 예제(6.13)과 예제(6.14)에서 적분

$$\int xe^x dx, \int x^2 e^x dx, \tag{6-5}$$

$$\int x \sin x \, dx, \int x \cos x \, dx, \tag{6-6}$$

$$\int \sin x \sin 2x \, dx, \int \cos 2x \sin 2x \, dx \tag{6-7}$$

를 사용하였다. 내적을 제공하는 식(6-5)는 지수함수 e^x를 이차다항식으로 근사(approximation)하기 위한 계산이며 식(6-6)과 식(6-7)은 불연속인 주기함수를 연속인 주기함수 sine, cosine 함수로 근사하기 위한 계산이다. 2009 개정 수학과 교과서 《미적분 II》는 기교(치환, 삼각함수의 여러 가지 공식, 부분분수, 부분적분법 등)를 통하여 적분을 구하고 있다. 독자들은 교과서에 있는 (모든) 적분 형태의 의미를 더 알아보기 바란다. 즉, 다음과 같은 형태의 적분이 무엇을 의미하는지 알아보기 바란다.

(1) 치환적분법

TYPE A : ① $\frac{f'(x)}{f(x)}$꼴, ② 부분분수법 $\int \frac{1}{x(1-x)} dx$

TYPE B : ③ 치환적분법 $\int \frac{1}{1+x^2} dx$, ④ 치환적분법 $\int x^2 (\ln x)^2 dx$

(2) 부분적분법

⑤ $\int xe^{-x}dx$, ⑥ $\int \ln x dx$, ⑦ $\int e^{x} \sin x\, dx$

6.19 REMARK(수학용어 선택)

적분에서 사용하는 용어 ① 부분적분법(integral by part)과 ② 부분분수법(partial fraction)은 "part"를 단순히 부분으로 번역하여, 결과적으로 용어에서 뜻을 파악하기가 어렵다. 부분적분법은 '분리적분법', 그리고 부분분수법은 '분리분수법'으로 사용하는 것이 바람직하다. ■

제 7 장

행렬
(Matrix)

우리는 5장에서 행렬의 탄생에 대하여 알아보았고, 행렬 $Mat_{2\times 2}(\mathbb{R})$을 복소수의 일반화로 소개하였다.

《수학 I》(7차)에서 행렬은 연립일차방정식의 풀이를 간단히 하기 위하여 도입한 도구이다. 우리는 역행렬을 구하여 방정식을 푸는 것보다는 직접 연립방정식을 푸는 것이 훨씬 경제적(?)이라는 것을 알고 있으나 대학에서 본 것처럼 연립(미분)방정식의 미지수의 개수가 4정도만 되어도 행렬의 기법(예를 들면, 블록 대각화)없이 풀기란 거의 불가능하다. 2009 개정 교육과정에 따른 수학과 교육과정에서 바라보는 행렬(《고급수학 I》)은 다음 세 가지 영역으로 구별한다.

영역	내용
벡터와 행렬	벡터
	행렬과 연립방정식
일차변환	일차변환과 행렬
	고윳값과 행렬의 거듭제곱
그래프	그래프의 뜻
	여러 가지 그래프
	그래프의 활용

주요 용어는 다음과 같다.

영역	주요 용어
벡터와 행렬	벡터공간, 일차독립, 일차종속, 외적, 기저, 가우스 소거법, 크래머의 공식
일차변환	일차변환, 역변환, 고윳값, 고유벡터, 특성다항식, 대각화, 케일리-해밀턴공식
그래프	그래프, 경로, 인접행렬

교과서에서는 행렬의 크기를 2×2, 2×3 정도로 다룰 수밖에 없다. 따라서 의미 있는 행렬의 활용문제를 다루기가 불가능하다. 교과서에서 다루는 내용을 포함하여 행렬의 용도를 11가지로 알아볼 것이다. 먼저, 다음 질문을 생각해 보자.

질문 27 행렬식(determinant)은 무엇을 결정하는가? 올바른 번역인가?

질문 28 행렬을 왜 선형변환(linear transformation)이라 부르는가?

질문 29 고윳값과 고유벡터는 무엇인가?

질문 30 영종대교처럼 상판을 지지하는 주 케이블의 측면모양은 포물선인가?

행렬은 다음 세 가지로 바라볼 수 있다.

[행렬의 본질1] 실수, 복소수, 사차원수를 일반화한 수체계이다((5.5) 행렬의 도입 참고).
[행렬의 본질2] 벡터공간에서 벡터공간으로 가는 어떤 함수이다.
[행렬의 본질3] 어떤 분야에서 어떻게 활용할 것인가?

먼저, 두 번째 본질을 알아보기 위하여 정의가 필요하다(《고급수학 I》).

7.1 DEFINITION(일차변환)

V, W를 $\mathbb{R}$ −벡터공간이라 하자. u, $v \in V$, $k \in \mathbb{R}$ 에 대하여

(1) $f(u+v) = f(u) + f(v)$,

(2) $f(ku) = kf(u)$

를 만족하는 함수 $f: V \to W$를 선형변환(일차변환, linear transformation)이라 한다. ■

위 정의가 얼마나 자연스런 것인가를 확인해보자.

7.2 REMARK

(1) 행렬은 어떤 함수인가?

먼저 평면(이차원 $\mathbb{R}$ −벡터공간 $\mathbb{R}^2$)의 원소(벡터)를 순서쌍 (x, y)로 표시한다. 편리성을 위하여 순서쌍 (x, y)를 $\begin{bmatrix} x \\ y \end{bmatrix}$로 표시하자. 즉, 순서쌍을 크기가 2×1인 행렬로 보자. 이때, 임의의 2×2 행렬 $\begin{bmatrix} a & b \\ c & d \end{bmatrix}$에 대하여 다음이 성립함을 쉽게 보일 수 있다.

① $\begin{bmatrix} a & b \\ c & d \end{bmatrix}\left(\begin{bmatrix} x_1 \\ y_1 \end{bmatrix} + \begin{bmatrix} x_2 \\ y_2 \end{bmatrix}\right) = \begin{bmatrix} a & b \\ c & d \end{bmatrix}\begin{bmatrix} x_1 \\ y_1 \end{bmatrix} + \begin{bmatrix} a & b \\ c & d \end{bmatrix}\begin{bmatrix} x_2 \\ y_2 \end{bmatrix}$,

② $\begin{bmatrix} a & b \\ c & d \end{bmatrix}\left(k\begin{bmatrix} x \\ y \end{bmatrix}\right) = k\begin{bmatrix} a & b \\ c & d \end{bmatrix}\left(\begin{bmatrix} x_1 \\ y_1 \end{bmatrix}\right)$.

따라서 행렬 $\begin{bmatrix} a & b \\ c & d \end{bmatrix}$는 평면에서 평면으로 가는 선형변환이다. 역으로 선형변환 $T: \mathbb{R}^2 \rightarrow \mathbb{R}^2$은 행렬이다. 이를 자세히 살펴보자.

선형변환 $T: \mathbb{R}^2 \rightarrow \mathbb{R}^2$에 대하여

$$T\begin{bmatrix} 1 \\ 0 \end{bmatrix} = \begin{bmatrix} p \\ q \end{bmatrix},\ T\begin{bmatrix} 0 \\ 1 \end{bmatrix} = \begin{bmatrix} r \\ s \end{bmatrix}$$

라 하면 임의의 $\begin{bmatrix} x \\ y \end{bmatrix}$에 대하여

$$\begin{aligned} T\left(\begin{bmatrix} x \\ y \end{bmatrix}\right) &= T\left(\begin{bmatrix} x \\ 0 \end{bmatrix} + \begin{bmatrix} 0 \\ y \end{bmatrix}\right) = T\left(x\begin{bmatrix} 1 \\ 0 \end{bmatrix} + y\begin{bmatrix} 0 \\ 1 \end{bmatrix}\right) \\ &= x\,T\left(\begin{bmatrix} 1 \\ 0 \end{bmatrix}\right) + y\,T\left(\begin{bmatrix} 0 \\ 1 \end{bmatrix}\right) = x\begin{bmatrix} p \\ q \end{bmatrix} + y\begin{bmatrix} r \\ s \end{bmatrix} \\ &= \begin{bmatrix} xp \\ xq \end{bmatrix} + \begin{bmatrix} yr \\ ys \end{bmatrix} = \begin{bmatrix} xp + yr \\ xq + ys \end{bmatrix} \end{aligned}$$

한편,

$$\begin{bmatrix} p & r \\ q & s \end{bmatrix}\begin{bmatrix} x \\ y \end{bmatrix} = \begin{bmatrix} px + ry \\ qx + sy \end{bmatrix}$$

이므로 기저(basis) $\left\{\begin{bmatrix} 1 \\ 0 \end{bmatrix}, \begin{bmatrix} 0 \\ 1 \end{bmatrix}\right\}$ 에서 $T\begin{bmatrix} 1 \\ 0 \end{bmatrix} = \begin{bmatrix} p \\ q \end{bmatrix}$, $T\begin{bmatrix} 0 \\ 1 \end{bmatrix} = \begin{bmatrix} r \\ s \end{bmatrix}$를 이용한 행렬 $\begin{bmatrix} p & r \\ q & s \end{bmatrix}$와 비교하면

$$\begin{bmatrix} p & r \\ q & s \end{bmatrix}\begin{bmatrix} x \\ y \end{bmatrix} = \begin{bmatrix} px + ry \\ qx + sy \end{bmatrix},\ T\left(\begin{bmatrix} x \\ y \end{bmatrix}\right) = \begin{bmatrix} xp + yr \\ xq + ys \end{bmatrix}$$

이다. 따라서 선형변환 $T: \mathbb{R}^2 \rightarrow \mathbb{R}^2$는 행렬 $\begin{bmatrix} p & r \\ q & s \end{bmatrix}$이다.

(2) 왜 선형변환인가?

앞에서 알아본 것처럼, 선형변환이란 크기가 2×2인 행렬이며 역으로 크기가 2×2인 행렬이란 평면에서 평면으로 가는 선형변환이다. 물론 공간에서 공간으로 옮겨가면 행렬의 크기는 3×3이 된다. 한편, 평면에서 평면으로의 행렬 A를 선형변환이라 부르는 이유는 함수로서 ① A가 사각형을 평행사변형으로 보낸다. 또한, ② 원점을 지나는 직선을 원점을 지나는 직선으로 보낸다.

(3) 행렬식(determinant)은 결정한다는 뜻을 가지고 있다. 무엇을 결정하는가?

처음 면적과 A에 의하여 변형된 면적의 비율을 A의 행렬식(determinant of A)이라 부른다. 즉

$$\det(A) = |A| = \pm \frac{(A\text{에 의하여 변형된 면적})}{(\text{원래의 면적})}$$

이다. 참고로 음의 부호는 방향이 뒤틀렸음을 의미한다. 구체적 예를 만들어 확인하자.

(4) 선형변환 $T: \mathbb{R}^2 \to \mathbb{R}^2$에서 어떤 벡터가 의미가 있는가?

선형변환에서는 각도가 보존되는 벡터가 매우 큰 일을 수행한다. 여기서 각도가 보존된다는 것은 원점의 대칭인 방향도 포함한다. 선형변환 $T: \mathbb{R}^2 \to \mathbb{R}^2$에서 $T(v) = \lambda v$ (λ은 0이 아닌 실수)인 0이 아닌 벡터 $v \in \mathbb{R}^2$를 말한다. 우리는 이런 벡터를 고유벡터라 부르고 실수 λ을 고윳값이라 부른다. $v \in \mathbb{R}^2$가 영벡터가 아니므로 $\det(A - \lambda I) = 0$이다. 특히 다항함수

$$f(x) = \det[xI - A]$$

를 특성화 다항식(characteristic polynomial)이라 부르고 C_A로 표시하자. ■

행렬식과 특성화 다항식을 다시 정의하자.

7.3 DEFINITION(행렬식, 특성화 다항식)

(1) $\det(A) = |A| = \pm \dfrac{(A\text{에 의하여 변형된 면적})}{(\text{원래의 면적})}$.

(2) $f(x) = \det[xI - A]$. ■

다음에서 선형변환의 의미를 다시 음미해 보자. 예를 들어, 원점이 중심인 원을 어디로 보내는지 알아보자.

7.4 EXAMPLE

행렬(선형변환) $A=\begin{pmatrix}5 & 3\\ 3 & 5\end{pmatrix}$은 원점이 중심인 단위원을 어디로 보내는지 살펴보자.

(1) 고윳값은 $A\left(\begin{bmatrix}x\\ y\end{bmatrix}\right)=\lambda\begin{bmatrix}x\\ y\end{bmatrix}$에서 $\left(A-\begin{bmatrix}\lambda & 0\\ 0 & \lambda\end{bmatrix}\right)\begin{bmatrix}x\\ y\end{bmatrix}=\begin{bmatrix}0\\ 0\end{bmatrix}$이고 따라서

$$\begin{vmatrix}5-\lambda & 3\\ 3 & 5-\lambda\end{vmatrix}=(5-\lambda)^2-9=0$$

이므로 $\lambda_1=8,\ \lambda_2=2$ 이다.

(2) 이때, $T(v_1)=8v_1,\ T(v_2)=2v_2$를 만족하는 고유벡터 $v_1,\ v_2$를 구하면

$$v_1=\begin{bmatrix}1\\ 1\end{bmatrix},\ v_2=\begin{bmatrix}1\\ -1\end{bmatrix}.$$

즉, 함수 $A=\begin{pmatrix}5 & 3\\ 3 & 5\end{pmatrix}$는 v_1 방향으로 8배 늘리고, v_2 방향으로 2배 늘리는 함수이다. 따라서 다음 그림을 얻는다.

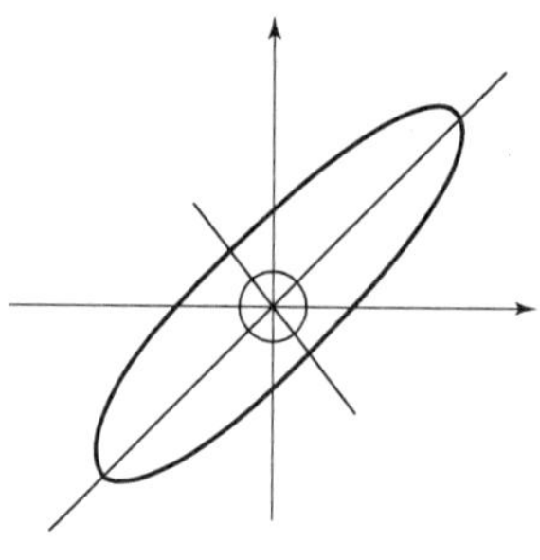

■

이제, 행렬의 응용에 대하여 다양한 분야에서 알아보자.

7.5 APPLICATION 1(프렉탈)

다음 (1), (2), (3) 내용을 바탕으로 통합적 글쓰기를 지도해보자.

(1) 행렬 $\begin{pmatrix}1 & 0\\ 1 & 1\end{pmatrix}$에 대하여 A, B, C가 다음과 같이 주어져 있다.

$$A = \frac{1}{2}\begin{pmatrix}1 & 0\\0 & 1\end{pmatrix}\begin{pmatrix}x\\y\end{pmatrix},\ B = \frac{1}{2}\begin{pmatrix}1 & 0\\0 & 1\end{pmatrix}\begin{pmatrix}x\\y\end{pmatrix} + \frac{1}{2}\begin{pmatrix}1\\0\end{pmatrix},\ C = \frac{1}{2}\begin{pmatrix}1 & 0\\0 & 1\end{pmatrix}\begin{pmatrix}x\\y\end{pmatrix} + \frac{1}{2}\begin{pmatrix}0\\1\end{pmatrix}$$

이는 선형변환 $\frac{1}{2}\begin{pmatrix}1 & 0\\0 & 1\end{pmatrix}$은 주어진 도형을 반으로 줄이고 $B = \frac{1}{2}\begin{pmatrix}1 & 0\\0 & 1\end{pmatrix}\begin{pmatrix}x\\y\end{pmatrix} + \frac{1}{2}\begin{pmatrix}1\\0\end{pmatrix}$은 반으로 줄인 도형을 x축으로 1/2 만큼 평행이동 시킨다. 마찬가지로 $C = \frac{1}{2}\begin{pmatrix}1 & 0\\0 & 1\end{pmatrix}\begin{pmatrix}x\\y\end{pmatrix} + \frac{1}{2}\begin{pmatrix}0\\1\end{pmatrix}$은 반으로 줄인 도형을 y축으로 1/2 만큼 평행이동 하는 것을 보여준다. 다음 그림을 해석해 보자.

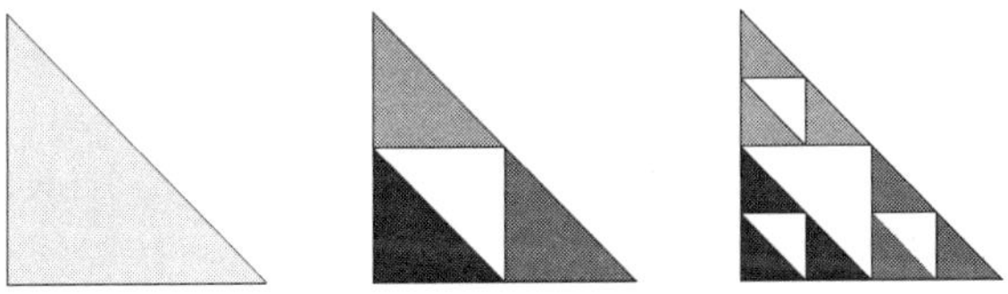

수열로 보면 면적은 0으로 수렴하고 도형의 둘레는 무한대로 발산한다.

(2) 생명체는 살아 있는 한 에너지 대사를 유지한다. 이것은 표피를 통하여 이루어지므로 생명에 있어서 가장 중요한 것은 표면적의 확보라고 할 수 있다. 일정한 부피 안에서 최대의 면적을 확보하는 방법을 자기닮음도형에서 찾아볼 수 있다. (1)에서 구한 도형은 넓이는 0으로 가면서 둘레의 길이는 무한으로 커지는 도형이다. 이것을 3차원으로 확장하면 부피는 0으로 가면서 겉넓이는 무한으로 커지는 도형을 만들 수 있고 바로 이것이 생물체의 몸 안에 몸의 크기에 비해 엄청난 표면적이 구현되어 있는 원리이다. 폐포의 구조, 혈관의 구조, 소화 기관의 구조 등 몸의 내부라고 흔히 생각하는 호흡기관, 순환기관, 소화기관 등은 사실상 몸 안쪽에 들어가 있는 표피이며, 프랙털의 원리로 확보한 표면적으로 인해 생명체의 생명이 유지되고 있는 것이다.

(3) '물질 1g'속에 축구장만 한 공간이 [중앙일보] 화학연, 수퍼 세공체 개발

물질 1g 내부의 공간이 축구장 넓이 80%에 달하는 신물질이 국내 연구진에 의해 개발됐다. 한국화학연구원 신화학연구단 장종산·황영규 박사팀은 이런 수퍼 세공체를 개발했다고 29일 발표했다. 연구 결과는 세계적 화학 잡지인 〈앙게반테 케미〉 국제판 5월호에 표지 논문으로 실렸다. 이 소재는 지구온난화의 주범인 이산화탄소 흡착 소재, 에너지 절약형 차세대 수분 흡탈착 제어 소재, 정밀화학용 촉매 등으로 광범위하게 사용 가능하다. 이번에 개발한 나노 세공체는 값싸고 손쉽게 구할 수 있는 유기아민 화합물을 이용한 것이다. 연구팀은 결정체 안에 극미세 구멍이 수없이 많이 만들어지도록 하는 기술도 함께

개발했다. 이에 따라 나노 세공체 1g의 표면적이 축구장 넓이의 80% 수준과 맞먹는 넓이와 구조 유연성을 가져 이산화탄소의 흡착량이 세계 최고 수준이다. 또한 100도 이하에서 다량의 표면 탈수가 가능해 산업용·가정용 제습기, 건조기 등의 기존 상업용 수분 흡착제보다 에너지 효율이 1.8배 이상, 흡착량은 4배 이상의 효율을 보이는 것으로 확인됐다. (박방주 과학전문기자).

[논제] (1) 두 제시문의 공통점을 서술해 보자.

(2) 프렉탈의 의미를 주어진 두 제시문을 사용하여 서술해보자. ■

7.6 DEFINITION(Diagonalization)

$A \in Mat_{2\times 2}(\mathbb{R})$일 때,

$$C_A = (x-\lambda_1)(x-\lambda_2),$$

여기서 λ_1, λ_2은 서로 다른 실수라 하자. 먼저 고윳값 λ_1, λ_2에 대응하는 고유벡터를 x_1, x_2라 하자. $P=[x_1 x_2]$라 하면

$$AP = P\begin{bmatrix}\lambda_1 & 0\\ 0 & \lambda_2\end{bmatrix} \text{ 또는 } P^{-1}AP = \begin{bmatrix}\lambda_1 & 0\\ 0 & \lambda_2\end{bmatrix}$$

이다. 행렬 $P^{-1}AP = \begin{bmatrix}\lambda_1 & 0\\ 0 & \lambda_2\end{bmatrix}$를 A의 대각화라 부른다. ■

물론 행렬 $A = \begin{bmatrix}0 & 1\\ 0 & 0\end{bmatrix}$는 $C_A(x) = x^2$이고 대각화 불가능하다. 또 한, 고윳값이 실수가 아닌 복소수가 되어도 대각화는 가능할 수 있다. 예를 들어 $B = \begin{bmatrix}\cos\theta & -\sin\theta\\ \sin\theta & \cos\theta\end{bmatrix}$는 복소 고윳값

$$\cos\theta + i\sin\theta\text{와 } \cos\theta - i\sin\theta$$

를 갖고 대각화 가능하다.

7.7 EXAMPLE(행렬의 거듭제곱)

행렬 $A=\begin{bmatrix}4 & -2\\1 & 1\end{bmatrix}$일 때, A^n을 구하여 보자. 먼저 특성화다항식은 $C_A(x)=(x-2)(x-3)$이므로 고윳값은 $\lambda_1=2,\ \lambda_2=3$이다. 따라서, 이에 대응하는 고유백터는 $\begin{bmatrix}1\\1\end{bmatrix},\ \begin{bmatrix}2\\1\end{bmatrix}$이다. 이제 $P=\begin{bmatrix}1 & 2\\1 & 1\end{bmatrix}$이라하면 $P^{-1}AP=\begin{bmatrix}2 & 0\\0 & 3\end{bmatrix}$이다. 따라서

$$(P^{-1}AP)^n=\begin{bmatrix}2 & 0\\0 & 3\end{bmatrix}^n=\begin{bmatrix}2^n & 0\\0 & 3^n\end{bmatrix}=P^{-1}A^nP,$$

$$A^n=P\begin{bmatrix}2^n & 0\\0 & 3^n\end{bmatrix}P^{-1}=\begin{bmatrix}1 & 2\\1 & 1\end{bmatrix}\begin{bmatrix}2^n & 0\\0 & 3^n\end{bmatrix}\begin{bmatrix}-1 & 2\\1 & -1\end{bmatrix}=\begin{bmatrix}2\cdot3^n-2^n & -2\cdot3^n+2^{n+1}\\3^n-2^n & -3^n+2^{n+1}\end{bmatrix}. \quad ■$$

위 예에서 알아본 행렬의 거듭제곱을 Markov Chain에서 알아보자. 물론 다음 예에서 행렬의 크기를 충분히 크게하여 계산할 수 있다(MatLab, Maple, Mathematica 등).

7.8 APPLICATION 2(행렬의 거듭제곱, Markov Chain)

한 렌트가 회사는 전국에 3개의 영업장 1, 2, 3을 두고 운영하고 있다. 물론 고객은 렌트한 차를 어느 영업장에서도 반납이 가능하다. 메니저는 지난 2년 간의 통계에 의하여 다음과 같은 확률을 얻었다.

$$R=\begin{bmatrix}0.8 & 0.3 & 0.2\\0.1 & 0.2 & 0.6\\0.1 & 0.5 & 0.2\end{bmatrix}$$

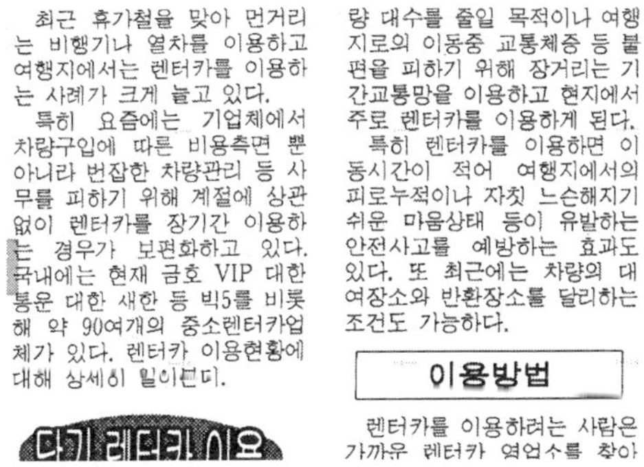
최근 휴가철을 맞아 먼거리는 비행기나 열차를 이용하고 여행지에서는 렌터카를 이용하는 사례가 크게 늘고 있다.

특히 요즘에는 기업체에서 차량구입에 따른 비용측면 뿐 아니라 번잡한 차량관리 등 사무를 피하기 위해 계절에 상관없이 렌터카를 장기간 이용하는 경우가 보편화하고 있다. 국내에는 현재 금호 VIP 대한통운 대한 새한 등 빅5를 비롯해 약 90여개의 중소렌터카업체가 있다. 렌터카 이용현황에 대해 상세히 알아본다.

량 대수를 줄일 목적이나 여행지로의 이동중 교통체증 등 불편을 피하기 위해 장거리는 기간교통망을 이용하고 현지에서 주로 렌터카를 이용하게 된다.

특히 렌터카를 이용하면 이동시간이 적어 여행지에서의 피로누적이나 자칫 느슨해지기 쉬운 마음상태 등이 유발하는 안전사고를 예방하는 효과도 있다. 또 최근에는 차량의 대여장소와 반환장소를 달리하는 조건도 가능하다.

이용방법

렌터카를 이용하려는 사람은 가까운 렌터카 영업소를 찾아

여기서 a_{ij}는 i영업장에서 자동차를 렌트하여 j영업장에 반납하는 확률이다. 만일 자동차를 장소2에서 렌트하면 초기벡터는 $x^{(0)}=\begin{bmatrix}0\\1\\0\end{bmatrix}$이다. 즉, $Rx^{(0)}=\begin{bmatrix}0.3\\0.2\\0.5\end{bmatrix}$으로 2에서 빌려서 1, 2, 3에 반납하는 확률을 보여주고 있다. 이때 $x^{(1)}=Rx^{(0)},\ x^{(2)}=Rx^{(1)}=R^2x^{(0)}$이며

$$x^{(11)} = R^{11}x^{(0)} = \begin{bmatrix} 0.557 \\ 0.230 \\ 0.213 \end{bmatrix}$$

으로 수렴한다. 장소 2에서 빌린 차는 약 56%가 장소 1에 반납하는 것으로 예측가능하다. ■

7.9 APPLICATION 3(EULER SQUARE, 최석정)[120)]

(1) 행렬 E와 이에 대한 전치행렬 E^T는 다음과 같다.

$$E = \begin{bmatrix} 3 & 4 & 5 & 1 & 2 \\ 2 & 3 & 4 & 5 & 1 \\ 1 & 2 & 3 & 4 & 5 \\ 5 & 1 & 2 & 3 & 4 \\ 4 & 5 & 1 & 2 & 3 \end{bmatrix}, \quad E^T = \begin{bmatrix} 3 & 2 & 1 & 5 & 4 \\ 4 & 3 & 2 & 1 & 5 \\ 5 & 4 & 3 & 2 & 1 \\ 1 & 5 & 4 & 3 & 2 \\ 2 & 1 & 5 & 4 & 3 \end{bmatrix}.$$

한편, 크기가 5×5인 치환행렬은 i번째 column을 $6-i$번째 column으로 보내는 행렬을 말한다. 모양으로 보면 양의 기울기 대각선이 모두 1인 행렬이다. 즉,

$$P_5 = [p_{i,\,j}]_{5\times5},\ p_{i,\,j} = \begin{cases} 1\ (j = n+1-i) \\ 0\ (otherwise) \end{cases}$$

이다. 이와 같이, 일반적인 크기 $n\times n$에 대한 치환행렬을 정의할 수 있고 이를 P_n으로 표시 하자. 이때 E^T에 치환행렬 P_5를 곱하면

$$F = E^T P_5 = \begin{bmatrix} 4 & 5 & 1 & 2 & 3 \\ 5 & 1 & 2 & 3 & 4 \\ 1 & 2 & 3 & 4 & 5 \\ 2 & 3 & 4 & 5 & 1 \\ 3 & 4 & 5 & 1 & 2 \end{bmatrix}$$

를 얻는다. E와 F를 다음과 같이, 앞자리는 E로부터, 그리고 다음 자리는 F로부터 놓은(juxtaposition) 행렬을 만들자. 즉,

120) K. Lih, A remarkable Euler square before Euler, Math. Mag. 83 (**2010**) 163-167.
박승안, 射影平面과 아핀平面, 경문사, 1993(제2장, 5장).

$$E\circledbullet(E^T P_5) = \begin{vmatrix} 34 & 45 & 51 & 12 & 23 \\ 25 & 31 & 42 & 53 & 14 \\ 11 & 22 & 33 & 44 & 55 \\ 52 & 13 & 24 & 35 & 41 \\ 43 & 54 & 15 & 21 & 32 \end{vmatrix}.$$

행렬에서 사용한 5^2개 의 수가 모두 다르다는 것을 알 수 있다. 이때 우리는 5차 Latin squares E, F를 orthogonal이라 부르며 $E\circledbullet(E^T P_5)$를 5차 Graeco-Latin square 또는 Euler square라 부른다(Euler, 1776). 오일러의 의도는 $E\circledbullet(E^T P_5)$로부터

$$E\circledbullet(E^T\ P_3)\ \xrightarrow[canonical\ \ mapping]{(x,y)\mapsto 5(x-1)+y}$$

14	20	21	2	8
10	11	17	13	4
1	7	13	19	25
22	3	9	15	16
18	24	5	6	12

인 5차 magic square를 만드는데 있다. 한편, 오일러는 6차 orthogonal Latin squares가 존재하지 않는다고 예측하였는네 1900년에 Tarry에 의하여 증명되었다. 더 나아가 오일러는 $n\equiv 2(\mathrm{mod}\,4)(n\geq 6)$인 정수에 대하여도 n차 orthogonal Latin squares가 존재하지 못한다고 예측하였다. 즉, $n=10,\ 14,\ 18,\ \cdots$. 등의 $n\times n$ orthogonal Latin square가 존재하지 않는다고 판단하였다. 그러나 이 예측은 틀렸으며

$$n\equiv 2(\mathrm{mod}\,4)(n\geq 10)$$

인 정수에 대한 orthogonal Latin squares는 존재한다(Bose, Shrikhande, Paker, 1959). 오일러가 예측한 데로 6차 orthogonal Latin squares는 존재하지 않는다. 이는 6차 projective plane이 존재하지 않는다는 것이다.[121)]

(2) 9차 Euler square(구수락, 최석정(1646-1715), 1710이후)는

121) (Bose, 1938) There are $n-1$ mutually orthogonal n-by-n Latin squares if and only if there is a finite projective plane of order n.

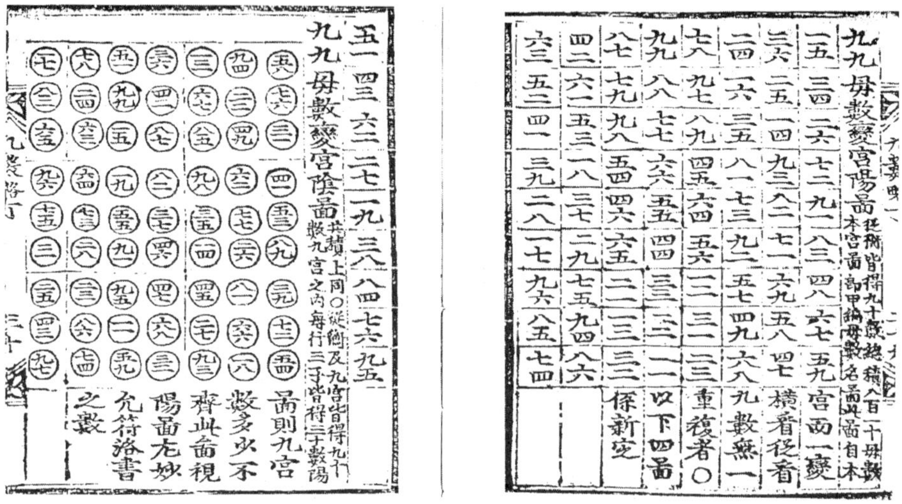

$$C=\begin{bmatrix} 51 & 63 & 42 & 87 & 99 & 78 & 24 & 36 & 15 \\ 43 & 52 & 61 & 79 & 88 & 97 & 16 & 25 & 34 \\ 62 & 41 & 53 & 98 & 77 & 89 & 35 & 14 & 26 \\ 27 & 39 & 18 & 54 & 66 & 45 & 81 & 93 & 71 \\ 19 & 28 & 37 & 46 & 55 & 64 & 73 & 82 & 91 \\ 38 & 17 & 29 & 65 & 44 & 56 & 92 & 71 & 83 \\ 84 & 96 & 75 & 21 & 33 & 12 & 57 & 69 & 48 \\ 76 & 85 & 94 & 13 & 22 & 31 & 49 & 58 & 67 \\ 95 & 74 & 86 & 32 & 11 & 23 & 68 & 47 & 59 \end{bmatrix}$$

이다. 최석정은 수의 배치를 어떻게 하였는지 그 열쇠를 문헌에서 설명하지 않았다. 최석정의 9차 Euler square C는 다음 경로로 얻을 수 있다(송홍엽, 2008).

① Latin square

$$L=\begin{bmatrix} 5 & 6 & 4 & 8 & 9 & 7 & 2 & 3 & 1 \\ 4 & 5 & 6 & 7 & 8 & 9 & 1 & 2 & 3 \\ 6 & 4 & 5 & 9 & 7 & 8 & 3 & 1 & 2 \\ 2 & 3 & 1 & 5 & 6 & 4 & 8 & 9 & 7 \\ 1 & 2 & 3 & 4 & 5 & 6 & 7 & 8 & 9 \\ 3 & 1 & 2 & 6 & 4 & 5 & 9 & 7 & 8 \\ 8 & 9 & 7 & 2 & 3 & 1 & 5 & 6 & 4 \\ 7 & 8 & 9 & 1 & 2 & 3 & 4 & 5 & 6 \\ 9 & 7 & 8 & 3 & 1 & 2 & 6 & 4 & 5 \end{bmatrix}$$

② $M = LP_9$

③ $C = L \odot M$(따라서 L, M은 orthogonal하다.)

한편, 최석정의 9차 Euler square C로부터 9차 magic square를 만들 수 있다.

$$L \odot M \xrightarrow[canonical\ mapping]{(x,y) \mapsto 9(x-1)+y}$$

37	48	29	70	81	62	13	24	5
30	38	46	63	71	79	6	14	22
47	28	39	80	61	72	23	4	15
16	27	8	40	51	32	64	75	56
9	17	25	33	41	49	57	65	73
26	7	18	50	31	42	74	55	66
67	78	59	10	21	2	43	54	35
60	68	76	3	11	19	36	44	52
77	58	69	20	1	12	53	34	45

최석정의 9차 Euler square는 오일러의 5차 Euler square보다 대략 60년 정도 앞선다고 볼 수 있다.

최석정의 9차 Euler square C를 얻는 데 사용한 Latin square L을 구하는 방법에 대한 제안을 알아보자(Formal Kronecker Product, Ko-Wei Lih, 2010)).

(3) (최석정의 Latin square 구하기) $n \times n$행렬 A에 대하여 $n^2 \times n^2$행렬 $A \otimes A$를 다음과 같이 정의하자.

$$A \otimes A = \begin{vmatrix} A_{11} & A_{12} & \cdots & A_{1n} \\ A_{21} & A_{21} & \cdots & A_{2n} \\ \cdots & \cdots & \cdots & \cdots \\ A_{n1} & A_{n2} & \cdots & A_{nn} \end{vmatrix}_{n^2 \times n^2}, \quad A_{ij} = \begin{bmatrix} & \vdots & \\ \cdots & (a_{ij},\ a_{st}) & \cdots \\ & \vdots & \end{bmatrix}_{n \times n} \quad (A_{ij}\text{의 s행, t열})$$

예를 들어 Latin square

$$A = \begin{bmatrix} 2 & 3 & 1 \\ 1 & 2 & 3 \\ 3 & 1 & 2 \end{bmatrix}$$

에 대하여

$$A \otimes A = \begin{bmatrix} (2,2) & (2,3) & (2,1) & (3,2) & (3,3) & (3,3) & (1,2) & (1,3) & (1,1) \\ (2,1) & (2,2) & (2,3) & (3,1) & (3,2) & (3,2) & (1,1) & (1,2) & (1,3) \\ (2,3) & (2,1) & (2,2) & (3,3) & (3,1) & (3,1) & (1,3) & (1,1) & (1,2) \\ (1,1) & (1,3) & (1,1) & (2,2) & (2,3) & (2,3) & (3,2) & (3,3) & (3,1) \\ (1,2) & (1,2) & (1,3) & (2,1) & (2,2) & (2,2) & (3,1) & (3,2) & (3,3) \\ (1,3) & (1,1) & (1,2) & (2,3) & (2,1) & (2,1) & (3,3) & (3,1) & (3,2) \\ (3,2) & (3,3) & (3,1) & (1,2) & (1,3) & (1,3) & (2,2) & (2,3) & (2,1) \\ (3,1) & (3,2) & (3,3) & (1,1) & (1,2) & (1,2) & (2,1) & (2,2) & (2,3) \\ (3,3) & (3,1) & (3,2) & (1,3) & (1,1) & (1,1) & (2,3) & (2,1) & (2,2) \end{bmatrix}_{9 \times 9}$$

를 얻는다. 최석정의 Latin square L은

$$A \otimes A \xrightarrow{(x,\ y) \mapsto 3(x-1)+y} L$$

로 얻을 수 있다. ■

7.10 EXERCISE

$(A \otimes A)P_9 = AP_3 \otimes AP_3$임을 보여라. ■

7.11 EXERCISE(소수 Latin square)

소수 Latin square에 대하여 알아보자. ■

7.12 APPLICATION 4(Coding Theory)

갑이 을에게 행렬 B를 안전하게 보내려고 한다. 이때 행렬 B를 numeric message matrix이라 부른다. 물론 보안을 위하여 행렬 B에 다른 행렬 A를 곱하여 보낼 필요가 있다. 우리는 이 행렬 A를 encoding matrix이라 부르며, 반드시 역행렬이 존재하는 것으로 택해야 한다. 갑이 을에게 행렬 B를 안전하게 보내기 위하여 A를 B에 곱한 행렬 AB를 을에게 보내면 을은 이 행렬 AB에 갑과 약속한 A의 역행렬을 곱하여

$$A^{-1}(AB) = B$$

와 같이 안전하게 행렬 B를 받아볼 수 있다. 예로서, 갑이 을에게

MATH. TEACHER MEETING

이란 극비사항(?)을 안전하게 보내는 과정을 살펴보자. 먼저 갑과 을은 encoding matrix을 (편의상 CodeMat로 표시)

$$CodeMat = \begin{bmatrix} 1 & 2 & 1 \\ 4 & 0 & 6 \\ 6 & 8 & 3 \end{bmatrix}$$

로 약속한다. 따라서 message matrix을 크기가 3×7인 행렬

$$MasgMat = \begin{bmatrix} M\,A\,T\,H\,. \quad T \\ E\,A\,C\,H\,E\,R \\ M\,E\,E\,T\,I\,N\,G \end{bmatrix}$$

로 할 수 있다. 이제 행렬의 연산을 위하여 alphabet 문자를 숫자로 다음과 같이 대응시키자. 띄어쓰기에 필요한 공간에는 0, A부터 Z에는 1부터 26을 순서대로 부여하고 마침표 "."에는 27을 부여하자. 그러면 숫자로 바꾼 message matrix(numeric message matrix)은

$$NMasgMat = \begin{bmatrix} 13 & 1 & 20 & 8 & 27 & 0 & 20 \\ 5 & 1 & 3 & 8 & 5 & 18 & 0 \\ 13 & 5 & 5 & 20 & 9 & 14 & 7 \end{bmatrix}$$

이제, 갑은 이 행렬을 을에게 안전하게 보내기 위하여 사전에 서로 약속한 encoding matrix을 곱한 후 이 (code message matrix)를 을에게 보낸다. 을이 받는 행렬은 다음과 같다.

$$CodeMasgMat = \begin{bmatrix} 36 & 8 & 31 & 44 & 46 & 50 & 27 \\ 130 & 34 & 110 & 152 & 162 & 84 & 122 \\ 157 & 29 & 159 & 172 & 229 & 186 & 141 \end{bmatrix}$$

을은 갑으로부터 받은 행렬에 갑과 약속한 codeMat의 역행렬을 곱하면 갑이 보낸 원래의 행렬 NMasgMat를 얻게 된다. 즉

$$NMasgMat = \frac{1}{CodeMat} CodeMasgMat$$ ■

7.13 APPLICATION 5(Graph Theory)

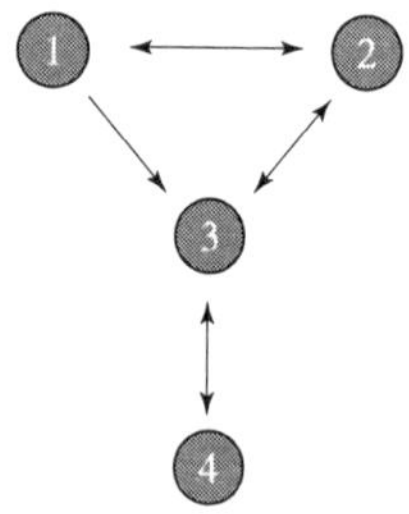

4개 공항의 노선이 옆 그림과 같을 때, 이에 대응하는 행렬 $M=(a_{ij})$를 i에서 j로 노선이 있으면 $a_{ij}=1$, 노선이 없으면 $a_{ij}=0$으로 정의하자. 따라서

$$M=\begin{bmatrix}0&1&1&0\\1&0&1&0\\0&1&0&1\\0&0&1&0\end{bmatrix}$$

이다. 이와 같이 정의된 행렬 M을 연결행렬(adjacency matrix)이라 부른다. 한편, 행렬의 곱 M^n은 $n-1$번 갈아타서 갈 수 있는 경우의 수를 나타낸다. 예를 들어

$$M^2=\begin{bmatrix}1&1&1&1\\0&2&1&1\\1&0&1&0\\0&1&0&1\end{bmatrix}=(b_{ij})$$

에서 $b_{22}=2$는 한 번 갈아타서 ②에서 ②로 가는 방법은 ①이나 ③을 경유하는 총 2가지가 존재함을 말한다. 한편 ②에서 ④로 가는 비행편이 없었지만(즉, $a_{24}=0$) 한 번 갈아타면 $b_{24}=1$이다. 즉, ②에서 ③을 거쳐 ④로 가는 방법이 1가지가 있다. ■

다음 내용은 최소제곱법으로 6장에서 내적의 용도로서 알아본 내용이다. 구체적인 예를 들어 일차, 이차함수를 결정해 보자.

7.14 APPLICATION 6(Least Squares)

(1) 4개의 점 $(0, 1)$, $(1, 3)$, $(2, 4)$, $(3, 4)$을 직교좌표평면에 표시해보자.

```
> data_list:=[[0, 1], [1, 3], [2, 4], [3, 4]];
  data_list := [[0, 1], [1, 3], [2, 4], [3, 4]]
> plot(data_list);
```

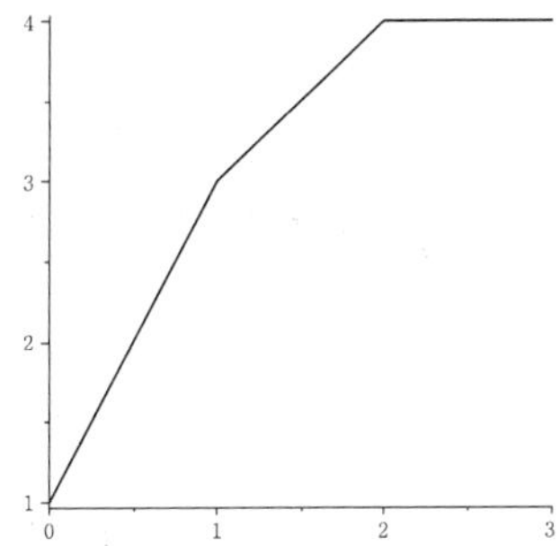

네 점은 동일직선 상에 없다. 따라서, 주어진 4개의 점을 동시에 지나는 직선은 존재하지 않는다. 주어진 4점을 이상적으로 결정하는 방법을 생각해보자. 만일 직선 $y = a + bx$ 가 주어진 네 점을 지난다면 연립방정식

$$\begin{cases} 1 = a + b \cdot 0 \\ 3 = a + b \cdot 1 \\ 4 = a + b \cdot 2 \\ 4 = a + b \cdot 3 \end{cases} \tag{7-1}$$

의 해는 존재한다. 식(7-1)을 행렬을 사용하여 재구성하면

$$\begin{bmatrix} 1 & 0 \\ 1 & 1 \\ 1 & 2 \\ 1 & 3 \end{bmatrix} \begin{bmatrix} a \\ b \end{bmatrix} = \begin{bmatrix} 1 \\ 3 \\ 4 \\ 4 \end{bmatrix}, \text{ 또는 } a \begin{bmatrix} 1 \\ 1 \\ 1 \\ 1 \end{bmatrix} + b \begin{bmatrix} 0 \\ 1 \\ 2 \\ 3 \end{bmatrix} = \begin{bmatrix} 1 \\ 3 \\ 4 \\ 4 \end{bmatrix} \tag{7 2}$$

이다. 식(7-2)를 만족하는 실수 a, b가 존재하지 않는다는 것은 벡터 $\boldsymbol{b} = \begin{bmatrix} 1 \\ 3 \\ 4 \\ 4 \end{bmatrix}$가 행렬 $A = \begin{bmatrix} 1\,0 \\ 1\,1 \\ 1\,2 \\ 1\,3 \end{bmatrix}$의 두 열벡터 $\begin{bmatrix} 1 \\ 1 \\ 1 \\ 1 \end{bmatrix}$, $\begin{bmatrix} 0 \\ 1 \\ 2 \\ 3 \end{bmatrix}$로 생성된 공간에 속하지 않음을 의미한다. 따라서 최선의 방법은 벡터 $\boldsymbol{b}$를 두 열벡터로 생성된 공간 W에 정사영(projectıon)시킨 벡디 $proj_W\boldsymbol{b}$를 이용하여 식(7-2)를

$$A \begin{bmatrix} a \\ b \end{bmatrix} = proj_W\boldsymbol{b} \tag{7-3}$$

로 변형하여 해결하는 것이다. 이제 문제는 벡터 $proj_W\boldsymbol{b}$를 구하는 것인데(다음 그림 참조)

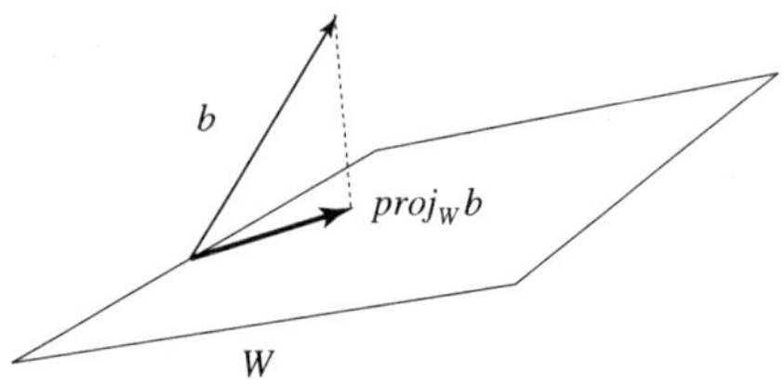

이에 대한 기술적인 방법은 벡터 $\boldsymbol{b}-proj_W\boldsymbol{b}$는 정의에 의하여 공간 W에 수직이고 따라서 $A^T(\boldsymbol{b}-proj_W\boldsymbol{b})=0$이다. 한편, 우리가 최선으로 선택한 식(7-3)에서

$$\boldsymbol{b}-A\begin{bmatrix} a \\ b \end{bmatrix}=\boldsymbol{b}-proj_W\boldsymbol{b}$$

이므로

$$A^T\left(\boldsymbol{b}-A\begin{bmatrix} a \\ b \end{bmatrix}\right)=0,\ A^TA\begin{bmatrix} a \\ b \end{bmatrix}=A^T\boldsymbol{b},\ \text{또는}\ \begin{bmatrix} a \\ b \end{bmatrix}=(A^TA)^{-1}A^T\boldsymbol{b} \qquad (7\text{-}4)$$

를 얻는다. 따라서 우리가 구하려는 직선의 방정식은

$$\begin{bmatrix} a \\ b \end{bmatrix}=(A^TA)^{-1}A^T\boldsymbol{b}=\begin{bmatrix} 1.5 \\ 1 \end{bmatrix}.$$

즉, $y=1.5+x$이다. 독자들은 전개되는 내용 속에 내적의 역할을 재확인하자.

일차다항식을 결정하는 예를 하나 더 들어보자.

(2) 제약회사에서 한 신약을 개발한 후 신약의 단위 D를 0단위부터 1단위까지 특정 사람에게 투여하였다. 콜레스테롤의 수치 C(milligrams/unit volum of blood)를 다음과 같이 얻었다.

D	0.0	0.2	0.4	0.6	0.8	1.0
C	289	273	254	226	213	189

위 표로부터 이상적인 직선의 방정식 $C=a+bD$를 결정해보자. 도표에 해당하는 식은

$$\begin{bmatrix}1 & 0.0\\1 & 0.2\\1 & 0.4\\1 & 0.6\\1 & 0.8\\1 & 1.0\end{bmatrix}\begin{bmatrix}a\\b\end{bmatrix}=\begin{bmatrix}289\\273\\254\\226\\213\\189\end{bmatrix}$$

이다. 따라서 식(7-4)를 이용하면

$$\begin{bmatrix}a\\b\end{bmatrix}=\begin{bmatrix}6 & 3.0\\3 & 2.2\end{bmatrix}^{-1}\begin{bmatrix}1444.0\\615.2\end{bmatrix}=\begin{bmatrix}291.24\\-101.14\end{bmatrix}$$

이므로 우리가 원하는 이상적인 직선의 방정식은 $C=291.24-(101.14)D$이다.

```
> with(linalg):
> B:=matrix(6, 2, [0.0, 289, 0.2, 273, 0.4, 254, 0.6, 226, 0.8, 213, 1.0, 189]);
```

$$B:=\begin{bmatrix}0 & 289\\.2 & 273\\.4 & 254\\.6 & 226\\.8 & 213\\1.0 & 189\end{bmatrix}$$

```
> f:=x->1;
        f:= 1
> v:=vector(6, f);
        v:=[1, 1, 1, 1, 1, 1]
> x:=col(B, 1);
        x:=[0, .2, .4, .6, .8, 1.0]
> b:=col(B, 2);
        b:=[289, 273, 254, 226, 213, 189]
> A:=augment(v, x);
```

$$A:=\begin{bmatrix}1 & 0\\1 & .2\\1 & .4\\1 & .6\\1 & .8\\1 & 1.0\end{bmatrix}$$

```
> LS:=leastsqrs(A, b);
        LS := [291.2380951, -101.1428571]
```

이차다항식을 결정하는 예를 들어보자.

(3) 다섯 개의 점

$$(0.1,\ -0.18),\ (0.2,\ 0.31),\ (0.3,\ 1.03),\ (0.4,\ 2.48),\ (0.5,\ 3.73)$$

을 이상적으로 만족하는 포물선 $y=a+bt+ct^2$을 결정해보자. 이때

$$\begin{bmatrix} a \\ b \\ c \end{bmatrix} = (A^TA)^{-1}A^T\boldsymbol{b} = \begin{bmatrix} -0.40 \\ 0.35 \\ 16.1 \end{bmatrix},$$

여기서 $A=\begin{bmatrix} 1 & 0.1 & 0.01 \\ 1 & 0.2 & 0.04 \\ 1 & 0.3 & 0.09 \\ 1 & 0.4 & 0.16 \\ 1 & 0.5 & 0.25 \end{bmatrix}$, $\boldsymbol{b}=\begin{bmatrix} -0.18 \\ 0.31 \\ 1.03 \\ 2.48 \\ 3.73 \end{bmatrix}$이다. 따라서 우리가 원하는 이차방정식

$$y(t)=-0.40+0.35t+16.1t^2$$

을 구할 수 있다.

위 과정은 지구표면에서의 중력가속도(g)를 측정한 것이다. 한 실험실에서 시간(초)을 0.1, 0.2, 0.3, 0.4, 0.5로 나누어 고정점 어느 위에서 한 물체를 자유낙하 시켰을 때 0.1초 후에 고정점 위 0.18(feet), 0.2초 후 고정점 아래 0.31(feet) 등으로 나타난 데이터이다. 운동에 관한 Newton의 제2법칙에 의하면 물체가 지구표면 상에서 수직으로 떨어질 때, 다음 방정식을 만족한다.

$$y=y_0+v_0t+\frac{1}{2}gt^2$$

여기서 y는 고정점에서 아래로 향한 수직 이동거리, y_0는 $t=0$에서의 초기 위치, v_0는 $t=0$에서의 초기 속도이다. 따라서 중력가속도의 근삿값

$$g \simeq 2c = 2\times 16.1 = 32.2(feet/\sec^2) = 9.821(m/\sec^2)$$

을 얻는다. ■

Maple을 이용하여 두 그래프를 확인하자.

```
> data_list :=[[0.1, -0.18], [0.2, 0.31], [0.3, 1.03], [0.4, 2.48], [0.5, 3.73]];
  data_list :=
```

```
[[.1, -.18], [.2, .31], [.3, 1.03], [.4, 2.48], [.5, 3.73]]
> plot({data_list, -0.40+0.35*t+16.1*t^2}, t=0.1..0.5);
```

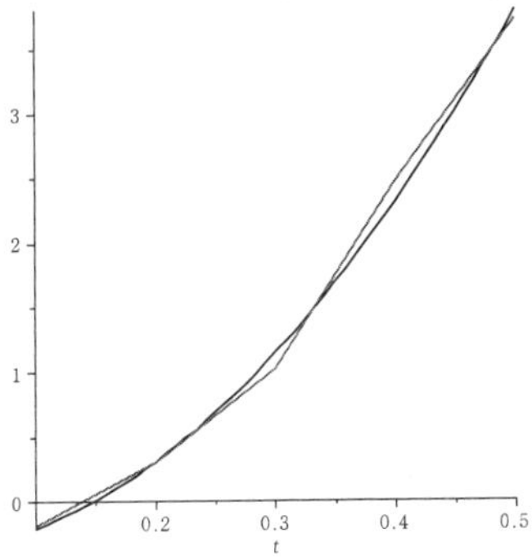

우리는 실험을 통한 일, 이차다항식을 결정하는 방법을 미분(이변수함수의 미분(6.16))과 내적을 사용하여 알아보았다. 이를 개정교육과정 수학①에서 도입하고 있는 함수의 교수학습법과 연관하여 다시 음미해 보자.

7.15 REMARK(함수의 예의 변화)[122]

(2009 개정 교육과정) 현행 교육과정에서는 제7차 교육과정에서 정비례와 반비례를 통해 함수개념을 도입하면서 발생했던 문제점을 보완하기 위해, 정비례와 반비례를 초등학교 6학년으로 이동시키고 함수의 개념을 '한 양이 변함에 따라 다른 양이 하나씩 정해지는 두 양 사이의 대응 관계'로 도입하고, 실생활을 활용하여 함수개념의 효용성을 알게 하는 것이 필요하다고 하였다(교육인적자원부, 2007). 이런 점에서 볼 때 중학교 수준의 함수 영역은 현실세계의 상황을 이해하는 도구로서의 함수 개념에 초점을 맞추고, 고등학교 함수에서 여러 영역을 통합하는 아이디어로서 대응의 관점에서 정의된 형식화된 함수 개념으로 확장될 수 있는 기반이 되도록 하는 것이 바람직할 것이다. 이에 개정안에서는 함수 개념 도입 방법의 변화를 도모하고, 정의역, 치역, 공역 등의 용어를 삭제하였다.

122) 박제남, 2009 개정 교육과정에 따른 중학교 수학 교수법 및 수학이론, 인천광역시교육연수원, 2012.

(1) 함수 개념 도입 방법의 변화

다양한 상황을 표, 식으로 표현하는 활동을 충분히 한 후 이를 근거로 함수 개념을 정의할 필요가 있다. 이를 위해 2009 개정에 따른 수학과 교육과정에서는 함수 개념의 도입에서 정비례와 반비례 이외의 현상을 다룰 수 있도록 하였고 다양한 상황을 표, 식으로 나타내 보는 활동을 중시하도록 하였다.

(2) 교수 학습 상의 유의점

① 함수를 도입할 때 정비례와 반비례 이외의 상황을 다룰 수 있다.

② 다양한 상황을 표, 식, 그래프로 나타내고 설명하게 한다.

③ 다양한 상황을 이용하여 일차함수와 이차함수를 다룬다.

④ 공학적 도구를 활용하여 함수의 그래프를 그리고 다양한 상황을 해석할 수 있게 한다.

질문 : (1) 과거의 교과서나 2009 개정 교과서 초안은 일차함수의 예를 주로

① 양초의 길이 ② 물을 끓일 때 온도의 변화 ③ 산을 올라갈 때 온도의 변화

를 다루었다. 이와 같은 예를 통하여 무엇을 설명할 수 있는가? 또는 어떤 현실 세계의 상황을 이해할 수 있는가?

(2) 학생은 함수의 개념과 이에 대한 예, 그리고 해석을 과학시간에 배우나 수학시간에 배우나?

2009 교육과정 "중학교 수준의 함수 영역은 현실세계의 상황을 이해하는 도구로서의 함수 개념에 초점을 맞추고."에 따른 예를 다음에서 살펴보고 우리가 수학①에서 사용하고 있는 교과서의 예와 비교해보자.

EXAMPLE. 용수철의 늘어난 길이(과학 1)

(1) Hock의 법칙

(2) 먼저 서로 밀거나 끌어 당기는 물체 사이의 상호 작용을 힘으로 정의하고 힘의 크기를 나타내는 단위로는 N(뉴턴)을 사용한다. 이때 질량이 100g인 추의 무게를 1N으로 정의한다.

(3) 100g짜리 추를 2개, 3개, 4개로 증가시키면서 용수철이 늘어난 길이를 측정한다.

특히 추의 무게가 탄성력인 것을 학생들이 이해하게 한다.

(4) (실험 및 결과)

① 추의 질량과 용수철의 늘어난 길이를 기록하자.

추의 질량(g)	100	200	300	400
추의 무게(N)	1	2	3	4
용수철의 탄성력(N)	1	2	3	4
용수철의 늘어난 길이	2.1	4.0	5.9	8.0

② 탄성력과 용수철의 늘어난 길이 사이의 관계를 그래프로 그려보자.

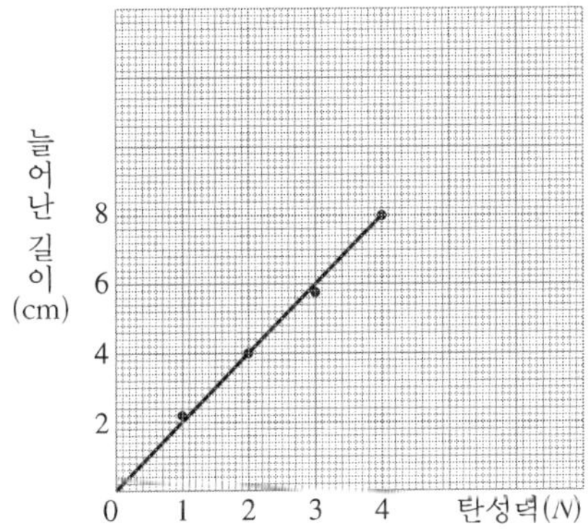

(지도 내용) 그래프는 탄력성과 용수철의 늘어난 길이와의 관계를 알아보기 위한 것이므로 점과 점을 하나 하나 이어서 꺽은 선 그래프가 되지 않도록 하고 점들과 가장 가까운 곳을 지나도록 자를 대고 직선으로 그리도록 한다. 직선에서 약간 벗어난 점들은 실험 오차에 의한 것임을 알려준다.

7.16 APPLICATION 7(Internet Search Engines[123])

(1) 다음 그림과 같이 10개의 site의 검색집합에서 만들어 지는 연결행렬(adjacency matrix)은

123) H. Anton and C. Rorres, Elementary linear algebra, 10th. ed., WILEY, 2011(p. 496-501).

$$A = \begin{bmatrix} 0&1&0&0&1&0&0&1&0&0 \\ 0&0&0&0&1&0&0&0&0&0 \\ 0&0&0&0&1&0&0&0&0&0 \\ 0&0&0&0&0&1&1&0&0&0 \\ 0&0&0&0&0&0&0&1&0&0 \\ 0&1&1&1&1&0&0&1&0&1 \\ 0&0&0&0&0&0&0&0&0&1 \\ 0&0&0&0&1&0&0&0&0&0 \\ 0&0&0&0&0&1&0&0&0&0 \\ 0&0&0&0&0&1&0&0&0&0 \end{bmatrix}$$

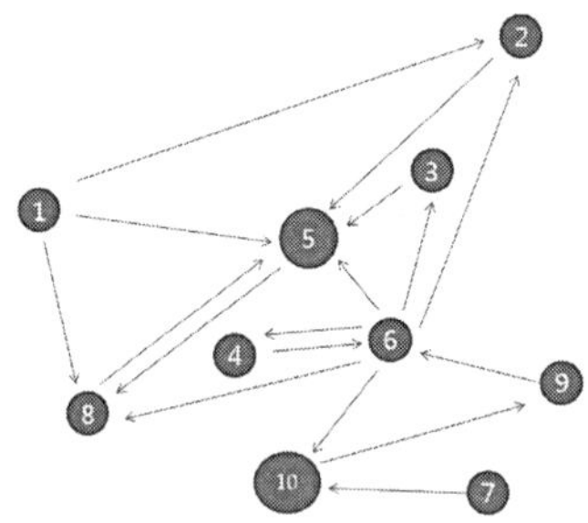

이다(여기서 [site i] 가 [site j]를 래퍼런스하면 $a_{ij}=1$, 그렇지 않으면 $a_{ij}=0$). 각 row 벡터의 성분을 합하여 만든 벡터를 초기hub벡터(h_0)라 하며, 각 column 벡터의 성분을 합하여 만든 벡터를 초기authority벡터(a_0)라 한다. 특히, a_0를 처음부터 단위벡터로 만들면

$$a_0 = \frac{1}{\sqrt{54}} \begin{bmatrix} 0 \\ 2 \\ 1 \\ 1 \\ 5 \\ 3 \\ 1 \\ 3 \\ 0 \\ 2 \end{bmatrix}$$

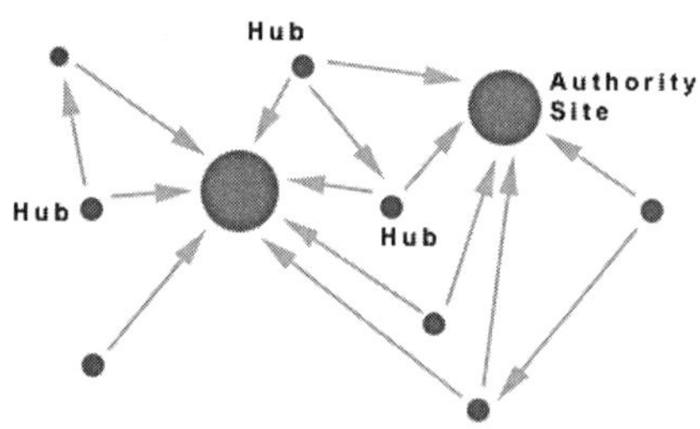

이다. 이로부터,

$$h_1 = \frac{Aa_0}{\| Aa_0 \|},\ a_1 = \frac{A^T h_1}{\| A^T h_1 \|},\ h_2 = \frac{Aa_1}{\| Aa_1 \|},\ a_2 = \frac{A^T h_2}{\| A^T h_2 \|},\ \cdots$$

등으로 계산해나간다. 행렬 AA^T의 성질에 의하여 이와 같은 반복은 안정화되어 a_9와 a_{10}은 거의 같다. 이때

$$a_{10} = \begin{bmatrix} 0 \\ 0.41990 \\ 0.25337 \\ 0.25337 \\ 0.62957 \\ 0.00002 \\ 0.00001 \\ 0.47165 \\ 0 \\ 0.28460 \end{bmatrix} \text{(new authority weight)}$$

이며 따라서 site 1, site 6, site 7, 그리고 site 9는 본 검색에서 관계가 매우 적다고 보여지며, 인터넷 검색 엔진의 연결행렬 A에 대한 사이트를 중요도가 높은 것부터 나열하면 (rank the sites in decrea``sin``g order of authority) site 5, site 8, site 2, site 10, 그리고 동률인 site 3, 4이다.

(2) 다음 기사를 행렬을 주제로 수업할 때, 활용해 보자.

검색엔진의 메커니즘

[Weekly BIZ] [Tech] 충무김밥을 검색했다… ① 수집하고 ② 언어를 색인하고 ③ 순서를(검색 모델링) 정한다(이윤식, 2011, 8월 19일).

기술 용어도 비유인 경우가 많다. '검색엔진'도 그 중 하나다. 검색엔진은 사실 검색기능을 수행하는 소프트웨어다. 배기통도 없고 시동을 걸 때(키워드를 입력할 때) '부르릉' 소리가 나지도 않는다. 하지만 '엔진'이라는 비유는 이 소프트웨어에 잘 어울린다. 인터넷은 수많은 볼거리가 펼쳐진 광활한 공간이다. 검색창에 키워드를 입력하고 엔터 키를 누를 때마다 사람들은 멋진 검색결과를 기대한다. 멋진 스포츠카 운전석에 앉아 시동을 걸고 어디론가 가고 싶은 꿈과 비슷하다. 이런 기대감을 만족시키려면 검색 소프트웨어는 성능 좋은 '엔진'처럼 움직여야 한다. 검색엔진은 수천만 줄의 컴퓨터 언어로 만들어진 소프트웨어다. 가까이에서 보면 스포츠카 엔진처럼 깔끔하지 않다. 수천 마리의 거미가 수십, 수백년 동안 짜놓은 거미줄처럼 어지럽다. 다만 이 거미줄들은 '알고리즘(algorithm)'이라는 논리적 연산들로 연결돼 각자 필요한 기능을 수행한다. 검색엔진을 구성하는 소프트웨어들의 기능은 다양하다. 하지만 크게 보면 세 가지 기능, '수집'·'색인'·'검색 모델링(랭킹)' 가운데 일부를 담당한다고 볼 수 있다. 검색엔진의 첫 번째 기능은 웹 문서를 '수집'하는 것이다. 수집은 단번에 끝나지 않고 수시로 꾸준히 이뤄진다. 웹 문서의 양이 방대하기도 하지만 계속 바뀌기 때문이다. 좋은 검색결과를 내기 위해서는 문서의 수정 내용이 검색결과에 바로 반영되어야 한다. 네이버 서버 안의 문서는 변화가 생기면 자동으로 업데이트가 되지만 외부 문서의 경우 로봇이라고 불리는 수집 프로그램이 돌아다니며 확인해야 한다. 물론 자주 방문하면 변화 내용을 빨리 알 수 있다. 그러나 너무 자주 방문하면 해당 사이트에 장애가 생길 수도 있다(누군가 계속 집 초인종을 누르는 것과 비슷하다). 또 '수집하지 마라'고 막아 놓은 사이트도 적지 않다. 좋은 수집 프로그램은 인터넷 구석구석까지 찾지만 상대방에게 부담을 주지 않으면서 에티켓도 잘 따르도록 설계해야 한다. 두 번째 '색인(index)'기능은 언어 처리와 관련된 영역이다. 가령 '개봉 영화'라는 검색어를 입력했을 때 '개봉동 영화아파트'라는 결과가 나온다면 실망할 것이다. 그럼 '충무김밥'은 어떨까? 김밥의 한 종류인 '충무김밥' 관련 내용이 나가야 할까? 충무에 있는 김밥집이 나오면 틀린 것일까? 이 과정을 논리적으로 푸는 단계가 바로 색인이다. 특히 우리말은 음절로 자르느냐 형태소로 자르느냐, 띄어쓰기를 인식하느냐 마느냐 등에 따라 엄청난 차이가 생긴다. 가령 한·일 축구 경기 다음날이면 많이 입력되는 '일본전 골'이라는 질의를 예로 들어보자. 이를 형태소로 자르면 '일본'·'전'·'골'로 분류되지만 '음절'로 분류하면 '일·일본·본·본전·전·

전골 · 골'로 추출된다. 이 경우 음절 단위 색인 추출을 하면 '일본전 골'에 엉뚱하게 '일본'의 '전골' 요리를 설명하는 문서가 나올 수도 있다. 이런 색인작업은 빠른 검색을 위해서도 필요하다. 각 웹 문서가 어떤 내용과 단어를 포함하고 있는지 정리해놓지 않고 검색어가 들어올 때마다 전체 문서를 돌아다닌다면 검색시간이 길어질 수밖에 없다. 수집 · 색인이 잘 됐을 경우 남은 문제는 '어떤 문서가 검색결과 상단에 가야 하느냐'이다. 현재 네이버 블로그에서 걸그룹 '소녀시대'라는 색인을 갖고 있는 문서는 약 74만건이다. 이 문서 중 사람들이 가장 원하는 문서가 무엇인지 결정하는 게 '검색 모델링'이다. 검색 서비스 초기에는 질의가 포함된 문서(즉 유사도가 높은 문서)를 찾는 것이 모델링이었다. 가령 '소녀시대'라는 질의가 오면 '소녀시대'라는 단어를 많이 포함한 문서를 보여주는 식이다. 하지만 웹 문서가 급증하면서 질의를 많이 포함한다고 해서 만족스러운 문서가 될 가능성은 점차 낮아졌다. 오히려 질의가 너무 많이 포함된 경우 문서 질이 떨어지는 경우도 있었다. 이제는 해당 질의가 문서 앞에 있는지 뒤에 있는지, 문서 전체에 얼마나 골고루 퍼져 있는지 등을 살피는 등 보다 정교한 모델을 사용한다. 유사도와 별개로 문서 자체의 고유한 특성을 반영하기도 한다. 가령 다른 문서와 많이 링크된 문서는 품질이 좋다고 판단하고 뉴스 문서의 경우 최신 뉴스인지 여부를 평가 요소로 고려한다. 최근에는 해당 웹 문서가 얼마나 많은 클릭을 받았고 이용자들이 얼마나 오래 머물렀는지 같은 이용자 피드백도 반영하고 있다. 마지막으로 각 질의 종류별로 다양한 요소들을 어떤 비율로 조합할지 고려해야 하는데, 만약 고유의 특성 값을 너무 높게 설정해 버리면 질의와 동떨어진 검색결과가 나올 수도 있기 때문이다. 검색엔진은 이처럼 수집 · 색인 · 모델링(랭킹) 기능을 하는 소프트웨어의 집합체이다. 하지만 이 소프트웨어가 장애 없이 돌아가기 위해서는 다른 요소들도 필요하다. 검색어 입력 후 1초 이내에 결과를 내놓기 위해서는 앞서 설명한 소프트웨어가 담긴 수만 대의 서버가 쉴 새 없이 돌아가야 하는데, 이를 위해서는 안정적인 대용량 데이터 처리 시스템이 뒷받침돼야 한다. 그렇지 않으면 한 번의 검색결과를 내놓을 수 있을지는 모르나 하루 약 1억6000만건(연간 580억건)의 질의에 안정적으로 답할 수 없기 때문이다.

7.17 APPLICATION 8(System of Differential Equation)

연립미분방정식

$$y_1{}' = y_1 - 4y_2 + 2y_3,$$
$$y_2{}' = -4y_1 + y_2 - 2y_3,$$
$$y_3{}' = 2y_1 + 2y_2 + 3y_3$$

을 행렬로 표현하면

$$\boldsymbol{Y}' = \begin{bmatrix} 1 & -4 & 2 \\ -4 & 1 & -2 \\ 2 & 2 & 3 \end{bmatrix} \boldsymbol{Y}, \quad \boldsymbol{Y} = \begin{bmatrix} y_1 \\ y_2 \\ y_3 \end{bmatrix}$$

이다. 이때부터 연립미분방정식의 문제는 단순히 행렬

$$M = \begin{bmatrix} 1 & -4 & 2 \\ -4 & 1 & -2 \\ 2 & 2 & 3 \end{bmatrix}$$

의 문제로 변형된다. 환원하면, 행렬 P를 구하여 주어진 행렬 M을 대각화(diagonalization, Jordan block)

$$P^{-1}MP = J$$

하는 문제이다. P를 구하는 방법은 고윳값(eigenvalues)과 이들로부터 얻어지는 고유벡터(eigenvectors)와 관련이 있다. Maple을 이용하면 다음과 같다.

```
> M : =matrix(3, 3, [1, -4, 2, -4, 1, -2, 2, 2, 3]) :
> J : =jordan(M, 'P') :
> print(P) :
> evalm(P^(-1) &* M &* P) :
```

$$P^{-1}MP = \begin{bmatrix} -3 & 0 & 0 \\ 0 & 3 & 0 \\ 0 & 0 & 5 \end{bmatrix}, \quad P = \begin{bmatrix} 7/12 & -1/3 & 3/4 \\ 5/12 & 1/3 & -3/4 \\ -1/3 & 1/3 & 0 \end{bmatrix}.$$

이제,

$$\begin{bmatrix} z_1 \\ z_2 \\ z_3 \end{bmatrix} = \boldsymbol{Z} = P^{-1}\boldsymbol{Y} = P^{-1}\begin{bmatrix} y_1 \\ y_2 \\ y_3 \end{bmatrix}$$

로 치환하면 우리는 간단한 형태의 연립미분방정식

$$\boldsymbol{Z}' = P^{-1}MP\boldsymbol{Z} = J\boldsymbol{Z} \text{ 또는 } \begin{bmatrix} z'_1 \\ z'_2 \\ z'_3 \end{bmatrix} = \begin{bmatrix} -3 & 0 & 0 \\ 0 & 3 & 0 \\ 0 & 0 & 5 \end{bmatrix}\begin{bmatrix} z_1 \\ z_2 \\ z_3 \end{bmatrix}$$

을 얻으며, 우리가 원하는 해

$$\begin{bmatrix} y_1 \\ y_2 \\ y_3 \end{bmatrix} = P\boldsymbol{Z} = P \begin{bmatrix} ae^{-3x} \\ be^{3x} \\ ce^{5x} \end{bmatrix}$$

$$= \begin{bmatrix} 7/12 & -1/3 & 3/4 \\ 5/12 & 1/3 & -3/4 \\ -1/3 & 1/3 & 0 \end{bmatrix} \begin{bmatrix} ae^{-3x} \\ be^{3x} \\ ce^{5x} \end{bmatrix}$$

를 구할 수 있다. 예를 들어

$$y_1 = \frac{7}{12} ae^{-3x} - \frac{1}{3} be^{3x} + \frac{3}{4} ce^{5x} \quad .$$

■

다음에서 이차곡선의 정의에 대하여 알아보자.

7.18 DEFINITION(이차곡선)

실수로 만들어진 수열 $(a_0,\ a_1,\ a_2,\ \cdots)$에서 유한개를 제외한 모든 $a_i = 0$인 모임을 생각하자. 예를 들면, $(1,\ 0,\ 3,\ 4,\ 0,\ 0,\ \cdots)$처럼 1, 3, 4를 제외한 모들 항들이 0인 수열들의 모임이다. 이러한 특별한 모임에 덧셈과 곱셈을 다음과 같이 정의하자.

$$(a_0,\ a_1,\ a_2,\ \cdots) + (b_0,\ b_1,\ b_2,\ \cdots) = (a_0 + b_0,\ a_1 + b_1,\ a_2 + b_2,\ \cdots),$$
$$(a_0,\ a_1,\ a_2,\ \cdots) \cdot (b_0,\ b_1,\ b_2,\ \cdots) = (c_0,\ c_1,\ c_2,\ \cdots),$$

여기서 $c_n = \sum_{i=0}^{n} a_{n-i} b_i = a_n b_0 + a_{n-1} b_1 + \cdots + a_1 b_{n-1} + a_0 b_n$

특히, 수열 $(0,\ 1,\ 0,\ 0,\ \cdots)$을 문자 x로 표시하고 수열 $(r,\ 0,\ 0,\ 0,\ \cdots)$은 실수 r로 표시하자. 즉,

$$x := (0,\ 1,\ 0,\ 0,\ \cdots),\ r := (r,\ 0,\ 0,\ 0,\ \cdots).$$

앞에서 언급한 $x = (0,\ 1,\ 0,\ 0,\ \cdots)$, $r = (r,\ 0,\ 0,\ 0,\ \cdots)$, 그리고 음이 아닌 정수 n에 대하여 다음이 성립한다.

① $x^n = (0,\ 0,\ \cdots,\ 0,\ 1,\ 0,\ 0,\ \cdots)$ (여기서 1은 $n+1$번째임)

② $rx^n = (0,\ 0,\ \cdots,\ 0,\ r,\ 0,\ 0,\ \cdots)$ (여기서 r은 $n+1$번째임)

유한개를 제외한 모든 $a_i = 0$인 수열 $(a_0,\ a_1,\ a_2,\ \cdots)$의 모임을 기호 $\mathbb{R}[x]$로 사용하고 있고, 연산에 의하여 $\mathbb{R}[x]$는 정역(integral domain, UFD)이다. 우리가 중등수학에서 사용하고 있는 이차다항식 $3+\sqrt{2}x+x^2$이란 수열 $(3,\ \sqrt{2},\ 1,\ 0,\ 0,\ \cdots)$이고 일반적으로 n차다항식

$$a_0 + a_1x + a_2x^2 + \cdots + a_nx^n$$

이란 수열 $(a_0,\ a_1,\ a_2,\ \cdots,\ a_n,\ 0,\ 0,\ 0,\ \cdots)$로 볼 수 있으며, 각 항 $a_0,\ a_1,\ a_2,\ \cdots,\ a_n$을 주어진 다항식의 계수라 부르고 특히, 계수 a_0를 상수항, a_n을 최고차항이라 한다.

x, y를 변수로 하고 실수를 계수로 하는 이변수함수의 모임을 $\mathbb{R}[x,\ y]$로 표시하고,

$$\mathbb{R}[x,\ y] = \mathbb{R}[x][y]$$

로 정의하자. 한편,

$$f = x^2y + x^3y + x^4 + xy + y^2 + 3 \in \mathbb{R}[x,\ y]$$

에 대하여

$$f = x^4 + yx^3 + yx^2 + yx + (y^2+3) \in \mathbb{R}[y][x]$$

이므로

$$\mathbb{R}[x,\ y] = \mathbb{R}[x][y] = \mathbb{R}[y][x]$$

임을 쉽게 알 수 있나. 특히, 두 변수 x, y에 대하여

$$q(x,\ y) = ax^2 + bxy + cy^2 \in \mathbb{R}[x,\ y]$$

를 이차형(quadratic form)이라 부른다. 예를 들어,

$$q_1(x,\ y) = 2x^2 + 4xy - 3y^2,\ \ q_2(x,\ y) = \frac{x^2}{4} + \frac{y^2}{9},\ \ q_3(x,\ y) = xy$$

등은 이차형이다. 한편, 이들을 행렬로 표현하면

$$q_1(x,\ y) = 2x^2 + 4xy - 3y^2 = [x,\ y]\begin{bmatrix} 2 & 2 \\ 2 & -3 \end{bmatrix}\begin{bmatrix} x \\ y \end{bmatrix}$$

$$q_2(x,\ y) = [x,\ y]\begin{bmatrix} 1/4 & 0 \\ 0 & 1/9 \end{bmatrix}\begin{bmatrix} x \\ y \end{bmatrix}$$

$$q_3(x,\ y) = [x,\ y]\begin{bmatrix} 0 & 1/2 \\ 1/2 & 0 \end{bmatrix}\begin{bmatrix} x \\ y \end{bmatrix}$$

이다. 사용하는 행렬은 항상 대칭행렬(행과 열을 바꾸어도 변하지 않는)이다. 그리고

$$q(x,\ y) = ax^2 + bxy + cy^2 + dx + ey + f \in \mathbb{R}\,[x,\ y]$$

를 일반이차형(general quadratic form)이라 부르며 방정식

$$ax^2 + bxy + cy^2 + dx + ey + f = 0 \tag{7-5}$$

의 그래프를 일반이차곡선이라 부르고, 각 계수의 선택에 의하여 포물선, 타원, 쌍곡선이라 부른다. 예를 들어, 학교수학에서 사용하고 있는

$$\text{원}(x^2 + y^2 - r^2 = 0),$$

$$\text{포물선}(y^2 - 4px = 0),$$

$$\text{타원}\left(\frac{x^2}{a^2} + \frac{y^2}{b^2} - 1 = 0\right),$$

$$\text{쌍곡선}\left(\frac{x^2}{a^2} - \frac{y^2}{b^2} \pm 1 = 0\right)$$

은 이차곡선이다.

다음 연이은 4개의 예에서 이 세상에서 제일 아름다운 이차곡선

$$x^2 + y^2 - 2xy - 2x - 2y + 1 = 0,$$

$$y = \frac{327}{1750^2}x^2,$$

$$\frac{x^2}{((\sqrt{5}-1)/2)^2} + y^2 = 1$$

에 대하여 알아보자.

7.19 EXAMPLE(String Art, 포물선)[124)]

초등학교 5학년에서 두 점을 연결하여 나타나는 교점의 수를 지도한다. 다음 그림에서 합이 10이 되는 두 점을 연결하여 만들어 지는 직선의 교점 수는 연속된 자연수의 합

$$1+2+3+4+5+6+7+8$$

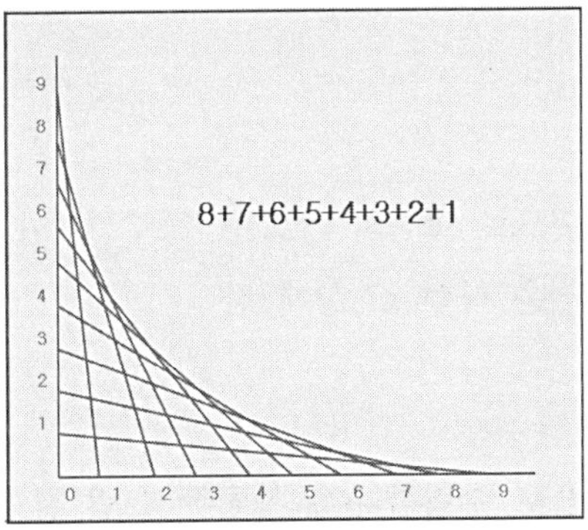

이다. 이에 대한 덧셈지도는 반대로 수를 다시 나열하여 합산 $\frac{9\times 8}{2}$을 지도한다. 이를 디자인 지도로 옮기면 먼저, 좌표계의 각도를 예각과 둔각으로 나누어 지도할 수 있다. 이를 만들기(string art)하면 매우 아름다운 작품을 교실에 전시할 수도 있다. 수많은 직선들에 의하여 상단 부분에 만들어진 곡선이 어떤 곡선인지 알아보자.

【모델링】 구간 $[0,\ 1]$에서 angle design을 모델링 해보자. x-축과 y-축의 교점의 합이 1이 되는 직선을 생각해 보자.

먼저 $\alpha \in [0,\ 1]$에 대하여 x축 상의 점 $(\alpha,\ o)$을 y축 상의 점 $(0,\ 1-\alpha)$에 연결한 직선을 l_α라 하자. 이때 직선족(family) $\{l_\alpha | 0 \le \alpha \le 1\}$에 의하여 만들어 지는 곡선을 C 하자.

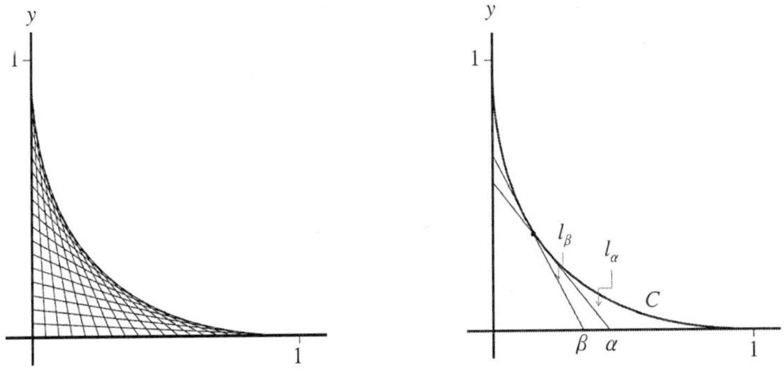

124) G. Quenell, Envelopes and string art, Math. Mag. 82(3) **(2009)** 174-185.

【질문】 C는 어떤 곡선일까?

이제 곡선 C의 방정식을 구해보자. 오른쪽 그림에서 α, $\beta(\alpha \neq \beta)$에 대하여 서로 다른 두 직선 l_α, l_β가 결정되며 β를 $\beta \to \alpha$로 접근(limit)하면 두 직선 l_α, l_β의 교점은 곡선 C상으로 수렴 접근한다. 두 점 (α, o), $(0, 1-\alpha)$[또는 (β, o), $(0, 1-\beta)$]을 지나는 직선의 방정식은 각각

$$l_\alpha : y = \frac{\alpha - 1}{\alpha}(x - \alpha), \ l_\beta : y = \frac{\beta - 1}{\beta}(x - \beta)$$

이므로 교점의 좌표는 $(\alpha\beta, (1-\alpha)(1-\beta))$이다. 이제 $\beta \to \alpha$로 접근하면 두 직선의 교점은 곡선 C 상에 점

$$(\alpha^2, (1-\alpha)^2)$$

으로 수렴한다(위 오른쪽 그림 참고). 그러므로 곡선 C는

$$x = \alpha^2, \ y = (1-\alpha)^2 \quad (\text{여기서}\alpha \in [0, 1])$$

으로 매개변수(parametrization)화 된다. 이제 α를 소거하면

$$\sqrt{x} + \sqrt{y} = 1$$

이다.[125] 이제 제곱근을 없앤 곡선 C를 표현하는 방정식

$$x^2 + y^2 - 2xy - 2x - 2y + 1 = 0$$

을 얻는다. 포물선(parabola)인 일반이차형

$$q(x, y) = x^2 + y^2 - 2xy - 2x - 2y + 1$$

의 그래프를 그려보자. 이토록 아름다운 포물선을 본적이 있는가?

```
>with(plots, implicitplot);
>implicitplot(x^2+y^2-2*x*y-2*x-2*y+1=0, x=0..5, y=0..5);
```

125) 곡선 $\sqrt{x} + \sqrt{y} = \sqrt{c}$ 상의 접선과 만나는 x축과 y축의 교점의 합은 항상 c임을 증명하여보자(J. Stewart, Calculus, 6th. ed., 2008, p. 241, 연습문제 42번).

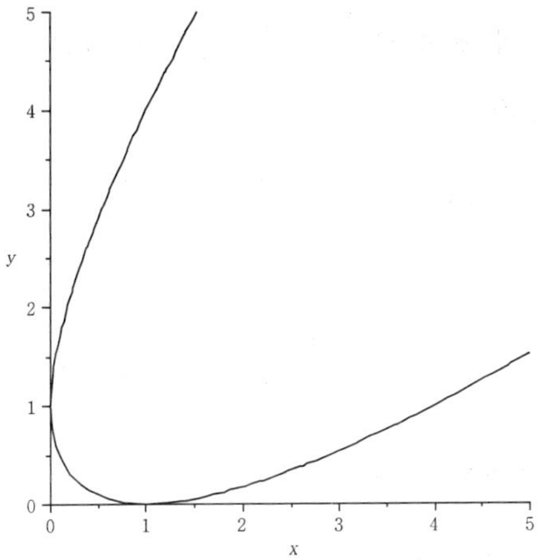

【초점 및 준선】 식 $\sqrt{x}+\sqrt{y}=1$, $x^2+y^2-2xy-2x-2y+1=0$을 우리는 포물선이라 부르고 있다. 일반적으로 곡선 $|ax|^p+|by|^p=c^p$, $(0<p<2)$를 쌍곡타원(hypoellipse)이라 부른다. 여기서 우리는 $a=b=c=1$, $p=1/2$로 사용하였다.

《기하와 벡터》에서 준선(directrix)과 초점(focus)을 사용하여 포물선을 정의하고 방정식을 구한다. 준선 $y=-x$와 초점 $F\left(\dfrac{1}{2},\ \dfrac{1}{2}\right)$인 포물선의 방정식은

$$x^2+y^2-2xy-2x-2y+1=0$$

이다. 이를 확인해 보자.

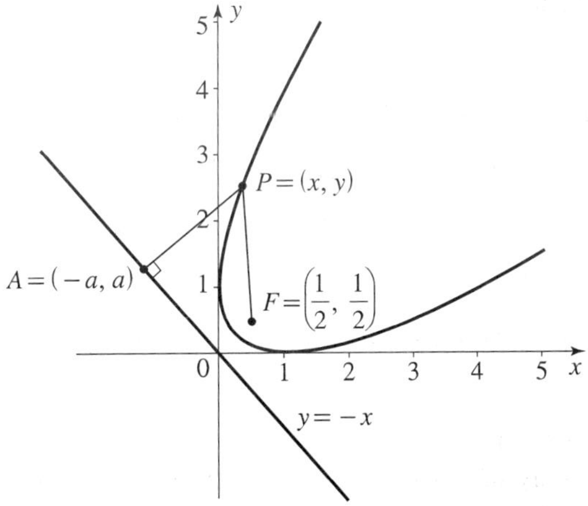

곡선 상의 점 $P(x,\ y)$와 초점 $F\left(\frac{1}{2},\ \frac{1}{2}\right)$과의 거리 그리고 준선과 수직으로 만나는 점 $A(-a,\ a)$와의 거리로부터 식

$$\sqrt{(x-1/2)^2+(y-1/2)^2} = \sqrt{(x+a)^2+(y-a)^2}$$

또는

$$-x-y+\frac{1}{2} = 2ax-2ay+2a^2$$

그리고 선분 AP는 준선 $y=-x$와 수직이므로

$$\left(\frac{y-a}{x+a}\right)(-1) = -1,\ y-a = x+a$$

이다. 즉, $a = \frac{-x+y}{2}$이다. 이를 대입하면

$$-x-y+\frac{1}{2} = 2ax-2ay+2a^2 = -x^2+2xy-y^2+\frac{x^2+y^2-2xy}{2}$$

로부터

$$x^2+y^2-2xy-2x-2y+1=0$$

을 얻는다.

7.20 EXAMPLE(현수교와 포물선)

(1) 현수선($\cosh x = (e^x+e^{-x})/2$, catenary, hanging cable)의 역사에 대하여 알아보자(Galileo, Huygens, Leibniz, Johann Bernoulli[126]).

(2) 케이블의 최소 위치점을 $P_1=(0,\ a)$라 하자. 임의의 점을 P_2라 하고, 두 점 P_1, P_2에서 접선으로 나타나는 장력(tension)을 T_1, T_2라 하자. W를 케이블 곡선 P_1P_2의 수직하중이라 하자. 편의상 벡터와 스칼라를 같이 쓰자(즉, $T_1 = |T_1|$).

---

126) 마리오 리비오(김정은 역), 신은 수학자인가?, 열린과학, 2009(p. 184-187)
E. Maor, e : the story of a number, Princeton, 2009 (p. 140-146)
D. Zill and W. Wright, Engineering mathematics, 4th. ed., Jones and Bartlett, 2011(p. 180-181).

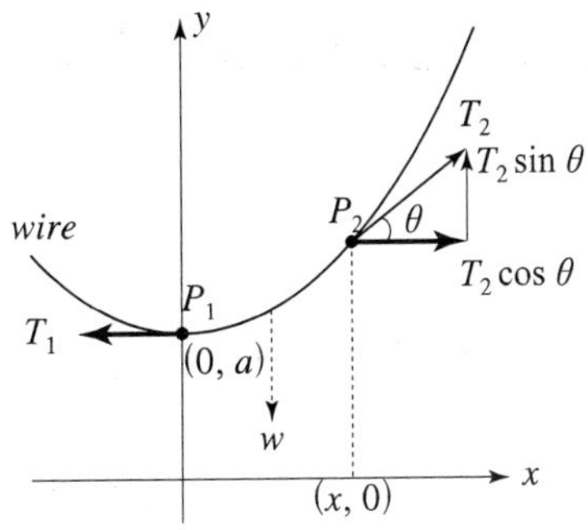

이때

$$T_1 = T_2 \cos\theta, \quad W = T_2 \sin\theta \tag{7-6}$$

이고

$$\frac{dy}{dx} = \tan\theta = \frac{W}{T_1}. \tag{7-7}$$

한편, $W = s\rho$ (여기서 s는 곡선 P_1P_2의 길이, ρ는 단위길이에 대한 무게)에서 곡선의 길이는 다음과 같다.

$$s = \int_0^x \sqrt{1+\left(\frac{dy}{dx}\right)^2}\,dx, \text{ 또는 } \frac{ds}{dx} = \sqrt{1+\left(\frac{dy}{dx}\right)^2}$$

따라서, 식

$$\frac{d^2y}{dx^2} = \frac{\rho}{T_1}\frac{ds}{dx} \quad \text{또는} \quad \frac{d^2y}{dx^2} = \frac{\rho}{T_1}\sqrt{1+\left(\frac{dy}{dx}\right)^2}$$

을 얻는다. 방정식을 풀기 위하여 $u = y'$로 치환하면

$$\frac{du}{dx} = \frac{\rho}{T_1}\sqrt{1+u^2} \quad \text{또는} \quad \frac{du}{\sqrt{1+u^2}} = \frac{\rho}{T_1}dx \text{(변수분리형)},$$

$$\int \frac{du}{\sqrt{1+u^2}} = \frac{\rho}{T_1}\int dx \quad \text{또는} \quad \sinh^{-1}u = \frac{\rho}{T_1}x + c_1.$$

초기 조건 $y'(0) = 0$, $u(0) = 0$과 $\sinh^{-1}(0) = 0$을 사용하면 $c_1 = 0$을 얻으므로

$$\sinh^{-1}u = \frac{\rho}{T_1}x \text{ 또는 } u = \frac{dy}{dx} = \sinh\left(\frac{\rho}{T_1}x\right).$$

따라서

$$y = \frac{T_1}{\rho}\cosh\left(\frac{\rho}{T_1}x\right) + c_2.$$

$y(0) = a$, $\cosh(0) = 1$을 이용하면 $c_2 = a - T_1/\rho$이다. 이제 다음을 얻는다.

$$y = \frac{T_1}{\rho}\cosh\left(\frac{\rho}{T_1}x\right) + a - \frac{T_1}{\rho}.$$

(3) Eero Saarinen(1965)의 작품 The Gateway Arch는 다음 식을 따른다.

$$y = 211.49 - 20.96\cosh(0.03291765x),\ |x| < 91.20 \text{ (단위 : 미터)}.$$

The Gateway Arch, St. Louis
(Eero Saarinen, 1965)

```
>plot(211.49-20.96*cosh(0.03291765*x), x=-91.20..91.20)
```

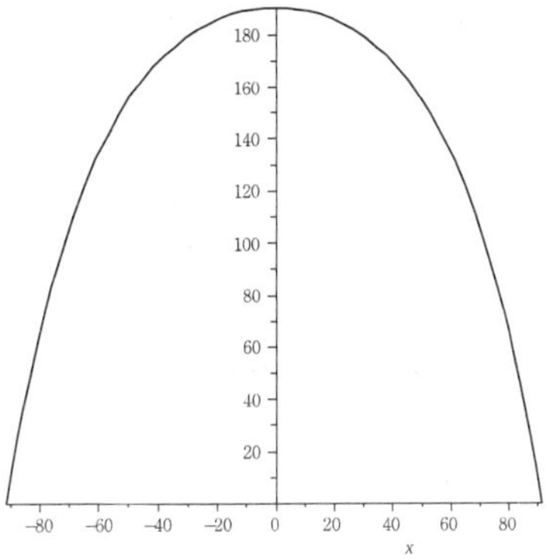

(4) 현수선에 어떤 조건을 주면 포물선(parabolic cable)이 되는가? 현수교인 George Washington Bridge를 가지고 설명해보자.[127)]

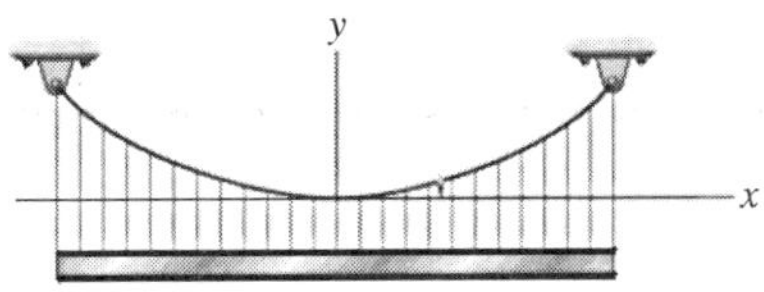

ω=Load per unit length

George Washington Bridge $y=\frac{327}{1750^2}x^2$

127) J. Meriam and L. Kraige, Statics, 3rd. ed., John Wiley & Sons, 1993(p. 303)
A. Hahn, Basic calculus : From the Archimedes to Newton to its role in science, Springer, 1998(p. 257-265).

위 그림에서 w를 단위 길이에 해당하는 하중이라 하자. 이때 케이블의 무게는 무시된다. 식(7-7)에서

$$\frac{dy}{dx} = \frac{wx}{T_1}$$

이다. 조건 $y(0) = 0$에서 이차곡선(main cable)

$$y = \frac{w}{2T_1}x^2$$

을 얻는다. George Washington Bridge의 경우 $w = 11{,}750 pounds/foot$, $h = 327 feet$이고 $d = 1{,}750 feet$이다.

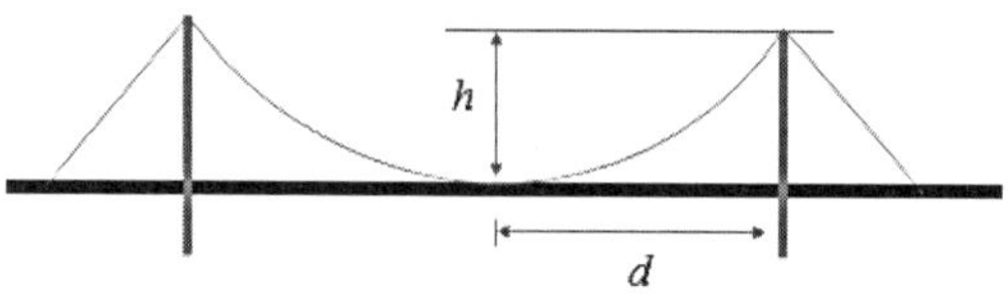

이차곡선 $y = \frac{w}{2T_1}x^2$는 점 (d, h)를 만족하므로 $h = \frac{w}{2T_1}d^2$이고, 그러므로

$$y = \frac{h}{d^2}x^2 = \frac{327}{1750^2}x^2$$

포물선을 그리면 다음과 같다.

```
>plot((327/1750^2)*x^2, x=`-1750..1750);
```

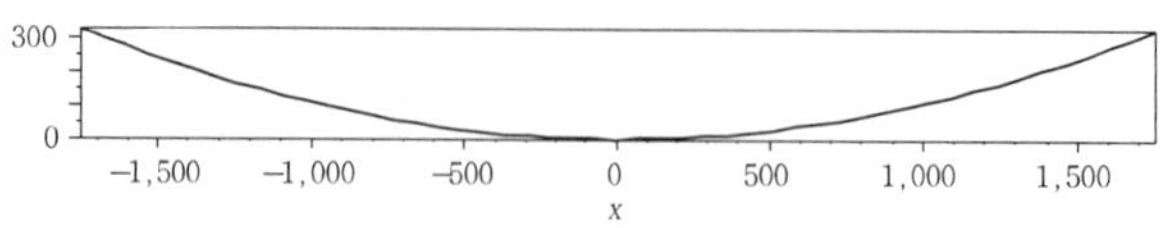

한편, 식(7-6)의 양변을 제곱하면

$$T_1^2 = T_2^2\cos^2\theta,\ (wx)^2 = T_2^2\sin^2\theta.$$

따라서

$$T_1^2+(wx)^2 = T_2^2,\ \ T_2 = \sqrt{T_1^2+(wx)^2}\,.$$

이제 $T_1 = \dfrac{w}{2h}d^2$이므로 다음을 얻는다.

$$T_2 = \sqrt{\frac{w^2d^4}{4h^2}+(wx)^2} = w\sqrt{\frac{d^4}{4h^2}+x^2}\,(0 \le x \le d).$$

이차곡선(main cable)에서 장력이 최소인 곳은 $x=0$이고

$$\begin{aligned} T_{x=0} = T_1 &= \frac{1}{2}\frac{wd^2}{h} = \frac{1}{2}\frac{(11,\ 750)(1750)^2}{327} \\ &\fallingdotseq 55,000,000 pounds \end{aligned}$$

이다. 한편, 장력이 최대인 곳은 $x=d$(즉, tower와 만나는 곳)이고

$$\begin{aligned} T_{x=d} &= wd\sqrt{\left(\frac{d}{2h}\right)^2+1} = (11,750)(1,750)\sqrt{\left(\frac{1750}{2\times 327}\right)^2+1} \\ &\fallingdotseq 58,700,000 pounds. \end{aligned}$$

■

우리는 현수선

$$y = \frac{T_1}{\rho}\cosh\left(\frac{\rho}{T_1}x\right)+a-\frac{T_1}{\rho}$$

이 포물선

$$y = \frac{327}{1750^2}x^2$$

으로 변형되는 과정을 정역학(Statics) 입장에서 알아보았다. 학생지도에서 필자가 사용하는 간단한 방법은 다음과 같다.

① 운동화 줄을 매달고 현수선을 확인한다.

② 운동화 줄의 위치를 매직으로 그린다.

③ 운동화 줄에 집게를 x축의 폭이 같도록 찝는다

④ 두 곡선을 비교한다.

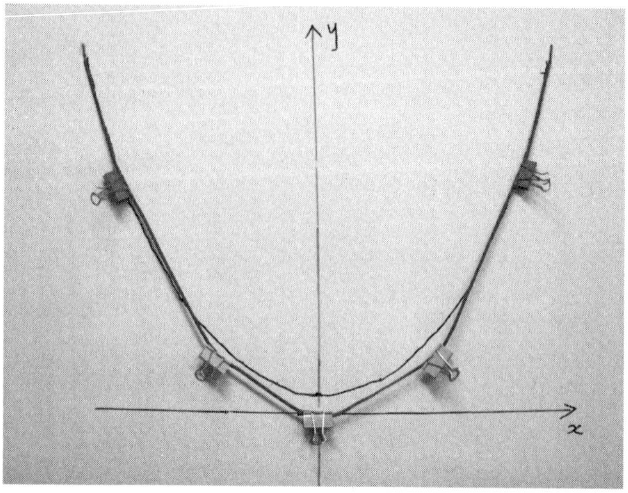

7.21 EXAMPLE(피라미드, 타원)[128)]

밑면의 모서리의 길이를 $2d$, 옆면인 삼각형의 높이를 l이라고 하면 $l^2 = d^2 + h^2$이므로 $l = \sqrt{115^2 + 146^2}$ 이고 따라서 계산기를 사용하여 구하면 $l = 185.8$이다. 옆면의 넓이를 계산해보면 $\frac{1}{2} \times 230 \times 185.85 = 21,372.75$로 이 값은 높이의 제곱인 21,316 21316과 거의 같다.

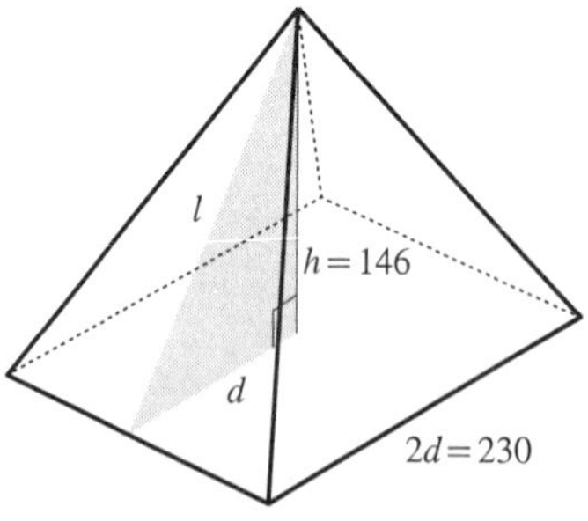

당시의 설계 도면이 전해지지 않아 구체적인 것은 알 수 없지만 앞에서의 계산에 의해

128) Col. S. Beard, The Fibonacci Drawing Board-Design of the Great Pyramid of Gizah, Fibonacci Quarterly, 6 (**1968**) 66-68.

고대 이집트인들은 다음과 같은 원리로 피라미드를 건축했다고 가정할 수 있다.

> **가정 1** 피라미드의 밑면은 정사각형으로 건축한다.
>
> **가정 2** 피라미드 옆면의 넓이는 높이의 제곱과 같도록 건축한다.

위 [가정2]로부터 l/d 에 관한 방정식을 만들어 보자. 식 $dl = h^2$을 식 $l^2 = d^2 + h^2$에 대입하면 $(l/d)^2 = 1 + l/d$ 이므로 이차방정식의 근은 $l/d = (1+\sqrt{5})/2$이다. 황금비 $\phi = (1+\sqrt{5})/2$를 알고 있었을 것으로 추측된다.

계산을 편리하게 하기 위하여 위에서 $l/d = \phi$ 이므로 $l = 1$로 놓으면 밑면의 모서리의 길이의 절반인 d는 황금비 ϕ의 역수가 된다. 이를 $k = (\sqrt{5}-1)/2$로 놓자. 즉, $k = 1/\phi$이다. 이때, 피라미드의 단면에서 높이가 $\sqrt{k}$임을 보여라. 피라미드의 단면에서 높이는 $\sqrt{1-k^2}$이다. $\phi^2 - \phi - 1 = 0$에서 $\kappa = 1/\phi$ 이므로 $1/\kappa^2 - 1/\kappa - 1 = 0$ 즉, $\kappa = 1 - \kappa^2$이므로 $\sqrt{1-\kappa^2} = \sqrt{\kappa}$이다. 한편, 피라미드의 단면, 옆면, 밑면을 모두 한 그림에 나타내었다. 다음 그림에서 타원

$$x^2/\kappa^2 + y^2/1^2 = 1,\ \kappa = \frac{\sqrt{5}-1}{2}$$

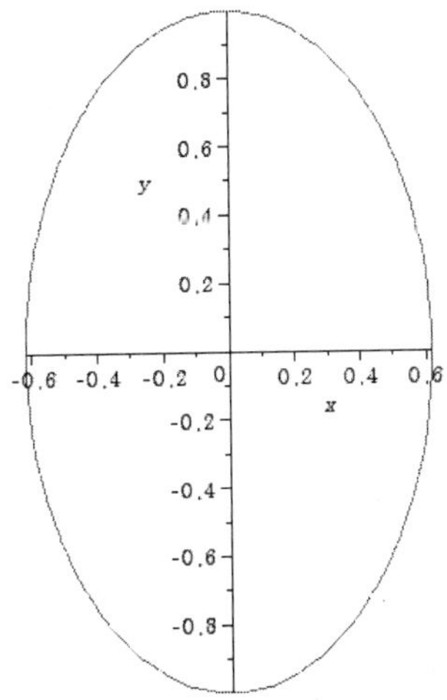

의 초점의 위치를 구해보자.

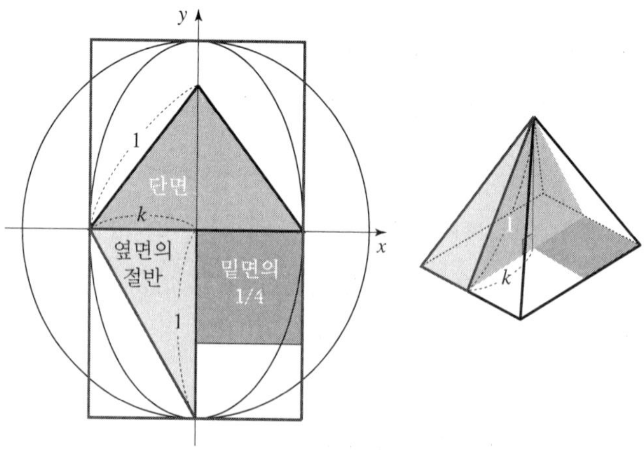

타원의 식은 $x^2/\kappa^2+y^2/1^2=1$이므로 초점

$$(0,\ \pm\sqrt{1-\kappa^2}\,)=(0,\ \pm\sqrt{\kappa}\,)$$

은 피라미드 높이이다. 참고로 $l=1$로 놓았을 때, 반지름의 길이가 1인 원에 내접하는 정오각형의 한 변의 길이가 피라미드 옆면의 모서리의 길이와 같다. 그 이유는 다음 어두운 삼각형에

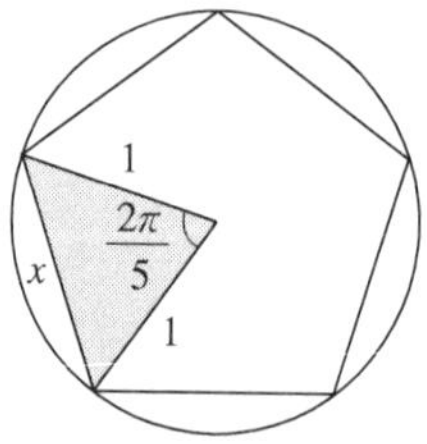

코사인법칙을 사용하면

$$x^2=1+1-2\cos(2\pi/5)=2-(\sqrt{5}-1)/2=1+(1-k)\ =1+k^2,$$
$$x=\sqrt{1+k^2}$$

이다. 따라서 정오각형의 한 변의 길이는 $\sqrt{1+k^2}$ 으로 위의 피라미드 옆면의 모서리의

길이와 같다. ■

7.22 EXERCISE

연필깎는 기계에서 얻은 다음 곡선은 무엇일까? 이를 직관적으로 결정하고 증명해보자.

교과서에서는 분수함수 그래프($xy-1=0$)에 관한 언급은 없지만 이 또한 이차곡선이다. 이차곡선은 분수함수의 언급 없이 학습지도상 축이 x-축, y-축에 평행한 것만 다루도록 되어 있다. xy항이 없는 일반이차형만 다룬다. 그 이유는 xy항이 살아 있으면 그래프를 그리기가 너무 어렵기 때문이다. 결론적으로 xy항이 살아 있으면 회전이 일어난 것이고, 회전각은 대칭행렬의 대각화 과정으로부터 알 수 있다. 다음 예를 통하여 자세히 알아보자.

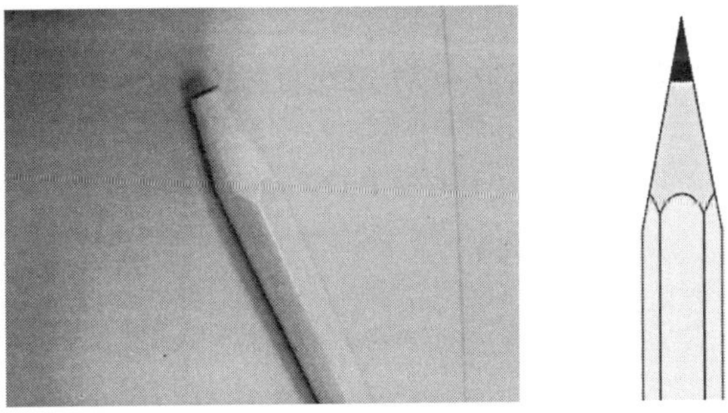

7.23 APPLICATION 9(System of equations)

(1) 평면상에 두 점 (x_1, y_1), (x_2, y_2)을 지나는 방정식 $c_1x+c_2y+c_3=0$을 결정해보자. 먼저, 두 점을 대입하면

$$\begin{cases} c_1x+c_2y+c_3=0 \\ c_1x_1+c_2y_1+c_3=0 \\ c_1x_2+c_2y_2+c_3=0 \end{cases}$$

이고, 이를 행렬로 바꾸면 다음과 같다.

$$\begin{bmatrix} x & y & 1 \\ x_1 & y_1 & 1 \\ x_2 & y_2 & 1 \end{bmatrix} \begin{bmatrix} c_1 \\ c_2 \\ c_3 \end{bmatrix} = \begin{bmatrix} 0 \\ 0 \\ 0 \end{bmatrix}.$$

위 3×3행렬의 역행렬이 존재하면 계수 c_i는 0이므로

$$\det \begin{bmatrix} x & y & 1 \\ x_1 & y_1 & 1 \\ x_2 & y_2 & 1 \end{bmatrix} = 0$$

이어야 한다. 예를 들어, 두 점을 (2, 1), (3, 7)로 잡으면

$$\det \begin{bmatrix} x & y & 1 \\ 2 & 1 & 1 \\ 3 & 7 & 1 \end{bmatrix} = 0, \quad -6x + y + 11 = 0$$

(2) 원으로 옮겨가 보자. 세 점 (x_1, y_1), (x_2, y_2), (x_3, y_3)을 원의 방정식

$$c_1(x^2 + y^2) + c_2 x + c_3 y + c_4 = 0$$

에 대입하여, 이를 행렬로 표시하고 행렬식의 값을 택하면

$$\det \begin{bmatrix} x^2 + y^2 & x & y & 1 \\ x_1^2 + y_1^2 & x_1 & y_1 & 1 \\ x_2^2 + y_2^2 & x_2 & y_2 & 1 \\ x_3^2 + y_3^2 & x_3 & y_3 & 1 \end{bmatrix} = 0$$

을 얻는다. 예를 들어, 세 점 (1, 7), (6, 2), (4, 6)을 지나는 원의 방정식을 구하면

$$\det \begin{bmatrix} x^2 + y^2 & x & y & 1 \\ 50 & 1 & 7 & 1 \\ 40 & 6 & 2 & 1 \\ 52 & 4 & 6 & 1 \end{bmatrix} = 0, \quad (x-1)^2 + (y-2)^2 = 5^2$$

이다.

(3) 일반이차형(general quadratic form)의 방정식

$$c_1 x^2 + c_2 xy + c_3 y^2 + c_4 x + c_5 y + c_6 = 0$$

으로 옮겨가 보자. 태양을 돌고 있는 소행성의 궤도를 태양의 위치를 직교좌표계의 원점으로하여 그 궤적을 구해보자. 본 좌표계에서의 단위 길이(astronomical unit) 1은 태양과

지구 사이의 평균거리로 9,300만 마일을 사용한다. 이때 Kepler의 타원궤도법칙에 의하여 관측자는 서로 다른 5개의 관측 자료가 있어야한다. 만일 관측자료가

$$(8.025,\ 8.310),\ (10.170,\ 6.355),\ (11.202,\ 3.212),$$
$$(10.736,\ 0.375),\ (9.092,\ -2.267)$$

일 때, "행렬식=0"을 계산하면

$$\det\begin{bmatrix} x^2 & xy & y^2 & x & y & 1 \\ 64.401 & 66.688 & 69.056 & 8.025 & 8.310 & 1 \\ 103.429 & 64.630 & 40.386 & 10.170 & 6.355 & 1 \\ 125.485 & 35.981 & 10.317 & 11.202 & 3.212 & 1 \\ 115.262 & 4.026 & 0.141 & 10.736 & 0.375 & 1 \\ 82.664 & -20.612 & 5.139 & 9.092 & -2.267 & 1 \end{bmatrix} = 0$$

으로부터 Maple 등을 이용하여 계산하면

$$386.802x^2 - 102.895xy + 446.029y^2 - 2476.443x - 1427.998y - 17109.357 = 0$$

을 얻는다. 이를 그래프로 그리면 다음과 같다.

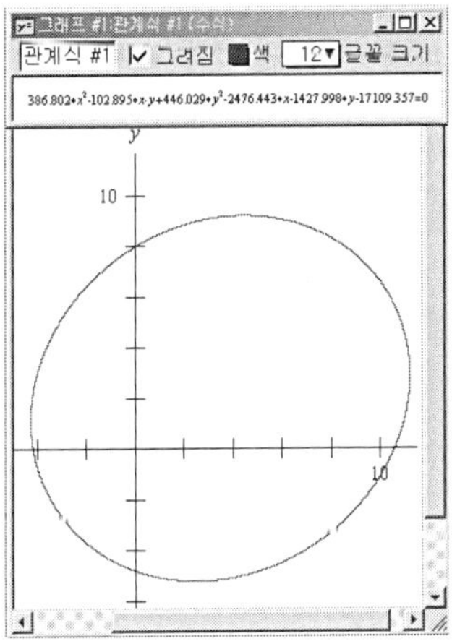

7.24 APPLICATION 10(Graph)

일반이차곡선 $x^2 + 2xy - y^2 - 1 = 0$의 그래프를 다음 과정을 거치면서 그려보자.

【과정1】 이차형 $q(x,\ y)=x^2+2xy-y^2$을 행렬로 표현하면 다음과 같다.

$$x^2+2xy-y^2=[x,\ y]\begin{bmatrix}1 & 1\\ 1 & -1\end{bmatrix}\begin{bmatrix}x\\ y\end{bmatrix}$$

【과정2】 행렬 $A:=\begin{bmatrix}1 & 1\\ 1 & -1\end{bmatrix}$을 대각화하자.

① 행렬 A의 고윳값을 구하자.

$$\begin{aligned}\det(A-\lambda I) &= \det\left(\begin{bmatrix}1 & 1\\ 1 & -1\end{bmatrix}-\lambda\begin{bmatrix}1 & 0\\ 0 & 1\end{bmatrix}\right)\\ &= \det\left(\begin{bmatrix}1-\lambda & 1\\ 1 & -1-\lambda\end{bmatrix}\right)=\lambda^2-2\end{aligned}$$

이므로 고윳값 $\lambda=\pm\sqrt{2}$를 얻는다.

② 고윳값에 해당하는 고유벡터를 각각 구하자.

$\lambda=\sqrt{2}$일 때, 연립방정식 $\begin{cases}x+y=\sqrt{2}\,x\\ x-y=\sqrt{2}\,y\end{cases}$으로부터 고유벡터 $\begin{bmatrix}1\\ \sqrt{2}-1\end{bmatrix}$을 구하고 마찬가지로 $\lambda=-\sqrt{2}$일 때, 고유벡터 $\begin{bmatrix}-1\\ \sqrt{2}+1\end{bmatrix}$을 얻는다.

③ 두 고유벡터의 노름(norm, 벡터의 크기)을 1로 만든 후 이들을 순서대로 열로 사용하자.

$$Q:=\begin{bmatrix}\dfrac{1}{\sqrt{4-2\sqrt{2}}} & \dfrac{-1}{\sqrt{4+2\sqrt{2}}}\\ \dfrac{\sqrt{2}-1}{\sqrt{4-2\sqrt{2}}} & \dfrac{\sqrt{2}+1}{\sqrt{4+2\sqrt{2}}}\end{bmatrix}.$$

행렬 A의 대각화

$$Q^T\begin{bmatrix}1 & 1\\ 1 & -1\end{bmatrix}Q=\begin{bmatrix}\sqrt{2} & 0\\ 0 & -\sqrt{2}\end{bmatrix}$$

를 얻는다(여기서 Q^T란 행렬 Q의 행과 열을 바꾼 전치행렬이다).

【과정3】 치환하여 보자.

$\begin{bmatrix}x\\ y\end{bmatrix}=Q\begin{bmatrix}u\\ v\end{bmatrix}$로 치환하자.

$$[x,\ y] = \left(Q\begin{bmatrix} u \\ v \end{bmatrix}\right)^T = \left(\begin{bmatrix} u \\ v \end{bmatrix}\right)^T Q^T = [u,\ v]\,Q^T$$

이고

$$\begin{aligned} x^2 + 2xy - y^2 &= [x,\ y]\begin{bmatrix} 1 & 1 \\ 1 & -1 \end{bmatrix}\begin{bmatrix} x \\ y \end{bmatrix} \\ &= [u,\ v]\,Q^T A Q\begin{bmatrix} u \\ v \end{bmatrix} \\ &= [u,\ v]\begin{bmatrix} \sqrt{2} & 0 \\ 0 & -\sqrt{2} \end{bmatrix}\begin{bmatrix} u \\ v \end{bmatrix} \\ &= \sqrt{2}\,u^2 - \sqrt{2}\,v^2 \end{aligned}$$

그러므로 행렬을 사용한 치환 $\begin{bmatrix} x \\ y \end{bmatrix} = Q\begin{bmatrix} u \\ v \end{bmatrix}$에 의하여

$$x^2 + 2xy - y^2 - 1 = 0$$

은

$$\sqrt{2}\,u^2 - \sqrt{2}\,v^2 = 1$$

로 바뀌었다. 즉, 행렬 A의 대각화

$$\begin{bmatrix} \sqrt{2} & 0 \\ 0 & -\sqrt{2} \end{bmatrix}$$

에 의하여 uv항이 나타나지 않는다. 치환 $\begin{bmatrix} x \\ y \end{bmatrix} = Q\begin{bmatrix} u \\ v \end{bmatrix}$에 의하여 u축의 단위 벡터 $\begin{bmatrix} 1 \\ 0 \end{bmatrix}$이 xy좌표에서는

$$\begin{bmatrix} x \\ y \end{bmatrix} = Q\begin{bmatrix} 1 \\ 0 \end{bmatrix} = \begin{bmatrix} \dfrac{1}{\sqrt{4-2\sqrt{2}}} \\ \dfrac{\sqrt{2}-1}{\sqrt{4-2\sqrt{2}}} \end{bmatrix}$$

이므로 uv축을 θ(여기서 $\tan(\theta) = \sqrt{2}-1$)만큼 시계방향으로 회전하면 xy축과 일치한다. 따라서 쌍곡선 $\sqrt{2}\,u^2 - \sqrt{2}\,v^2 = 1$을 θ만큼 반시계방향으로 회전하면 $x^2 + 2xy - y^2 - 1 = 0$의 그래프를 얻는다.

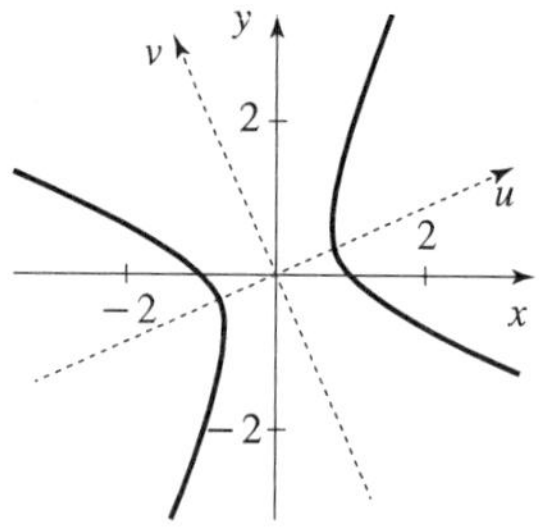

다음 행렬의 용도를 끝으로 본 강의를 끝내도록 하겠다. 《고급수학 II》에서는 편미분 및 편미분을 활용한 극대-극소까지 다루고 다음 예와 같은 이중적분은 다루지 않는다.

7.25 APPLICATION 11(치환적분과 행렬)

1979년에 Apéry는 $\zeta(2)$, $\zeta(3)$(4.21 REMARK 참고)이 모두 무리수임을 보이는데 중적분

$$I=\int_0^1\int_0^1 \frac{1}{1-xy}dx\,dy$$

을 사용하였다. 이를 이용하여 $\zeta(2)=1+\frac{1}{2^2}+\frac{1}{3^2}+\frac{1}{4^2}+\cdots$를 구해보자.129)

풀이 $\frac{1}{1-xy}=\sum_{n=0}^{\infty} x^n y^n$이므로

$$I=\int_0^1\int_0^1 \frac{1}{1-xy}dx\,dy=\int_0^1\int_0^1 \sum_{n=0}^{\infty} x^n y^n dx\,dy$$

$$=\int_0^1 \sum_{n=0}^{\infty}\frac{y^n}{n+1}dy=\sum_{n=0}^{\infty}\frac{1}{(n+1)^2}=\zeta(2)$$

이다. 따라서 $I=\int_0^1\int_0^1 \frac{1}{1-xy}dx\,dy$를 계산하자. 치환

129) T. M. Apostal, A proof that Euler Missed : Evaluating $\zeta(2)$ the easy way, Math. Intelligencer 5(3) (1983) 59-60.

$$x = \frac{u-v}{\sqrt{2}},\ y = \frac{u+v}{\sqrt{2}}$$

를 하면 $1-xy = \dfrac{2-u^2+v^2}{2}$이다. 한편, 치환은 영역 $[0,\ 1]\times[0,\ 1]$을 다음과 같이 옮겨준다.

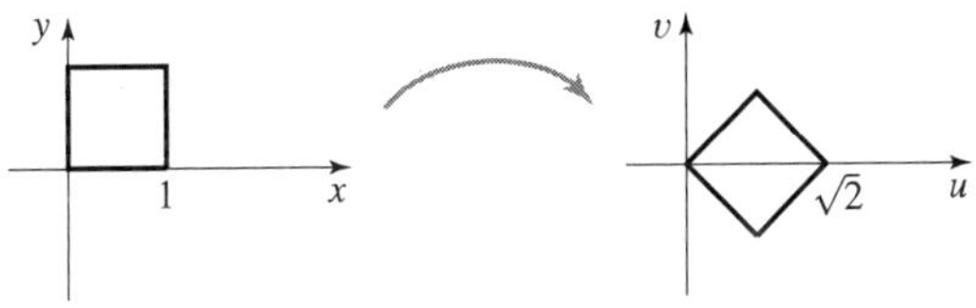

그 이유는 치환 $x = \dfrac{u-v}{\sqrt{2}},\ y = \dfrac{u+v}{\sqrt{2}}$를 행렬로 표시하면

$$T : \mathbb{R}^2 \to \mathbb{R}^2,\ \ T\begin{bmatrix} x \\ y \end{bmatrix} = \begin{bmatrix} \frac{1}{\sqrt{2}} & \frac{1}{\sqrt{2}} \\ -\frac{1}{\sqrt{2}} & \frac{1}{\sqrt{2}} \end{bmatrix}\begin{bmatrix} x \\ y \end{bmatrix} = \begin{bmatrix} u \\ v \end{bmatrix}$$

이기 때문이다. 즉, 치환은 시계방향으로 45° 회전을 의미하다. 그러므로

$$\begin{aligned} I &= \int_0^1 \int_0^1 \frac{1}{1-xy} dx\, dy \\ &= 2\int_0^{1/\sqrt{2}} \left(\int_0^u \frac{2dv}{2-u^2+v^2} \right) du + 2\int_{1/\sqrt{2}}^{\sqrt{2}} \left(\int_0^{\sqrt{2}-u} \frac{2dv}{2-u^2+v^2} \right) du \end{aligned}$$

한편, $\displaystyle\int_0^x \frac{dt}{a^2+t^2} = \frac{1}{a}\tan^{-1}\left(\frac{x}{a}\right)$이므로

$$\begin{aligned} &\int_0^u \frac{dv}{2-u^2+v^2} = \frac{1}{\sqrt{2-u^2}}\tan^{-1}\left(\frac{u}{\sqrt{2-u^2}}\right), \\ &\int_0^{\sqrt{2}-u} \frac{dv}{2-u^2+v^2} = \frac{1}{\sqrt{2-u^2}}\tan^{-1}\left(\frac{\sqrt{2}-u}{\sqrt{2-u^2}}\right) \end{aligned}$$

따라서 다음을 얻는다.

$$I = \int_0^1 \int_0^1 \frac{1}{1-xy} dx\, dy = 4 \int_0^{1/\sqrt{2}} \tan^{-1}\left(\frac{u}{\sqrt{2-u^2}} \right) \frac{du}{\sqrt{2-u^2}} + 4 \int_{1/\sqrt{2}}^{\sqrt{2}} \tan^{-1}\left(\frac{\sqrt{2}-u}{\sqrt{2-u^2}} \right) \frac{du}{\sqrt{2-u^2}}.$$

위 식에서 $u = \sqrt{2} \sin\theta$로 치환하면

$$du = \sqrt{2} \cos\theta\, d\theta = \sqrt{2-u^2}\, d\theta$$

또한 $\tan\theta = \dfrac{u}{\sqrt{2-u^2}}$이므로

$$4 \int_0^{1/\sqrt{2}} \tan^{-1}\left(\frac{u}{\sqrt{2-u^2}} \right) \frac{du}{\sqrt{2-u^2}} = 4 \int_0^{\pi/6} \theta\, d\theta = 2\left(\frac{\pi}{6} \right)^2.$$

$u = \sqrt{2} \cos 2\theta$로 치환하면

$$\begin{aligned} du &= -2\sqrt{2} \sin 2\theta\, d\theta = -2\sqrt{2}\sqrt{1-\cos^2 2\theta}\, d\theta \\ &= -2\sqrt{2}\sqrt{1-u^2/2}\, d\theta = -2\sqrt{2-u^2}\, d\theta \end{aligned}$$

이고

$$\begin{aligned} \frac{\sqrt{2}-u}{\sqrt{2-u^2}} &= \frac{\sqrt{2}(1-\cos 2\theta)}{\sqrt{2-2\cos^2 2\theta}} = \sqrt{\frac{1-\cos 2\theta}{1+\cos 2\theta}} = \sqrt{\frac{2\sin^2\theta}{2\cos^2\theta}} \\ &= \tan\theta \end{aligned}$$

이므로

$$4 \int_{1/\sqrt{2}}^{\sqrt{2}} \tan^{-1}\left(\frac{\sqrt{2}-u}{\sqrt{2-u^2}} \right) \frac{du}{\sqrt{2-u^2}} = 8 \int_0^{\pi/6} \theta\, d\theta = 4\left(\frac{\pi}{6} \right)^2$$

그리고

$$\zeta(2) = \int_0^1 \int_0^1 \frac{1}{1-xy} dx\, dy = 6\left(\frac{\pi}{6} \right)^2 = \frac{\pi^2}{6}$$

을 얻는다. 그러므로 $\zeta(2)$는 무리수이다. 그러나 $\zeta(5)$는 유리수인지 무리수인지 판정하지 못하고 있다. ■

【부록 1】 향후 10년간 무엇을 연구할 것인가?

향후 10년간 학교 현장에서 연구할 주제를 선정해본다.

번 호	연구 주제	내 용	관련 내용
주제 1	활동지를 활용한 교수법	실험/탐구 학습지도 및 평가	2장 소수
주제 2	교구연구 및 지도안 개발	교과교실제, 실험/탐구학습 지도 및 평가 개발	(4.5), (4.7), (4.14)
주제 3	수학과 디자인지도 개발	통합적 사고 및 표현력 지도/ 평가방안 모색	(2.2), (2.4), (2.33), (2.47), (4.15), (4.21), (7.19)
주제 4	수학과 독서활동	토론 및 글쓰기 지도	(7.5)
주제 5	수리논술	통합적 사고력 및 진학지도	ebsi 40강(박제남) 참고
주제 6	수학사 기반 교재연구	역사 발생학적 이해 지도	제1장, (2.4), (2.9), (2.10), (2.16), 제3장, (5.5), (7.9)
주제 7	수학과 진로지도	공학적 해석 연구, 진로지도	(1.30), (7.8), (7.16), (7.20)
주제 8	초등수학교육과정 연구	부진아지도, 초·중학교 영재수업, 선발 및 평가 연구	초등수학 이론 및 교수법 (2009)(부산교육청 발행)
주제 9	이공계대학 수학관련 교육과정 연구	공학인증제, 진로지도 등	제5장, 제6장, 제7장
주제10	계산기 활용 교수법 및 평가문항 개발연구	기초계산기, TI-92 등 실생활 문제 개발 및 평가	(2.6), (2.13), (2.24), (2.25). (2.31), (3.1), (3.2), (3.3), (3.7), (3.11), (3.12), (3.13), (4.16), (4.19), (5.4)
주제11	미적분형태 연구	'적분과 통계'에서 다루는 적분형태의 의미 연구, 미분방정식	(2.27), (6.13), (6.14)
주제12	수리철학 연구	집합론, 논리학	(4.26)
주제13	초·중·고 수학교육과정에서 다루는 알고리즘 연구	최적화 지도, 알고리즘 지도, 정보영재지도	(2.4), (2.30), (4.5), (4.20)
주제14	중등 수학과학통합교재연구	다항함수, 무리함수, 삼각함수, 삼각비, 호길이, 닮음비 등 지도	(7.5), (7.8), (7.16), (7.20)

【부록 2】 오일러 업적

본 교재 다룬 오일러 업적을 열거하면 다음과 같다.

(1) $\zeta(2) = \sum_{k=1}^{\infty} \frac{1}{k^2} = \frac{\pi^2}{6}$ (1.32)

(2) $e^{\pi i} = -1$ (5.2)

(3) $\sum_{k=1}^{\infty} \frac{1}{k^2} = \prod_{p=2}^{\infty} \left(1 - \frac{1}{p^2}\right)^{-1}$ (2.9)

(4) $(a,\ n) = 1 \Rightarrow a^{\phi(n)} \equiv 1 \pmod n$ (2.29)

(5) $f(x) = x^2 + x + q,\ q = 41$ (2.12)

(6) generating functions (4.13)

(7) Gamma function $\Gamma(\lambda) = \int_0^{\infty} e^{-t} t^{\lambda - 1} dt$ (2.6)

(8) Euler square (7.9)

- 오일러 업적에 대하여 다음 문헌을 참고해보자.

C. E. Sandifer, How Euler did it, MAA, 2007.

【부록 3】 전공서적

향후 교재연구 등에서 필요한 책을 추천한다.

교 재 명	영 역
Euclid, The elements, Vol. 1, 2, 3, Dover.	기하학
T. Heath, The works of Archimedes, Dover, 2002.	전영역
버트런드 러셀(임정대 역), 수리철학의 기초, 경문사, 2009.	집합론
C. E. Sandifer, How Euler did it, MAA, 2007.	전영역
Anton and Rorres, Elementary linear algebra, 10th. WILEY, 2011.	행렬/벡터
Conway and Guy, The book of numbers, COPERNICUS, 1996.	정수론
J. Stewart, Calculus, 6th. ed., THOMSON, 2008.	미적분학
Bartle, Introduction to real analysis, WILEY	해석영역
J. Fraleigh, Abstract algebra, 7th. ed, Addison Wesley, 2003.	대수영역
Brown and Churchill, Complex variables, 6th. ed. M.H. 1996.	복소수
하워드 이브스(이우영, 신항균 역) 수학사, 경문사, 2005.	수학사
Jay Hambidge, The elements of dynamic symmetry, Dover, 1926.	디자인

사범대생을 위한
현대대수학

지은이 박제남
펴낸이 박문규
펴낸곳 경문사
펴낸날 2013년 3월 5일 1판 1쇄
등 록 1979년 11월 9일 제313-1979-23호
주 소 121-818, 서울특별시 마포구 와우산로 174
전 화 (02)332-2004 팩스 (02)336-5193
이메일 kyungmoon@kyungmoon.com

값 12,000원

ISBN 978-89-6105-657-1